国家自然科学基金项目：51968066

基于乡村振兴背景下牧民定居点的人居环境研究——以新疆哈纳斯河谷为例

# 北疆草原乡村聚落人居环境

塞尔江·哈力克　著

同济大学 出版社

TONGJI UNIVERSITY PRESS

·上海·

图书在版编目（CIP）数据

北疆草原乡村聚落人居环境 / 塞尔江·哈力克著.
上海：同济大学出版社，2025.1. -- ISBN 978-7-5765-
1538-1

Ⅰ. X21

中国国家版本馆 CIP 数据核字第 20255Y77X9 号

# 北疆草原乡村聚落人居环境

塞尔江·哈力克　著

**责任编辑**　姜　黎　　**责任校对**　徐逢乔　　**封面设计**　张　微

**出版发行**　同济大学出版社 www.tongjipress.com.cn
　　　　　　（地址：上海市四平路 1239 号　邮编：200092　电话：021-65985622）
经　　销　全国各地新华书店
排　　版　南京文脉图文设计制作有限公司
印　　刷　常熟市华顺印刷有限公司
开　　本　700 mm × 1000 mm　1/16
印　　张　20
字　　数　334 000
版　　次　2025 年 1 月第 1 版
印　　次　2025 年 1 月第 1 次印刷
书　　号　ISBN 978-7-5765-1538-1

定　　价　128.00 元

# 序言 1

　　塞尔江·哈力克教授的专著《北疆草原乡村聚落人居环境》（以下简称《聚落环境》）是在国家自然科学基金项目"基于乡村振兴背景下牧民定居点的人居环境研究——以新疆哈纳斯河谷为例"的研究成果基础上撰写而成的。塞尔江·哈力克教授和新疆大学建筑工程学院的团队历时四年，对北疆草原乡村聚落人居环境进行实地调查和分析研究，全景式地展现了该地区各流域聚落的空间分布与历史沿革，研究聚落的空间营造、民居建筑的建构与风貌特征，探索聚落环境的绿色化发展。《聚落环境》展现了北疆草原地区的人居环境、生态环境和自然资源、多民族和多文化的社会全景，全面介绍了北疆丰富的文化遗产。

　　新疆的草原面积约占全国草原面积的 22%，草原乡村聚落对于新疆的国土空间规划和区域发展具有十分重要的意义。新疆北部有哈纳斯河谷、伊犁河谷、额敏河流域、玛纳斯与木垒河流域，位于阿尔泰山脉和天山山脉中西段，是《聚落环境》的核心研究区域。地处中国与哈萨克斯坦、俄罗斯、蒙古国、吉尔吉斯斯坦等国的接壤地带，哈纳斯河谷是古丝绸之路的主要分支"草原丝绸之路"的重要通道。新疆是我国"一带一路"的核心区域，也是贯通欧亚大陆的重要交通枢纽和商贸物流中心，这使其成为向欧亚大陆西部延伸的窗口，对于发展与中亚、西亚和中东欧等国和地区的交流合作具有无可替代的战略地位。

　　《聚落环境》将人居环境研究的视野聚焦于新疆北部草原乡村聚落，北疆草原乡村地区自然风光优美，山水格局突出，有着重要的世界自然文化遗产，有着多元的传统和新型的草原聚落。《聚落环境》对聚落空间分布、聚落选址、聚落布局、民居空间和建构技术进行归纳与分析，挖掘草原乡村新建聚落的人居环境与可持续发展道路，探究聚落空间的生产适应性与发展建设的可能途径，以优化居住模式，发扬营造智慧，为草原地区新型城镇规划建设提供理论指导与借鉴。《聚落环境》指出，草原乡村聚落选址与布局及其建筑的营建蕴含着深邃的生态智慧，草原乡村聚落的空间分布、聚落营造、居住模式、建构技术、绿色化发展、生态修复与旅游业相结合等相关问题，对于草原乡村聚落的振兴、建设新型牧民定居点以及城镇化过程、区域经济发展和改善牧民生活生产方式具有重要的现实意义。

《聚落环境》从宏观、中观和微观三个层面进行研究，宏观层面涉及资源导向的草原聚落分布特征，中观层面指向草原乡村聚落空间形态与建设发展模式，微观层面深入研究民居建筑空间特征与建构特征。总体上深入剖析流域与村庄的各类资源，并在此基础上探索乡村建设的发展策略，总结牧民定居点的模式和有赖乡村建设发展的资源及模式。《聚落环境》指出，草原乡村聚落在目前的建设发展阶段相对较低，正处于乡村振兴的努力探索时期。在"一带一路"、乡村振兴的机遇下，草原聚落振兴迫在眉睫，用好乡村地区的自然和文化资源，研究乡村聚落的自然环境保护、历史与文化遗产保护，优化聚落空间、提升民居建筑的环境适应性，提高经济增长点、改善民生和精准脱贫的有效途径和可行之路，都是《聚落环境》的理论和现实意义。

关于北疆草原乡村地区的聚落研究涉及诸多学科，需要全面综合的知识和学科背景，包括城乡规划、建筑学、生态学、人类学、社会学、地理学等综合学科，还需结合农业和畜牧业、旅游业等产业。《聚落环境》采用多学科交叉融合的方法，进行实地调研、类比分析、归纳梳理、总结升华、理论分析、实证研究，探讨系统集成法以及多学科理论融合等方法。尤为难能可贵的是以第一手调查研究数据和图表，以图文并茂的方式将北疆的乡村聚落的全貌栩栩如生地向我们展现。

《聚落环境》教会我们如何观察北疆，引领我们去发现新大陆。塞尔江·哈力克教授曾经在北疆工作，他的足迹遍布新疆全域，他告诉人们的不仅仅是诗意，也是真实的、朴实无华的现实。塞尔江·哈力克教授对国内外关于聚落的研究展开了全面深入的探索，对国外关于聚落的研究，尤其是聚落与自然环境的关系成为其研究的重点，并逐步深入人文社会层面，关注游牧牧民的定居以及草原聚落生态、草原聚落结构等的相关研究。

塞尔江·哈力克教授在 2021 年刚完成专著《图说新疆民居生态适应性》，深入研究南疆干旱地区绿洲聚落的空间建构与民居的环境生态适应性技术，深度探索干旱沙漠化环境中传统绿洲聚落的建构智慧、生态基因，以及整体风貌与抵御灾害能力等历史经验，填补了南疆民居研究的空白，以聚落为核心的研究《北疆草原乡村聚落人居环境》又填补了北疆民居研究的空白，两部专著交相辉映，成为新疆人居环境研究的双璧。

中国科学院院士
法国建筑科学院院士
同济大学建筑与城市规划学院教授
2024 年 5 月 10 日

# 序言 2

北疆地区自然风光秀美，世界自然文化遗产丰富，汇聚了多元的传统草原聚落与新型乡村社区，乡村风貌独特而富有魅力。因为对口支援新疆大学的缘故，我有幸多次探访北疆地区，亲身感受了这片土地独特的自然风光与深厚的人文环境、牧民纯朴的生活方式、别样的牧民转场生活以及风景如画的草原场景，还时常会浮现眼前。近年来，随着新疆地区的快速发展，用双腿丈量世界的哈萨克族牧民和他们世代延续的生活方式，被新时代赋予了新的生命力，传承与发展协同演进，研究牧民新生活生产方式下的人居环境与建设模式也由此显得十分迫切。

本书聚焦于新疆北部草原乡村聚落营建中的生态智慧，从宏观、中观和微观三个层次全面剖析了北疆草原聚落的分布特征、村落形态、建设发展模式、民居的空间及其建构特征与绿色化发展启示。书中所揭示的草原乡村聚落的生态智慧具有重要的现实意义：聚落的选址与布局体现了对自然环境的深刻洞察和尊重；民居的营建技术体现了生态智慧的在地性特征，常用的木材、石材、泥土等材料不仅环保可持续，而且与草原环境相得益彰；当代草原乡村聚落的绿色化发展和生态修复工作也是保护与传承生态智慧的重要体现，而乡村聚落的更新与旅游业发展的结合也是生态智慧的创新应用。

十多年前，塞尔江·哈力克来到我门下攻读博士学位，选择了"绿洲居住环境与营造智慧"作为博士论文的研究方向，对绿洲地区居住环境的形成机制、特点及其对当地社会、经济、文化等方面的影响进行了全面而深入的探究。此次他又从草原乡村聚落的角度出发，分析草原地区传统群落与居住建筑空间、建构方式与绿色化理念、技术手段和建筑材料等方面的创新与实践。我很高兴看到他在持续推进之

前的研究，假以时日，他的研究成果一定会助力新疆南部与北部传统营造智慧走上
面向未来的蓬勃发展之路。

同济大学建筑与城市规划学院长聘教授、博士生导师
同济大学建筑设计研究院（集团）有限公司都市设计院总建筑师
2024 年 6 月 11 日

# 前　言

　　本书是基于国家自然科学基金项目"基于乡村振兴背景下牧民定居点的人居环境研究——以新疆哈纳斯河谷为例"（课题号：51968066），历时四年的研究成果。本书研究背景、研究目标、研究内容、技术流线及研究方法与课题一脉相承，因此，对新疆北部草原乡村聚落人居环境实地调查、分析总结、梳理问题，并对该区域各流域聚落的空间分布与历史沿革、聚落的空间营造、民居建筑的建构与风貌特征和绿色化发展的研究皆为本书的组成部分。

　　新疆是中西方文明的汇聚之地、古代丝绸之路的必经之地，也是我国建设"一带一路"的重要区域，尤其新疆北部草原丝绸之路贯穿整个欧亚草原地带，是陆上丝绸之路的一个重要的组成部分。研究北疆草原乡村聚落的人居环境，对于指导当代北疆草原乡村聚落的人居环境建设、生态保护与修复、经济社会发展、城乡统筹、乡村振兴、巩固脱贫攻坚和改善人居环境具有重要的现实意义。随着国家在"生态文明建设""一带一路""双碳""文化自信""乡村振兴"等重大战略、倡议、目标等背景下，北疆草原乡村聚落迎来了新一轮大规模的城乡建设浪潮，这宏大的系统工程的建设工作，助推区域社会、经济、生态、交通、文化、旅游等高速发展，许多早期草原丝绸之路上的驿站发展成为新型现代化的城镇，古草原乡村聚落、自然文化遗产和非物质文化遗产等成为全世界珍贵的旅游资源。北疆草原乡村聚落的发展要顺应时代的潮流，把握住发展的机遇，逐步提升和优化人居环境并坚定地走可持续发展之路。

　　北疆地处温带大陆性气候区，为干旱半干旱气候特征，自然风光优越、自然资源丰富、人文景观独特，在漫长的历史长河中该区域的各民族交流、交往、交融，创造了多民族融合的美好家园。本书以新疆北部主要河流沿线草原乡村聚落为研究对象，通过对草原乡村聚落空间分布与历史沿革、聚落营造、民居建构、绿色化发展趋势等进行归纳和总结，得出草原乡村聚落的生态修复理论及其启示，相信在未来草原乡村聚落建设中，具有一定的指导意义与参考价值。

本书共分为7章，其中第1章为概况，第2章为北疆草原乡村聚落，第3章为北疆草原乡村聚落的空间分布与分类，第4章为草原乡村聚落的空间营造与类型特征，第5章为北疆草原乡村民居的空间营造与建构方式，第6章为草原乡村聚落建筑的绿色化发展启示，第7章为总结与展望。

本书参编人员有新疆大学的教授、副教授、讲师、博士研究生、硕士研究生和本科生等，均为课题组成员。其中教师有艾斯卡尔·模拉克、肉孜阿洪·帕尔哈提、王健、张芳芳、祖力胡玛·阿布力克木、赵雪、余嘉乐。

参与撰写、实地调研、文献收集、制图的人员有：

第1章：巴彦·塞尔江、管天祺；

第2章：喀普兰巴依·艾拉提、杨梅、胡珊、赵亚娟；

第3章：张龄之、努日买买提·吐鲁逊、唐琬滢、张耀春；

第4章：宋磊、包朵、陈炳合、朱亮宇、布尔兰·叶来西、王莎莎；

第5章：朱紫悦、王佳琪、龚自豪、巴格达尔·赛力克、闫龙；

第6章：陈杰、苟伟钦、王珂、胡小凡；

第7章：包朵、巴彦·塞尔江。

协助人员：张朔、麦吾兰·吐尔逊江。

其中，巴彦·塞尔江为同济大学建筑与城市规划学院在读研究生，其余参编人员为新疆大学的研究生。

# 目 录

# 第1章　概况

## 1.1　背景

中国是世界上草原资源最丰富的国家之一，作为世界草原面积第二大的国家，我国各类草场面积达 4 亿万平方米，超过国土面积的 40%。新疆的草原面积约占全国草原总面积的 22%，是我国五大牧区之一。

游牧民族长期居住在天然草原区域，他们在继承了祖先生产生活习俗的同时也孕育出草原游牧文化，过着"逐水草而居，逐水草而牧"的生活。在新中国成立之后，国家经济快速发展，社会各类政策性福利也全面展开。而新疆的游牧民族数千年来过着传统的生产生活，一年四季更替需要转场游牧，没有固定住所无法享受国家的基础设施和公共服务设施的建设红利。为了解决牧民的固定住所、子女上学、医疗卫生和水暖电等基础设施问题，新疆从 20 世纪 80 年代开始实行"牧民定居"政策。同时国家也加快了生态文明建设和保护草原环境的步伐，对畜牧业提出新要求，出台草原畜牧业管理政策。部分生态退化严重的草原实行了"封限制牧"政策，需要进入一个生态自然恢复时期。在广大牧区，牧民由"游牧"变为"定居"，牧民的生产生活方式也在转型。因此，当下面临的最大问题是"牧民定居点"人居环境的建设，并结合"草原乡村振兴"的研究推动该项目快速发展。

新疆维吾尔自治区党委、政府于 1986 年提出，草原畜牧业必须改变四季游牧的生产方式，走定居发展的道路；又于 1996 年 5 月在全区畜牧工作会议上明确提出，把实现牧民定居作为改变传统畜牧业生产方式的中心环节，逐步使草原畜牧业由传统的四季游牧方式向冷季舍饲、暖季放牧的生产方式转变。从 1987 年至 2000

年的 13 年中，新疆在牧民定居上取得了很大成绩。到 2000 年年底，全区定居、半定居牧户占总牧户数的 80% 以上[1]。定居后，牧民生产生活方式逐步转型，除在部分牧业村，牧民有个人草场外，牧民也历史性地拥有了自己的耕地，并开始从事农业生产、手工业、旅游服务业、商业等各行各业，定居点也有了基础设施和公共服务设施的建设，并享受了国家各类公共资源。部分牧民在生产方式转型期，初步建立了暖季放牧—冷季舍饲的生产方式；部分牧民脱离畜牧业，定居到农村，从事农业生产；部分牧民从事旅游业服务；等等。上述多种定居方式和生产方式，改善了牧民的生活环境，提高了牧民的文化水平和生活质量。游牧民族从传统的游牧生产方式向现代草原畜牧业、种植业、旅游业与手工业等生产方式的转变，无疑跨出了历史性的第一步。这也是 20 世纪末中国牧区，特别是新疆牧区取得的最卓越的成就之一。

　　本书以新疆北部草原乡村聚落的空间分布与分类、乡村聚落的空间营造与类型特征民居的空间特征与建构方式，以及乡村聚落建筑的绿色化发展启示作为研究主线，以北疆主要河流为研究区域范围。其中对阿勒泰地区的额尔齐斯河与乌伦古河流域、伊犁哈萨克自治州的伊犁河流域、塔城地区的额敏河流域、昌吉回族自治州玛纳斯河和木垒河流域等草原乡村聚落的人居环境进行了系统的研究。

　　本书研究的核心区域哈纳斯河谷、伊犁河谷、额敏河流域、玛纳斯与木垒河流域等位于中国新疆北部区域，阿尔泰山脉和天山山脉中西段，为中国与哈萨克斯坦、俄罗斯、蒙古国、吉尔吉斯斯坦等国接壤地带。尤其是，哈纳斯河流域是古丝绸之路的主要分支——"草原丝绸之路"重要的通道。"草原丝绸之路"是我国通往西方的主要古交通通道。草原丝绸之路有丰富秀丽的自然风光与草原文化艺术、古遗址成群、牧民定居点典型成带状分布，这也是草原乡村聚落的形成、发展与演变的主要区域。论述草原畜牧业与牧民生产方式，研究草原乡村聚落的人居环境与历史沿革，空间分布、聚落营造、居住模式、建构技术、绿色化发展、生态修复与旅游业相结合等相关问题，对于指导当代草原乡村聚落与新型牧民定居点建设、城镇化过程、区域经济发展和改善牧民生活生产方式及其脱贫攻坚具有重要现实意义。

---

1　吐尔逊娜依·热依木.牧民定居现状分析与发展对策研究 [D].乌鲁木齐：新疆农业大学，2004.

# 1.2　意义

## 1.2.1　"一带一路"倡议的提出，促进草原畜牧业发展的迫切需要

改革开放以来，特别是国家实施西部大开发战略后，中央提出了"稳疆兴疆，富民固边"的重大战略部署。进入 21 世纪，中央提出了"丝绸之路经济带"的构想。作为"一带一路"的构成要素之一，这一经济带的产生可能会改变现有国际经济格局，对国际经济和政治格局产生重大、深远的影响，是我国陆路向西部开放的关键性历史机遇[1]。

近年来通过改革开放的深入推进，我国东西南北的交通已经更加便捷，各族人民的交流方式也更加丰富，许多早期草原丝绸之路上的驿站发展成为新型城镇，古聚落、历史文物古迹和自然文化遗产等已经成为世界珍贵的宜居地和旅游胜地。优美的自然环境和丰富的旅游资源更加迫切地要为第三产业服务，这已成为草原丝路复兴的契机。

## 1.2.2　乡村振兴对促进草原乡村聚落建设现实指导的迫切需要

北疆草原乡村区域是多民族聚居融合的地区，虽然自然环境优美、文化内涵深远，但是气候严寒、城镇化水平低、经济相对滞后、旅游业发展缓慢、基础设施与公共服务设施陈旧。研究草原乡村聚落与新型定居点，目的是挖掘草原乡村聚落的人居环境与可持续发展之路，科学合理地掌控草原乡村聚落空间的高效性和生产适应性、优化居住模式、建构技术和绿色化发展与草原生态环境融合。归纳并探讨营造智慧与绩效原理，以期为将来草原新型城镇规划建设提供指导与借鉴。

## 1.2.3　振兴草原乡村聚落、提升产业和精准脱贫战略的迫切需要

实施国家战略，"乡村振兴"和"精准脱贫"是振兴计划的主要组成部分，北疆草原区域的牧民，从实施"定居"政策以来，已从过去的纯游牧业转变为畜牧业 +

---

1　习近平 2013 年在哈萨克斯坦纳扎尔巴耶夫大学发表的重要演讲，题为《弘扬人民友谊　共创美好未来》。

种植、畜牧业 + 旅游、畜牧业 + 养殖为主的多种类型的定居模式，其中包括完全定居、半游牧半定居模式。该时期是牧民生产生活的转型期，在这期间对新型草原乡村聚落空间分布、聚落营造、院落布局、新型居住模式、建构技术优化与绿色化等方面提出新策略，因此乡村聚落以适应多视角生产方式为主的草原乡村聚落建设迫在眉睫。

北疆草原乡村地区自然风光优美、山水格局突出，有世界自然文化遗产地之称，还有很多传统与新型的草原聚落。保护草原生态环境方面，在慎砍树、不填河湖、不破坏草地、不损害植物多样性系统的前提下，旅游业的发展与牧区牧民的生产生活相结合，激发老百姓的参与度并让老百姓得到实惠，提升牧民的生活水平是目前摆在我们面前的重要问题。因此本书紧跟草原乡村建设"乡村振兴"的时代发展步伐，综合考虑草原乡村聚落的可持续发展，通过研究草原乡村聚落的人居环境、延续乡愁、修复生态、营造空间、提升风貌、调适居住模式，并提高民俗旅游能力，提升房屋的环境适应性，从而提出改善民生和精准脱贫的有效途径和可行之路。本书既以史为鉴，分析其生产、发展、兴盛的内在规律，也引入民生概念，找出地域限制、生态独特性、经济发展等要素与民生的最佳组合方式，对未来新疆广大草原，乃至全国牧区发展具有重要意义。

# 1.3 现状

## 1.3.1 国外研究综述

从宏观层面上看，国外关于聚落的研究起步较早，在 19 世纪就开始萌芽，研究内容较多集中在地理学、经济学、历史学、社会学和生态学领域，聚落与地理环境特别是聚落与自然环境的关系是其研究的重点。

德国地理学家约翰·乔治·科尔（Johann Georg Kohl）在 1841 年《人类交通居住与地形的关系》一书中，首次系统研究了聚落与地形的关系。1898 年比较经典的霍华德的"田园城市"理论就已经认识到在人类住区系统中乡村地区的环境优越性，1902 年法国学者白吕纳、日本建筑理论家藤井明等著名专家都对聚落与地理环境特别是聚落与自然环境的关系进行研究。

在聚落发展背景下，W. Christaller (1933)、A. Losch[1] (1940) 等学者在区域层面研究了聚落的空间分布，Bylund（1960）提出了聚落空间演化的研究模型，开启了乡村聚落空间演化研究。此后，研究逐渐转向乡村聚落的空间体系（Sarly，1972）、乡村聚落的社会学研究（Caterand Jones, 1989）、乡村聚落格局演变（Marc，2004; Paquette and Domon[2], 2003）、乡村聚落的行为学研究（Hall, 1996; Sevenant and Antrop, 2007; Njoh, 2011）及乡村聚落重构（Marsden, 1996; Keith and Angel, 2001; Badzhian GH. R, 2006）等方向的研究。

聚落的研究经历了从简单趋向复杂、从单一趋向综合多元，并逐步深入人文社会层面研究的递进式发展变化过程，分为三个阶段。起步阶段（19 世纪至 20 世纪 20 年代）研究聚落与地理环境特别是与自然地理环境之间的关系，研究代表学者有：A. Losch（1940）、W. Christaller（1933）、白吕纳[3]。发展阶段（20 世纪 20—60 年代），乡村聚落研究逐渐兴起，克里斯塔勒中心地理论逐渐兴起，研究代表学者有：Hall（1931）、Trewartha（1946）、Unger（1953）、Johnson（1958）。兴盛阶段（20 世纪 60 年代至今），研究代表学者有：Lichter（2006）、Hall（1996）、Mcgrath（1998）、Salch[4]（2001）、M Hill[5]（2003）、Clark et al.（2009）、M. Lazzari et al.[6]（2009）、Conrad（2011）。

在聚落发展与环境的矛盾日益突出的背景下，学者也在关注草原聚落生态、草原聚落结构等相关研究。从微观层面上论述草原游牧，有游牧生产方式的大多数国家在 100 多年前就已经完成了定居，当前关于草原牧民定居方面的研究报告较少。N. Alsayyad（1993）发表了题为《定居、文化与发展：一个拉丁美洲和中东地区非正式定居比较分析》的论文。它主要论证的是中东地区和拉丁美洲非正式定居发展

1　Kim J B, Ho L Y. Research on the Layout of the Rural Traditional Neighborhood and Site Plan of Korean Communities in China [J]. International Journl of Ondol, 2012: 1-11.

2　李君，李小建. 国内外乡村居民点区位研究评述 [J]. 人文地理，2008，23（4）：23-27.

3　白吕纳. 人地学原理 [M]. 任美愕，李旭旦，译. 南京：钟山书局，1935：10-27.

4　Saleh M A The decline vs the rise of architectural and urban forms in the vernacular villages of southwest Saudi Arabia [J]. Building and Environment, 2001(36): 89-107.

5　Hill M. Rural settlement and the urban impact on the countryside [M]. London: Hodder & Stoughton, 2003: 5-26.

6　Lazzari M. Danese M, Masini N. A new GIS-based integrated approach to analyse the anthropic-geomorphological risk and recover the vernacular architecture [J]. Journal of Cultural Heritage, 2009,10 (Supplement 1): 104-111.

交互文化比较，比较表明没有一个包罗万象的模型能够体现新开垦地的定居模式。

G. N. Tadzhibayeva（1990）研究了原苏联土库曼斯坦山村地区定居牧民的食物与非食物产品的消费模式，调查 6 个农村地区 72 个家庭的数据。根据家庭大小与收入、个人习惯，不同定居制度，所消费的食物和非食物性产品的不同，研究得到土库曼斯坦山村区处于非标准状态的结论。

中亚地区游牧牧民的定居是 20 世纪 60 年代以前逐渐完成的，主要原因是政府行为："中亚地区定居到了 80 年代有了相当规模（特别是哈萨克斯坦、吉尔吉斯斯坦等），定居条件较好，品种优良化，天然草地围栏化（100%），一定程度的人工草地发展，防疫体系完善，牧区已经城镇化，过去的传统的游牧区或牧区目前基本上很少了。到了 2002 年，哈萨克斯坦牧民定居及草原畜牧业很完善了，通过 30 多年的努力，保护天然草地，恢复了生态环境"（维纳尔汗，2003）。哈萨克斯坦的农牧业生产单位是国有农牧场和集体农庄，牧民在生产中大都实行农牧结合。在哈萨克斯坦，种植青贮玉米和苜蓿的面积比较大，牧民不但加工青贮玉米饲料，而且成功地加工了苜蓿半干青贮饲料。青贮饲料已占总饲料量的 50%。由于哈萨克斯坦把畜牧业放在与农业同等地位，因此农牧业互相促进，处于一种良性循环状态。

国外对聚落的研究起步较早，研究尺度较小，研究视角由单一向多维学科转型，反映了聚落变迁中多种因素的共同作用。此外，聚落与自然环境的关系也是研究重点，在国外的研究中呈现较多。草原聚落的发展、规模和布局受到自然环境的显著影响，这无疑促使学者思考资源、环境、经济和生态等因素如何影响草原聚落发展。

## 1.3.2 国内研究综述

国内关于聚落的研究也有较为丰富的探索。聚落是人类占据地表的一种具体表现，也是人类活动的代表性单位。在聚落研究进程中，由于对聚落文化研究的多学科融合，也开始了对于传统聚落空间、草原聚落空间等的研究。业祖润（2001）运用"空间结构理论"探析传统聚落环境空间创造理念、空间结构体系、形态、结构方式[1]。谢威（2006）研究了内蒙古地区草原聚落构成模式[2]。马宗保、马晓琴（2007）

---

1　业祖润. 传统聚落环境空间结构探析 [J]. 建筑学报，2001（12）：21-24.
2　谢威. 内蒙古中部草原住区构成模式研究 [D]. 呼和浩特：内蒙古工业大学，2006.

研究认为：游牧聚落选址、规模与空间布局具有的生态观念 [1]。祝文明（2010）从空间形态与保护策略两个方面对贵州安顺屯堡聚落进行研究 [2]。曾早早等（2011）认为聚落格局演变可反映出土地开垦的过程，是人类活动与自然环境之间相互作用的综合反应 [3]。何峰（2012）分析了湘南汉族传统村落空间形态的形成、发展、繁荣到衰落的历史演变过程和演变动因，并在此基础上探讨了在新的政治、经济、文化背景下传统村落空间形态的适应性对策 [4]。陈阿江、王婧（2013）的研究认为保持草原生态系统的完整性应该设定草原牧场的最小面积 [5]。李小建等（2015）通过齐夫指数、分形维数和基尼系数，测度了河南巩义近百年来聚落分布格局的演变，得出聚落空间结构的演变特征 [6]。张烨（2015）在对传统聚落空间进行剖析的基础上，得出传统聚落良性的发展模式 [7]。康美（2016）在呼伦贝尔草原聚落空间演变的研究中，提出草原聚落的演变对促进草原牧区生产力发展具有重要意义 [8]。常青（2019）追溯中国传统聚落的城乡同构特征及成因，从史地维度讨论了其演化脉络，分析其地域分布格局，及其与环境气候的因应关系 [9]。汪芳等（2023）从地理学、城乡规划、风景园林等多领域视角，聚焦流域聚落空间的人地关系演化 [10]。

　　草原乡村聚落的生产生活活动是基于一定区域的草原环境进行的，草原聚落漫长的演进过程是不同时期草原牧民适应经济、社会和生态环境的过程。

　　关于中国游牧历史的形成及其发展，许多学者从不同的角度进行阐述。张伦（1989）系统地研究了西北游牧的形成和发展，指出：“西北原始农牧业首先起源于本区东南部的渭河流域。在新旧石器时代相交之际，农业起源的同时，西北畜牧业也随之发生。饲养的动物，当然要有所选择，那些性格较温顺的动物自然首选为

1　马宗保，马晓琴. 人居空间与自然环境的和谐共生——西北少数民族聚落生态文化浅析 [J]. 黑龙江民族丛刊，2007（4）：127-131.
2　祝文明. 安顺屯堡聚落空间形态与保护策略研究 [D]. 武汉：华中科技大学，2010.
3　曾早早，方修琦，叶瑜. 基于聚落地名记录的过去 300 年吉林省土地开垦过程 [J]. 地理学报，2011，66（7）：985-993.
4　何峰. 湘南汉族传统村落空间形态演变机制与适应性研究 [D]. 长沙：湖南大学，2012.
5　陈阿江，王婧. 游牧的“小农化”及其环境后果 [J]. 学海，2013（1）：55-63.
6　李小建，许家伟，海贝贝. 县域聚落分布格局演变分析——基于 1929—2013 年河南巩义的实证研究 [J]. 地理学报，2015，70（12）：1870-1883.
7　张烨. 基于生态适应性的传统聚落空间演进机制研究 [D]. 济南：山东建筑大学，2015.
8　康美. 呼伦贝尔草原聚落空间特征研究——以新巴尔虎左旗为例 [D]. 呼和浩特：内蒙古工业大学，2016.
9　常青. 传统聚落古今观——纪念中国营造学社成立九十周年 [J]. 建筑学报，2019（12）：14-19.
10　汪芳，方勤，袁广阔，等. 流域文明与宜居城乡高质量发展 [J]. 地理研究，2023，42（4）：895-916.

人饲养，经过长期饲养驯化，终于出现狗、猪、羊、牛等原始家畜种类。正因家畜驯化和早期的畜牧都是在圈养条件下进行的，西北新石器遗址中一般常见有围栏，即使在草原地区也不例外，可见当时畜牧尚未进入大规模的游牧阶段。"丁泽霁（1994）对中国游牧历史进行过研究，认为："中国是世界上几个畜牧业发源地之一。史书记载，距今3000多年前的殷商时期，西北和北部的'鬼方族'是过着游牧生活的。此后的匈奴等民族也是逐水草而居的。"对于新疆游牧历史，丁泽霁研究表明："新疆早在公元初年以前就居住有游牧生活的部族。公元初年，伊犁河流域的牧马业已经明显发达。此后在丝绸之路上绢与马的交易已很繁荣了。"张明华（1982）研究游牧的起源时认为："远在新石器时代的细石器时期在今日新疆的乌鲁木齐、哈密的七角井和罗布泊、且末等地就有古人类的狩猎活动。后来随着工具的改革和狩猎技术的进步，捕来的野兽逐渐增多，人民就把吃不完的活野兽留下来，加以驯化、繁殖和牧养。在三千年前的殷商时代，人民就把马、牛、羊等驯养成了家畜。"根据史学家对河套地区（今内蒙古伊昭克盟，现叫做鄂尔多斯市）人类化石的考古证实，在距今二三十万年前，中华民族的祖先就在这里生息。到了周朝时期，"猃狁""翟"等游牧民族在这里活动，他们主要从事畜牧业生产，草原成了他们生活的乐园。公元前206年（西汉初年），新疆天山南北的乌孙国也多游牧生活，逐水草而居，故有"行国"之称。《西域番国志》中记载："别失八里（今吉木萨尔到伊犁一带）……不建城廓，居无定向，惟顺天时，逐趁水草，牧牛、马以岁月。"[1]

在改变传统草地畜牧业生产方式、实现牧民定居的理论和实践研究方面，许鹏从20世纪90年代开始进行了大量研究，总结了新疆草地畜牧业生产经营特点并提出了牧民定居的理论与内涵。目前有关新疆北部草原牧民定居点社会层面调查研究有，例如周亚成等人主编的两本书：一本是《哈萨克族——新疆吉木乃县巴扎尔湖勒村调查》[2]，另一本为《哈萨克族定居聚落——胡阿根村社会调查周志》[3]。关于巴扎尔湖勒村的调查，主要集中在村庄历史、生态环境、人口、经济、婚姻家庭、法律等做概括性描述。另外，通过每周一次、一年为周期的对昌吉市阿什里哈萨克民族乡胡阿根村的实地调查，反映了哈萨克族定居聚落现状、聚落形态、聚落人口等基

---

1　张明华.我国的草原 [M].北京：商务印书馆，1982.
2　王旭东，周亚成.哈萨克族：新疆吉木乃县巴扎尔湖勒村调查 [M].昆明：云南大学出版社，2004.
3　周亚成，阿依登，等.哈萨克族定居聚落——胡阿根村社会调查周志 [M].乌鲁木齐：新疆人民出版社，2009.

本情况；并记录了一年中不同季节村民的主要活动和重要事件，包括村民的定居、农牧业生产、学校教育、文化生活、婚姻家庭、医疗卫生、人口流动等方面的状况，最后落脚于胡阿根村的发展问题。

在张福海（2016）的《哈萨克族牧业聚落代牧现象研究——以解村为例》中关注了游牧聚落的结构、牧民定居，也关注了代牧产业的兴起与牧民生计变化、代牧后的影响和评价。

汪俊基于新疆伊犁州某村的田野调查与《从游牧到农耕：哈萨克族生计方式选择和文化适应》[1]中关注从游牧到农耕的过程中，生计方式所发生的变迁、原因及对生活方式的影响，进而讨论了文化具有整合性和适应性等特征。李晓霞基于2000年3月对伊犁州、博州和塔城地区的5个牧民定居点的田野调查，撰文《从游牧到定居——北疆牧区社会生产生活方式的变革》[2]，对定居后的哈萨克族、克尔克孜族、蒙古族牧民社会生产生活的变化进行了描述。牧民的生产方式主要是畜牧为主、兼营农业，尤其是1984年牲畜、草场承包到户以后，农业往往作为牧业的支撑与补充而存在，并提供粮食与牲畜饲料的自给。生产方式的变化导致了居住类型的多样化、"阿吾勒"的转型及家庭协作的加强。周亚成以胡阿根村调查资料为据，在《哈萨克族经济生产方式转型与经济发展——胡阿根村社会调查》[3]一文中对比牧民族定居前后过程中生产方式的转型与发展，尤其是从牧业转变、农业经营及多种产业结合的生业状态中窥探游牧民族的发展变迁。

张胜仪、陈震东、荆其敏等在其书中对新疆民居的研究从聚落与各民族建筑单体在两个层面上论述，对于聚落所处的整体环境、营造技术与民生改善等描述和分析并不充分。分章节记述的内容是按前面所说的建筑各方面的特征依次阐述，虽然没有明确提出比较或分类，但能从中看出不同地区聚落的差异与特征。

国内外对聚落的研究日益丰富，研究方法从定性的描述性分析转向定性和定量相结合的综合分析，研究视角也更加多元。草原聚落作为一个复杂的系统，其发展涉及生态、政治、经济、社会和地域文化等多个领域。目前，关于草原聚落的研究

---

1  汪俊.从游牧到农耕：哈萨克族生计方式选择和文化适应 [D].南宁：广西民族大学，2009.

2  李晓霞.从游牧到定居——北疆牧区社会生产生活方式的变革 [J].新疆社会科学，2002（2）：64-69.

3  周亚成.哈萨克族经济生产方式转型与经济发展——胡阿根村社会调查 [J].新疆大学学报（哲学社会科学版），2005（3）：94-98.

大多从某一角度出发，如生活环境、生产或生态等方面，研究视角较为单一，较少将生产、生活和生态等作为整体来考虑，未能全面涵盖草原生态建设的各个方面。

### 1.3.3 小结

首先，过去草原乡村聚落研究的对象多集中在草原文化遗迹、社会、经济、人口、生活习俗、生产等方面，而对草原乡村聚落本体的人居环境、生产生活方式相结合、聚落空间分布、营造方式、民居建筑的建构、环境适应性技术与绿色化发展的研究存在短板，其中缺乏对地域气候资源、生态修复、新型草原聚落与生产方式转型后的空间布局、适宜的院落营造、居住模式、绿色化发展前景、庭院经济与住宅节能模式的相互关联的研究。

其次，以往草原乡村聚落的研究，对游牧区域传统民居的研究较为集中，尤其从传统毡房的形态特征研究为主线，对于草原乡村聚落的气候、地理、地貌、资源、人文、经济等综合研究，对聚落空间整体营造的系统性、体系化认识需要进一步研究。

最后，对于草原乡村聚落从人居环境三元论出发，即研究牧民人居背景、人居活动、人居建设。在人居环境整体性研究中找到气候、地理与资源环境特征，通过研究草原聚落空间营造模式，探讨草原乡村聚落的自然生态环境保护、彰显草原景观，梳理发展旅游业方面的特点。通过系统、全面的研究，使分类更加全面，从而使成果最大限度得到提升。

# 1.4 方法

本书采用实地调研、理论分析、实证研究和系统集成法相结合，实现多学科交叉融合。

### 1.4.1 多学科专业交叉融合的研究方法

注重建筑学与城乡规划学科、风景园林、生态学、产业学、气象学、地理学、环境科学、社会学、人类学等相关学科的融合研究；借助相关学科的原理与方法，多维度剖析在乡村振兴战略背景下畜牧业与乡村聚落的相互关系，综合集成已有研究成果与应用技术。

### 1.4.2　实地调查、类比分析、归纳梳理、总结升华

通过实地调研，获取图像资料、影像资料、问卷调查、草图记录、测绘、访谈调查和分析数据等资料，再通过用类比比较、分析综合的方法进行归纳和总结，寻找差异和共性，为类型化的研究提供依据。

结合当前草原乡村聚落空间营造、居住模式、建构特征与生产方式的发掘方面的短板，以及人居环境建设的其他约束条件，综合运用人居学科理论，特别是对类似问题提出的解决办法，构筑可持续发展的建设模式，并进一步总结升华。既关注草原乡村聚落的人居环境改善、空间营造智慧与环境保护理念的差别，也关注草原乡村聚落空间、居住、技术、绿色、旅游等方法系统性梳理。

### 1.4.3　系统集成方法

本书围绕草原乡村聚落的空间营造，居住模式与建构技术中的智慧，运用当代人居环境学的营造与技术进行研究与集成，对草原乡村聚落营造技术在可再生能源合理利用、节地、节水、节材、抗震等多方面进行性能提升，通过对传统技术与新技术有机融合，力求从应用价值的角度，指导当地草原乡村聚落的可持续发展。

# 1.5　相关概念

### 1.5.1　草原乡村聚落

草原乡村聚落的村落通常拥有少量畜牧加工企业、商业服务设施和旅游服务设施，尚未达到建制镇标准的草原乡村集镇。同样，位于天山山脉、阿勒泰山脉、塔尔巴哈台山脉和该区域的各河流上、中、下游的乡村村落，也是以畜牧业为主、其他业态为辅，部分河流下游的村落以旅游业为主。

### 1.5.2　牧民定居点

广义上"牧民定居点"是指牧民定居的地点，即牧民以各种定居方式聚居的地点，具有聚落特征，同时具有牧业属性，也统称为草原乡村聚落。狭义上"牧民定

居点"是指我国实施的牧民定居工程而形成的牧民集中定居的地点，牧民定居工程是由国家实施的，旨在通过建立固定居所、人工草场等设施改变移动养畜游牧民的生产方式和生活方式[1]。

牧民从游牧到定居是一个复杂的经济、社会、文化变迁的过程，是为解决游牧民在牧区因社会经济、生态环境和资源等矛盾而提供倡导的一种新生产生活方式。从深层意义上讲，从游牧到定居，牧民从散居变成聚居是一种深刻的社会变迁，它不仅是牧区生产和生活方式的变化，也是牧区社会、经济、文化等因素的重新组合，与牧区社会经济发展、产业结构、资源利用、生态保护等因素关系密切。牧民定居是在国家牧民定居政策指导下的一项循序渐进的工程，定居从初级向高级逐步发展，这个过程不但要符合自然规律和社会发展规律，还必须符合牧民民族文化变迁的规律。

牧民定居点内，牧民是主体人群并从事畜牧业的生产生活活动，形成了区别于农业、渔业、林业等聚落的特有牧业聚落形态[2]。

### 1.5.3 牧业村

牧业村是以畜牧业产业为主的村庄，它的历史比牧民定居点悠久，也是早期的草原聚落，该类村落多分布于山麓区域和平原区域，可以是固定的或者流动的居民点。由于牧业生产的特点，单位面积土地上获得的经济收入一般不如农耕业获得的经济收入多，同时草原牧区的载畜量又有一定的限制，使得牲畜的放牧半径远大于农耕区的耕作半径，因而牧业村一般都规模较小而且居住比较分散，牧户之间的距离较远。

我国牧区分布广泛，包括新疆维吾尔自治区、内蒙古自治区、西藏自治区、青海、甘肃、四川、宁夏等地区，但主要集中在新疆维吾尔自治区、内蒙古自治区、西藏自治区。牧区依赖草原而存在，不同草原类型影响了不同牧区的发展形势[3]。新疆的牧区主要集中在北疆天山山脉、阿勒泰山脉、塔尔巴哈台山脉区域，因此本书有关牧区主题研究聚焦于北疆草原乡村聚落。

---

1 张磊.西部山地草原牧区牧民定居点居住建筑模式研究 [D].西安：西安建筑科技大学，2018.

2 罗意，古力扎提.21世纪以来牧民与草原生态环境关系的重塑：以新疆北部牧区为例 [J].北方民族大学学报，2023（3）：22-30.

3 张立，林楚阳，荣丽华.牧区乡村人居环境 [M].上海：同济大学大学出版社，2020.

# 第2章　北疆草原乡村聚落

## 2.1　新疆概况

新疆维吾尔自治区，简称"新"，古称西域，地处中国西北部，位于亚欧大陆腹地，面积 166.49 万平方千米，约占全国陆地总面积的六分之一；地处东经 73°18′～96°18′，北纬 34°25′～48°18′之间，是中国陆地面积最大、陆地边界线最长的省级行政区。新疆的地理特征是"三山夹两盆"，新疆最北部以阿尔泰山系为主，中部以天山山系为主，最南部以昆仑山山系为主。阿尔泰山和天山之间为准噶尔盆地，天山和昆仑山之间为塔里木盆地。新疆东部有阿尔金山，西南有号称"世界屋脊"的帕米尔高原。最南面的昆仑山脉与最北边的阿尔泰山脉限定了新疆的南北边界，而天山横亘其间，分割出了南北两种不同的生态环境，使得新疆物质文明产生了两种不同的类别，总体可划分为北部的草原游牧文明与南部的绿洲农耕文明[1]。

新疆属温带大陆性干旱气候，受地形和气流的影响，各地气温和降水存在差异。该地区降水集中在山区，平原区降水少、蒸发量大，年均降水量 177 mm。该地区水资源分布也极不均衡，西多东少、北多南少、山区多平原少。多年平均水资源量 834 亿立方米。全年日照时间平均 2 800 h，各类农作物生长繁育禀赋条件得天独厚。历史文化底蕴深厚，在 5000 多千米古"丝绸之路"的南、北、中三条干线上，分布着众多的古遗址、古墓葬、石窟寺、古建筑等人文景观。民族风情浓郁，

---

1　范峻玮，塞尔江·哈力克.逐舒适空间而居——新疆南部绿洲民居的周期性转移住居模式研究 [J].南方建筑，2020（5）：57-63.

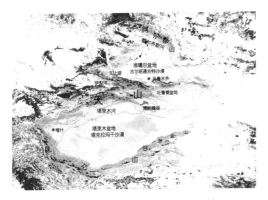

图 2-1　新疆地形图（图源：星球研究所公众号）

各民族在文化艺术、体育、服饰、饮食习俗等方面各具特色。民族舞蹈绚丽多姿，素有"歌舞之乡"美称。（图 2-1）。

新疆地理位置远离海洋，高山与盆地相间分布，从海洋携带水分而来的大气环流被阻断，使得新疆降水总体稀少，属于水资源紧缺地区。但低降雨量并未导致新疆整体干旱的局面，新疆局部地区水资源仍较为丰富，流域内河流交错、湖泊广袤，人均水资源量位于全国前列，约为全国人均水资源量的 2 倍[1]。产生这种现象的原因是由于新疆大部分地区位于我国严寒或寒冷地区，冬季的气候降水很大一部分储存在高山之上，使得冰川、冰雪融水成为新疆主要的补给水源。经过数千年的积聚，新疆境内冰川累计 1.86 万余条，涉及面积总共为 24479.3 km²，占国内总冰川面积的 42%，冰川储量规模总计 $2.58 \times 10^{12}$ m³，[2] 是新疆天然的"固体水库"。冰雪融水孕育出新疆境内 570 余条河流，不同山系的河流，或横跨草原，或流经盆地，或流入城镇，或深入大漠，滋养了新疆复杂多样的山川地理，更孕育出丰富多彩的生活方式。

## 2.1.1　新疆北部概况

北疆即新疆的北部地区。北部阿尔泰山山脉、中部天山山脉和南部昆仑山脉将新疆分为南北两大部分，天山以北为北疆，有伊犁哈萨克自治州、阿勒泰地区、塔城地区、昌吉回族自治州、乌鲁木齐市、克拉玛依市、博尔塔拉蒙古自治州、石河子、北屯、可克达拉等地区[3]（图 2-2）。

### 1. 气候特征

北疆的气候以天山为界，与南疆气候差异明显。北疆气候上属于温带大陆性

---

1　左其亭，李佳伟，马军霞，等.新疆水资源时空变化特征及适应性利用战略研究 [J].水资源保护，2021，37（2）：21-27.

2　张振龙.新疆城镇化与水资源耦合协调发展研究 [D].乌鲁木齐：新疆大学，2018.

3　汪存华.新疆产业分工与南北疆区域协调发展研究 [D].石河子：石河子大学，2013.

干旱和半干旱气候，冬夏季温差大，全年降水稀少，北疆年均气温 -4～9 ℃，年平均气温日较差 12～14 ℃。全年平均降水量 200～300 mm，全年平均蒸发量 1500～3000 mm，全年无霜期 140～185 天，全年日照时间长，年平均辐射量 5600～6000 MJ/m²，光热资源丰富。四季分明，是北疆的一大特点。

图 2-2　北疆概况图（图源：星球研究所公众号）

### 2. 历史文化底蕴

距今约 10 000～3000 年，我国黄河、长江及西辽河流域先后进入新石器时代，新疆的南疆、北疆、东疆地区纷纷发现了细石器遗存，其中北疆地区主要在准噶尔盆地周缘的山前地带和河谷台地与北疆沿天山一带在准噶尔盆地西北部的吉木乃县及额尔齐斯河流域都发现了细石器遗存，可得出沟通亚欧大陆东西侧的道路已经存在，并有着东西双向的人群迁徙与文化交流[1]。

到了先秦时期，多元的生态环境造就了天山以南的绿洲地区，并形成以农业为主的经济模式，而天山以北则形成规模化的畜牧业。两汉时期，中央政府在西域各地设置地方政府机构，史册开始对西域地理历史有了具体记载，自汉代起，西域便已是中国不可分割的组成部分。西汉初年，天山南北各地社会经济已有很大发展，此时，天山南北形成许多绿洲城郭和普通城郭，受中原先进农业、水利技术的影响，天山以北的乌孙人和匈奴人在各自的草原上创造了多彩瑰丽的草原游牧文明。彼时，丝绸之路也逐渐形成，从河西走廊进入新疆地区，到吐鲁番之后形成新疆草原丝绸之路的分支。

两汉以来，草原丝绸之路的地域在历代政权的统治下陆续形成一些古代城市，留下不少古城址，如：惠远古城、达勒特古城、乌拉泊古城、北庭故城、石城子遗址等[2]。

1　冯玥. 七角井遗址与史前丝绸之路上的细石器 [J]. 西域研究，2023（3）：82-87.

2　范霄鹏. 新疆古建筑 [M]. 北京：中国建筑工业出版社，2015.

魏晋时期，草原丝绸之路西段开始兴盛，是中原从西域前往罗马的主要通道，唐代，拜占庭使者从北欧草原出发，途经天山南麓到达长安，即草原丝绸之路的西段，辽元时期"草原丝绸之路"更为通畅，丝路贸易和文化交流也达至繁盛[1]。

## 2.2 丝绸之路

### 2.2.1 丝绸之路概述

古代中国在西方以生产昂贵、精美的丝绸而闻名，古希腊、古罗马人将中国称为"赛里斯"，意为丝之国。德国地理学家李希霍芬在《中国——我的旅行成果》（*China, Ergebnisse eigener Reisen*）中，首次提出"Seidenstrassen"（丝绸之路），并于1861年起亲自来中国考察，提出了中西交通史上最为重要的"丝绸之路"这一概念[2]。丝绸之路可分为狭义与广义两种概念，狭义的丝绸之路指始于古代中国长安或洛阳，通过河西走廊及今天的新疆地区，越过帕米尔高原，进入中亚、伊朗等地，连接亚洲、欧洲的陆上贸易商业线。广义上的丝绸之路概念更为泛化，分为陆上丝绸之路（绿洲之路和草原之路）和海上丝绸之路。

在《辞海》关于"丝绸之路"的释义里明确了丝绸之路可以分为两类：陆上丝绸之路和海上丝绸之路，以及三大干线：①草原丝绸之路，由古代游牧人开辟和使用，大致从黄河流域以北通往蒙古国高原，西经西伯利亚大草原，抵达咸海、里海、黑海沿岸，乃至西边的东欧地区；②绿洲丝绸之路，指陆上人类定居地区，始于中原，西经河西地区、塔里木盆地，再赴西亚、小亚细亚等地，并南下至阿富汗、巴基斯坦、印度等地；③海上丝绸之路，开辟的时间晚于陆上丝绸路，始于中国沿海地区，经今东南亚、斯里兰卡、印度等地，抵达红海、地中海及非洲东海岸等地。也有学者主张丝绸之路还向东延伸至日本；且另有西南丝绸之路，因穿行于横断山脉，又称高山峡谷丝路，在公元前4世纪形成，是蜀地（今川西平原）与身毒间（印度河流域）之间开辟的丝路。

---

1 杜晓勤.草原"丝绸之路"兴盛的历史过程考述 [J].西南民族大学学报（人文社科版），2017（38）：1-7.
2 赵杨.草原丝路与回纥汗国 [D].呼和浩特：内蒙古师范大学，2019.

到了当代，"丝路"是由朱杰勤在 1935 年出版的《华丝传入欧洲考》中所提出的 [1]。到了 20 世纪中期，"丝绸之路"的概念已经被官方肯定，在《关于促进亚非国家间文化交流报告》中出现。"丝绸之路"概念在发展的过程中也随之深化，赫尔曼则将丝绸之路的范围扩大到从阳关出发到中亚乃至西亚的道路交通网 [2]，这与当今的丝绸之路的概念相近。

总体而言，古往今来，丝绸之路在世界范围内形成了巨大的影响。国际社会很早就关注到了丝绸之路的文化遗产价值，1998 年，联合国教科文组织启动"对话之路：丝绸之路整体性研究"项目，提出丝绸之路申请文化遗产的想法。2014 年丝绸之路沿线国家联合申遗成功，是我国跨国申遗成功的里程碑，也是丝绸之路重新启动的起点。

## 2.2.2　草原丝绸之路的定义与范围

随着对丝绸之路研究的泛化与深入，陆上丝绸之路得以进一步地细分，丝绸之路中草原地带的路线被划分出来，称为草原丝路、草原路或草原道。相较于沙漠丝绸之路，草原丝绸之路的历史作用更具文化性。

草原丝绸之路得名于其典型的地貌特征，其路线贯穿整个欧亚草原地带，是陆上丝绸之路的一个重要的组成部分。由于草原具有广阔平坦的特性，使得其路线并非单一而一成不变的。草原丝绸之路既是中原与草原地区的人民相互连接的通道，也是中原地区经由草原地区通向西方世界的重要路线。

从宏观的角度来说，草原丝绸之路是东起大海，横跨亚欧草原的交通要道，其纵横交错的道路向北与蒙古国和西伯利亚相接，向南可达中原地区。具体来说，草原丝绸之路贯穿欧亚大陆的草原地带，为一条南北要道。其北道的开辟始于北匈奴西迁之时，东起于西伯利亚高原，经过蒙古国高原向西，再经咸海、里海、黑海，直达东欧；南道则东起辽海，沿燕山北麓、阴山北麓、天山北麓，西去中亚、西亚和东欧。

草原丝路的形成，极大程度上受到了自然生态环境的影响。草原丝路的优势在于：当绿洲道被阻隔、海上道路无法通达时，草原道可以做到较少受政治、地形、

1　刘进宝."丝绸之路"概念的形成及其在中国的传播 [J]. 中国社科，2018 (11)：181-202.
2　田澍，孙文婷. 概念史视野下的"丝绸之路" [J]. 社会科学战线，2018 (2)：143-151.

气候等因素的影响，保证东西交通道路的通畅。纵观欧亚大陆的地理环境，北亚遍布亚寒带针叶林和寒冷带苔原，人类难以生存，中亚是浩瀚无垠的戈壁沙漠和群山峻岭，成为一道道的屏障，阻隔着东西方的交通。

这条自然条件优越的草原通道，向西连接中亚和东欧，向东南经过中国的北方草原地区到达中国的中原地区，对沟通东西方物质文化交流和世界文化的发展都产生过深远的影响（图 2-3）。整个亚欧草原主要分为三个大的区域，西部区域为黑海与哈萨克斯坦区，中部区域为以阿尔泰山、天山为中心的草原区域，东部区域为蒙古国高原地区。作为欧亚草原通道的东南沿线与黄河孕育的中原相接壤，中国北方草原成为中原农耕文明和草原游牧文明交流的典型地带，这种得天独厚的地理环境和交流基础使得中国北方草原能够长期作为欧亚物质与文化交流的重要通道。

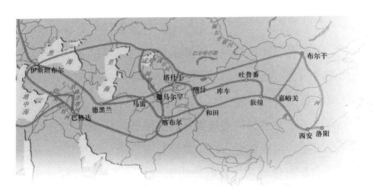

图 2-3　亚欧草原通道示意图（图源：中国国家地理网 2007 年第 10 期）

从时间脉络来看，草原丝绸之路开辟时间最早，持续时间最长，即从史前陶器时期的青铜流传，到两汉时期的丝绸贸易，在辽元时期达到鼎盛。

在公元前 2000 年，中国北方游牧地区与黑海沿岸之间已经存在着一定的文化交流；中国中原地区也已经通过草原通道与欧洲的最东部发生了某种文化联系[1]。

战国晚期，天山山麓已经成为连接关中地区与哈萨克斯坦草原的通道，也可称为天山廊道，这是丝绸之路的雏形，在中西交通历史上有着十分重要的意义[2]。公元

---

1　杜晓勤.草原"丝绸之路"兴盛的历史过程考述 [J].西南民族大学学报（人文社科版），2017（38）：1-7.
2　邵会秋，杨建华.前丝绸之路亚洲草原的文化交往——以金属器为视角的考古学研究 [J].故宫博物院院刊，2022，6.

前 5 世纪古希腊历史学家希罗多德在《历史》中对欧亚草原通路的方位、经过的区域和贸易进行了描述。孙培良认为《穆天子传》中描绘的昆仑山是指阿尔泰山，书中描绘从阿尔泰山中段的东麓越过山口，经该山西麓向黑水（额尔齐斯河）行进，直至斋桑泊，这也是我国历史上关于草原丝绸之路范畴的文献。

随着两汉时期"绿洲丝绸之路"的兴起，中原文化较少直接通过"草原丝绸之路"与西域交流，多为绕道进行。

元代是草原丝绸之路商贸活动、文化交流最为繁盛的时期，沿线道路四通八达，并建立驿站制度[1]。辽元时期把草原丝绸之路的南道和北道联系起来，建立起一条从漠北至西伯利亚、西经中亚、远达欧洲的极为发达的草原大通道。随着近年中国"一带一路"倡议的提出和实施，这条沟通东亚与中西亚、欧洲之间的历史通道可望再次复兴，发挥出更强大的文化交流作用。

草原丝绸之路穿越的地区，水草丰茂、河流纵横、植被茂盛，这些得天独厚的自然条件是人类生存的基础。在这样的环境下，游牧业在这片土地上繁荣发展，人们逐水草而居，形成了独特的游牧生活方式。这种生活方式不仅为草原丝绸之路提供了丰富的资源与支持，更孕育了璀璨的游牧文明。而这条连接不同文明的草原丝绸之路，也极大地推动了当地的文化艺术、手工业和建筑等领域的发展，为人类文明作出了卓越的贡献。草原丝绸之路之所以能够在历史上有这样的地位和成就，是因为丝路沿线各民族与国家在开放交流中互相尊重、包容并蓄并共生共荣。草原丝绸之路文化交流的历史事实，对于我们今天建设"一带一路"有着非常重要的借鉴价值和启示意义。

## 2.2.3　新时代背景下"一带一路"定义

2013 年国家主席习近平提出建设"丝绸之路经济带"和"21 世纪海上丝绸之路"的合作倡议，这二者合称为"一带一路"倡议。"一带一路"倡议是习近平新时代中国特色社会主义思想的重要组成部分。"一带一路"倡议是中国对世界的外交态度，其建设不仅引领了新时代中国对外开放新格局，还为促进世界经济与合作提供"中国方案[2]"。2014 年 9 月习近平在中央民族工作会上指出，建设"一带一路"对民族地

---

1　米彦青. 元代草原丝绸之路上的上都书写 [J]. 西北民族研究，2021（1）：135-144.
2　刘方平. "一带一路"：引领新时代中国对外开放新格局 [J]. 甘肃社会科学，2018（2）：64-70.

区特别是边疆地区是个大利好政策，要加快边疆开放开发步伐，拓展支撑国家发展的新空间。新疆既是古代丝绸之路的重要组成部分，又在"一带一路"倡议中具有明显的地缘优势。新疆是新丝绸之路经济带的核心建设区，向东可以连接广大内地省份，甚至可以辐射整个东亚，向西连接中亚、南亚、俄罗斯甚至整个欧洲，是贸易互联互通的要道，成为中国向西发展的桥头堡[1]。

新疆维吾尔自治区也是贯通欧亚大陆的重要的交通枢纽和商贸物流中心，其向欧亚大陆西部延伸的窗口功能可以促进与中亚、西亚和中东欧等国家交流合作。伴随国家级"一带一路"倡议规划的发布，2015年成为"一带一路"倡议实施的元年，新疆也将成为我国与"一带一路"共建国家实现"五通"的重要纽带[2]。

"一带一路"从古代丝绸之路中得名，根植于历史，面向新的时代，让古老的丝绸之路的内涵得到延续，在新时代积极地与共建国家建立良好的合作关系，共同打造政治互信、经济融合、文化包容的利益共同体、命运共同体和责任共同体。回望历史，从汉武帝派张骞出使西域开始，作为一条中国连通西方、走向世界的路，丝绸之路寓意着友好与交流，而"一带一路"建设根植于丝绸之路的历史土壤，使沿线各国人民合作共赢、共同发展，其跨越不同的文明、宗教、种族，求同存异、开放包容，携手共同促进构建人类的发展。

"丝绸之路经济带"是在古代丝绸之路概念基础上形成的当代经贸合作升级版，被认为是世界上最长、最具有发展潜力的经济大走廊。丝绸之路经济带也承载着厚重的历史文化底蕴。

草原丝路是丝绸之路最重要的一条线路，对于丝绸之路经济带的重要性不言而喻。草原丝路具有典型的地域文化特点，具有包容开放、崇尚自然的草原文化特性，这对于"丝绸之路经济带"来说，能够拉近这条丝路沿线的具有同样地域文化国家的认同感。"丝绸之路经济带"复杂多变的政治社会环境，决定了其文化的多元性和多层次性。在经济带沿线，呈现多种文化多元并存的特点。承载着游牧文化和草原文化的草原丝路，具有影响广泛的区系文化，在古丝绸之路沿线的游牧民族

1 刘琳秀."一带一路"背景下新疆面临的机遇和挑战 [J].经济论坛，2015 (4)：41-43.
2 旦志红，何伦志.贸易畅通视角下的"一带一盟"对接 [J].中国流通经济，2017, 31 (6)：17-26.

和草原群体中具有较高的文化认同度，对新丝绸之路经济带的共建有着独特的文化整合作用[1]。文化作为重要的软实力，在丝绸之路经济带的建设中体现着引领的作用，多元的文化在具有认同性的基础上，联系与合作愈加紧密。在未来丝绸之路经济带的建设与发展中，多元文化互学互鉴，相互完善。

# 2.3　北疆生态环境和人文环境

新疆北部位于中国的最西北端，具有壮丽的自然风光和深厚的文化底蕴。本节将简单介绍新疆北部的生态环境和人文环境。

## 2.3.1　自然生态环境

新疆属于典型的温带大陆性干旱气候，降水稀少、蒸发量大，年平均降水为170.6 mm。区内共有河流3355条，其中年径流量超过十亿立方米的有18条，超过百亿立方米的有3条（塔里木河、伊犁河、额尔齐斯河）。水资源分布极不均衡，西多东少、北多南少、山区多平原少[2]。

新疆北部生态环境以其独特的自然风光和丰富的生态资源而闻名。这片广袤的土地拥有丰富的水资源、森林资源和生物资源，是整个区域生态平衡的关键地带。

阿尔泰山和准噶尔西部山地是北疆最重要的生态区域。阿尔泰山是全球最大的淡水湖泊之一的贝加尔湖的主要水源地之一，也是中国三大河流之一的额尔齐斯河的发源地。这里拥有茂密的森林、清澈的河流和丰富的野生动植物资源，是北疆生态环境的核心组成部分。

新疆北部的生态环境具有极高的保护价值。这片区域的生态系统为周边城市和农业生产提供了重要的生态环境，如有净化空气、调节气候、水源涵养等作用。此外，北疆还拥有许多珍稀濒危物种，如雪豹、北山羊、猞猁等（图2-4），这些物种也在维护整个区域生态平衡中发挥着重要作用。

---

1　内蒙古社会科学院草原文化研究课题组，王其格.草原文化在"丝绸之路经济带"建设中的意义和作用——二论草原文化与草原丝路沿线文化 [J].实践（思想理论版），2017（10）：50-51.
2　新疆维吾尔自治区人民政府.气候特征 [EB/OL].http://www.xinjiang.gov.cn.

图 2-4  北疆地区雪豹、北山羊、猞猁（图片来源：百度百科）

为了保护新疆北部的生态环境，国家与当地政府采取了一系列措施。1984 年，政府及时意识到改革开放初期粗放型的政策虽然加快了经济增长，但也造成了严重的环境污染，1984 年国务院制定出台了《关于环境保护工作的决定》，在"六五"发展规划纲要中首次将环境保护指标纳入国民经济与社会发展当中。随着 1992 年在联合国环境与发展大会上通过了可持续发展全球行动规划，第八届全国人大第四次会议通过了《国民经济和社会发展"九五"计划和 2010 年远景目标纲要》，并提出了将实施可持续发展确定为现代化建设的一项重大战略。2006 年，在"十一五"发展规划纲要中明确了主要污染物排放总量的控制目标，建立了节能减耗、污染减排的统计、检测以及考核的检测控制体系。2013 年，党的十八届三中全会上通过了《中共中央关于全面深化改革若干重大问题的决定》（下文简称《决定》），提出要加快系统完整的生态文明制度建设。2015 年，中国又公布了《生态文明体制改革总体方案》（下文简称《方案》），提出健全自然资源资产产权制度、建立国土空间开发保护制度、完善资源总量管理和全面节约制度以及健全资源有偿使用和生态补偿制度等八项制度。《决定》和《方案》等纲领性文件的相继出台，从理念、目标和制度三个层面构建起生态文明制度的"四梁八柱"，随后相继制定实施了几十项涉及生态文明建设和生态环境保护的政策，不断丰富着中国生态文明的政策制度内容[1]。2018 年习近平总书记在全国生态环境保护大会上指出要加快构建生态文明体系，"加快建立健全以生态价值观念为准则的生态文化体系[2]"。2023 年，习近平在全国生态环境保护大会上强调"全面推进美丽中国建设，加快推进人与自然和谐共生的现代化"。[3]

---

1  中国政府. 生态环境部关于实施"三线一单"生态环境分区管控的指导意见 [EB/OL].http://www.gov.cn.

2  人民网. 加快构建生态文明体系 [EB/OL].http://www.people.com.cn.

3  中国政府. 习近平在全国生态环境保护大会上强调：全面推进美丽中国建设　加快推进人与自然和谐共生的现代化 [EB/OL].http://www.gov.cn.

当地政府随即采取了一系列措施。首先，加强森林资源保护，制定了一系列森林管护制度，加强对破坏生态环境行为的监管和惩处力度。其次，推进对退化土地的治理，加大对荒漠化土地和沙漠化土地的防治力度，采取生态修复措施，提高土地质量。最后，加强水资源保护和水环境治理，实施严格的水资源管理制度，加强水功能区的管理，保障水资源安全。

新疆北部生态环境管控单元划分是根据"三线一单"[1]生态环境分区管控方案来确定的。该方案将全区分为七大片区、1323 个环境管控单元，明确了每个环境管控单元的环境保护要求和空间管控范围。这为环境保护和资源开发提供了科学依据，有利于实现区域空间资源的优化配置和生态环境的有效保护。

新疆北部生态环境具有独特的自然风光和丰富的生态资源，具有重要的保护价值。为了保护这片宝贵的生态环境，需要采取有效措施，加强管理和治理工作。同时，也需要加强宣传教育，提高公众环保意识，共同参与生态环境保护事业。只有这样，才能确保北疆生态环境得到有效保护和可持续发展。

## 2.3.2　人文环境

生态文明建设不能缺少文化形态，因此生态文明建设不仅需要有科学技术、制度、财政、工程建设等的支撑，也必须要有文化的支撑[2]。

北疆是一个多民族居住、多种文化融合的地区，这里的社会经济环境也具有特色。这里主要居住着汉族、维吾尔族、哈萨克族、蒙古族、塔塔尔族、俄罗斯族等多个民族。各民族在这富饶的土地上交流、交往、交融，创造出独特的民族传统文化和生活习俗，如维吾尔族的十二木卡姆、哈萨克族的马背文化、蒙古族的"江格尔"英雄史诗、塔塔尔族"撒班节"、柯尔克孜族的"玛纳斯"等。这些文化和传统习俗在新疆北部得到了很好的传承和发扬，也成为这里人文环境的重要组成部分。

北疆人文环境的保护体现在相关政策上，如在 2005 年制定了《新疆维吾尔自治区历史文化名城街区和历史建筑保护条例》[3]，在 2008 年出台了《新疆非物质

---

1　中国政府. 生态环境部关于实施"三线一单"生态环境分区管控的指导意见 [EB/OL].http://www.gov.cn.

2　人民网. 用文化的力量助推生态文明建设 [EB/OL].http://www.people.com.cn.

3　新疆维吾尔自治区人民政府. 新疆维吾尔自治区历史文化名城街区和历史建筑保护条例 [EB/OL].http://www.xinjiang.gov.cn.

文化遗产保护条例》[1]，在 2018 年国务院新闻办公室发表《新疆的文化保护与发展》[2] 白皮书，在 2021 年印发《新疆维吾尔自治区级非物质文化遗产代表性传承人认定与管理办法》的通知[3]。这些条例为新疆的文化遗产保护提供了坚实的法律基础。

对于人文环境的保护与发展主要体现在以下几个方面：

（1）对于历史古迹、古墓葬、石窟壁画等不可移动文物，政府进行了详细的调查和登记，并划定了保护范围，严禁任何形式的破坏。同时，政府还投入资金进行修缮和维护，确保这些文化遗产能够保存并传承下去。

（2）积极推动民族文化的传承与发展。政府通过设立民族文化基金、扶持民族文化产业、举办民族文化节等方式，鼓励和支持各民族文化的创新和发展。

（3）加强对民族传统手工艺的保护和传承，通过培训和教育等手段，培养了一批批技艺传承人，让更多的人了解和认识非物质文化遗产的价值和意义。如新疆北部的加依村就是民族文化保护的典范。这个村子有"中国新疆民间手工乐器制作第一村"之称，制作乐器的历史已长达 300 多年。在加依村，几乎家家户户都从事乐器制作和销售，多位非物质文化遗产传承人在这里辛勤耕耘。他们的乐器不仅在国内享有盛誉，还远销海外。政府和社会各界对加依村的乐器制作技艺给予了高度关注和支持，通过举办培训班、提供资金支持等方式，帮助村民们传承和发展这一独特的民族文化技艺。

（4）积极推动文化旅游发展。通过开发具有民族特色和文化内涵的旅游产品、提升旅游服务质量、加强旅游宣传等方式，各民族的传统节庆活动得到了充分的尊重和传承，汉族的"元宵灯会"、维吾尔族的"麦西热甫"等民俗活动在当地广泛开展，吸引了大量游客前来观赏和参与。这些活动不仅丰富了当地民众的精神文化生活，也促进了不同民族之间的交流和融合。

然而，北疆人文环境的发展也面临着一些挑战。由于地理位置偏远、交通不便，北疆的一些地区相对封闭，与外界的交流较少，这在一定程度上限制了当地的

---

1 中国人大网. 新疆非物质文化遗产保护条例 [EB/OL]. http://www.npc.gov.cn.

2 中国政府. 新疆的文化保护与发展 [EB/OL]. http://www.gov.cn.

3 新疆维吾尔自治区人民政府. 新疆维吾尔自治区级非物质文化遗产代表性传承人认定与管理办法 [EB/OL]. http://www.xinjiang.gov.cn.

社会发展和文明进步。同时，由于经济发展相对滞后，一些地区的居民生活水平相对较低，这也给当地的社会稳定和发展带来了一定的阻力。

为了促进北疆人文环境的建设，需要加强对外交流与合作，引进先进的科技和文化成果，推动当地的社会经济发展。同时，还要注重保护和传承民族文化，让传统文化与现代文明相得益彰，共同推动北疆的社会和谐与进步。由于多民族聚居的特点，也要加强民族团结教育，增进各民族之间的相互了解和信任，营造和谐共处的社会氛围。同时，更要完善社会治理体系，提高社会治理能力，确保社会的和谐稳定与持续发展。

总之，北疆的人文环境既为其生态文明建设提供了独特的背景与条件，也带来了一定的挑战。需要充分认识并尊重这一社会文化的独特性，加强对外交流与合作，保护和传承民族文化，完善社会治理体系，共同推动北疆的人文环境建设向更好的方向发展。

# 2.4　北疆区域的文化遗产概况

文化遗产是历史留给人类的财富，在存在形态上分为物质文化遗产（有形文化遗产）和非物质文化遗产（无形文化遗产）。物质文化遗产包含自然遗产、文化遗产（含文化景观）、自然与文化双遗产（混合遗产）。本节主要介绍北疆的文化遗产。

## 2.4.1　物质文化遗产分布情况

北疆草原区域除了承载着源远流长、充满活力的草原文化以外，也拥有不少的草原城市和城市遗址，大多数遗址城市诞生于汉唐时期，如乌拉泊古城、夏塔古城、惠远古城、达勒特古城、北庭故城、石城子遗址及唐朝墩古城遗址等。草原城市早期平面以圆形和不规则形为主，随着丝绸之路的发展与长期文化的交流，使得城市形制也开始有所改变，出现了长方形、正方形及圆形与方形结合的城市平面形式。

北疆的物质文化与自然遗产的现状统计见表 2-1—表 2-3。

表 2-1　北疆物质文化遗产

| 名称 | 照片 | 名称 | 照片 |
|---|---|---|---|
| 伊宁市历史文化名城门头建筑 | | 三区革命政府政治文化活动中心旧址 | |
| 伊宁陕西大寺 | | 伊犁师范学院旧教学楼 | |
| 塔塔尔学校旧址 | | 奴拉赛铜矿遗址 | |
| 速檀·歪思汗麻扎 | | 靖远寺 | |
| 水定陕西大寺 | | 伊犁将军府 | |

| 名称 | 照片 | 名称 | 照片 |
|---|---|---|---|
| 惠远钟鼓楼 | | 惠远老、新古城遗址 | |
| 惠远东大街俄式建筑 | | 吐虎鲁克·铁木尔汗麻扎 | |
| 阿力麻里边防站老营房 | | 昭苏圣佑庙 | |
| 小洪纳海石人墓 | | 平定准噶尔勒铭碑 | |
| 夏塔古城遗址 | | 特克斯历史文化名城 | |
| 纳达齐牛录关帝庙 | | 屈勒图木坎布喇嘛塔 | |
| 伊犁清代卡伦遗址 | | 达勒特古城 | |

(续表)

| 名称 | | 照片 | 名称 | 照片 |
|---|---|---|---|---|
| 黑山头军事要塞 | | | 阿日夏特石人墓 | |
| 阿拉尔山口瞭望哨 | | | 阿拉尔山口边防一连旧址 | |
| 塔城苏式近现代建筑群 | 裕民县中苏友好协会旧址 | | 原俄国驻塔城领事馆俱乐部 | |
| 塔城苏式近现代建筑群 | 莫洛托夫学校旧址 | | 民国裕民县政府旧址全景 | |
| 塔城红楼 | | | 原俄国驻塔城领事馆水塔 | |
| 巴音沟承化寺 | | | 巴什拜麻扎 | |
| 道尔本厄鲁特森木古城遗址 | | | 王府遗址 | |

（续表）

| 名称 | 照片 | 名称 | 照片 |
|------|------|------|------|
| 骆驼石旧石器遗址 | | 赛里木湖古墓群 | |
| 克拉玛依工业遗产保护区 | | 克拉玛依黑油山地窖 | |
| 窑洞房 | | 独山子石油工人俱乐部 | |
| 中苏石油股份公司独山子职工子弟学院旧址 | | 中苏石油股份公司办公旧址 | |
| 周恩来纪念碑 | | 石河子垦区第一口水井旧址 | |
| 二十二兵团机关办公楼旧址 | | 二十二兵团招待所旧址 | |
| 石河子新城兵团小礼堂旧址 | | 切木尔切克石人及石棺墓群 | |
| 大喀纳斯景区墓葬群 | | 可可托海三号矿坑 | |

（续表）

| 名称 | 照片 | 名称 | 照片 |
|------|------|------|------|
| 吾木尔台墓 | | 三海子墓葬及鹿石 | |
| 可可托海影剧院 | | 达布逊军事设施遗址 | |
| 中哈国门 | | 老粮仓 | |
| 芳草湖三场碉堡粮仓 | | 小李庄军垦旧址 | |
| 平原林场老场部 | | 玛纳斯陕西会馆 | |
| 新疆林校原玛纳斯校址 | | 唐朝墩古城遗址 | |

（续表）

| 名称 | 照片 | 名称 | 照片 |
|---|---|---|---|
| 石城子遗址 | | 东地大庙 | |
| 甘省会馆 | | 药王庙 | |
| 奇台直隶会馆 | | 犁铧尖关帝庙 | |
| 北庭故城遗址 | | 昌吉州境内坎儿井 | |
| 昌吉州境内烽燧群 | | 陕西大寺大殿 | |
| 乌鲁木齐市文庙 | | 毛泽民烈士办公室及宿舍故址 | |
| 乌鲁木齐市八路军驻新疆办事处旧址 | | 乌鲁木齐市革命烈士陵园 | |

（续表）

| 名称 | 照片 | 名称 | 照片 |
|------|------|------|------|
| 中国工农红军总支队干部大队旧址 | | 乌鲁木齐市五星路四合院 | |
| 原苏联总领事馆办公楼 | | 新疆省银行故址 | |
| 八一剧场 | | 南花园小洋房 | |
| 乌拉泊水电站 | | 新疆人民剧场 | |
| 乌拉泊古城 | | 达坂城木拱桥 | |
| 朝阳阁 | | 红山塔 | |
| 新疆各族人民烈士纪念碑 | | 苏联航运办事处及中苏通航码头 | |

表 2-2　北疆自然遗产

| 名称 | 照片 | 名称 | 照片 |
|---|---|---|---|
| 喀拉峻—库尔德宁片区 | | 博格达片区 | |

表 2-3　北疆文化与自然双重遗产

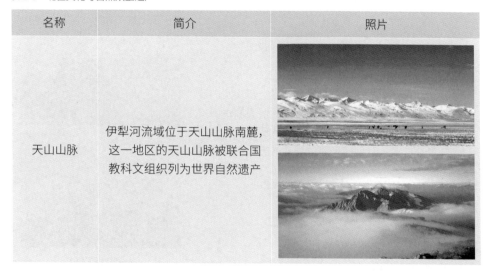

| 名称 | 简介 | 照片 |
|---|---|---|
| 天山山脉 | 伊犁河流域位于天山山脉南麓，这一地区的天山山脉被联合国教科文组织列为世界自然遗产 | |

## 2.4.2　非物质文化遗产分布情况

除物质文化遗产，北疆拥有丰富多样的非物质文化遗产。非物质文化遗产包括口头表演和社会实践等形式。这些非物质文化遗产传承了历史文化的智慧，具有重要的历史、文化和艺术价值。例如，著名的额尔齐斯马头琴音乐节展示了游牧民族的独特音乐和文化传统；蒙古族民间歌舞、传统服饰和民间手工艺等彰显了蒙古族民族文化的特色和魅力。（表 2-4）

表 2-4　新疆北部非物质文化遗产

| 1. 民间文学 | | |
|---|---|---|
| 名称 | 简介 | 照片 |
| 江格尔 | 《江格尔》是蒙古族的英雄史诗，主要流传于中国新疆维吾尔自治区阿尔泰山一带的蒙古族聚居区。多数学者认为《江格尔》最早产生于中国卫拉特蒙古部，17 世纪随着卫拉特蒙古各部的迁徙，也流传于俄国、蒙古国的蒙古族中，成为跨国界的大史诗 | <br>江格尔 |
| 哈萨克族达斯坦 | 哈萨克族达斯坦包括神话、传说及内容丰富的生活故事等，是哈萨克族民间文学中最古老、最受人喜爱的一个文学种类，其创作与哈萨克族历史上的重大事件有关，主要分布在新疆哈萨克族居住的 28 个县内 | <br><br>哈萨克族达斯坦 |
| 祝赞词 | 祝赞词是我国北方蒙古游牧民族的传统民间文学形式。包括祝词和赞词，统称为"祝赞词"。新疆的蒙古族祝赞词分布在新疆巴音郭楞蒙古自治州、博尔塔拉蒙古自治州、伊犁哈萨克自治州、塔城地区、阿尔泰地区、哈密地区、昌吉回族自治州地区等 25 个县，和布克赛尔自治县是祝赞词流传的重要地区之一 | <br>祝赞词 |

| 名称 | 简介 | 照片 |
|---|---|---|
| 恰克恰克 | 维吾尔族的"恰克恰克"，翻译成汉语为"笑话"，源于维吾尔族人民的生活习俗，是维吾尔族民间的一种口头讽刺文学，多在麦西热甫、喜庆婚礼、朋友聚会、相互聊天、节庆假日等场合说趣。说趣内容涉及生活的方方面面，大部分情况是说趣者根据当时场合即兴发挥 | <br>恰克恰克 |
| 哈萨克族谚语 | 哈萨克族谚语内容丰富，它记录和承载了哈萨克族灿烂悠久的文化，呈现出鲜明的民族特色。长期生活在草原、高山、深林、大漠环境中的哈萨克族人以无限丰富的情感、豁达的气质，创造了一系列与游牧生活密切相关的文化，这些具有游牧文化特色的内容也反映在哈萨克族谚语之中 | <br>哈萨克族谚语 |
| 西王母神话 | 不同历史时期出现的不同形象和信仰使西王母成为中国文化中的一位"千面女神"。2014 年 11 月 11 日，西王母神话经国务院批准列入第四批国家级非物质文化遗产名录 | <br>西王母神话 |

### 2. 传统音乐

| 名称 | 简介 | 照片 |
|---|---|---|
| 蒙古族呼麦 | 呼麦是新疆的蒙古族楚吾尔音乐的一种，又称"霍林楚吾尔"，可分为"泛音呼麦""震音呼麦""复合呼麦"等类型，主要分布在内蒙古自治区的锡林郭勒、呼伦贝尔草原及呼和浩特市等地区，在新疆的阿尔泰山一带的蒙古族居住地也能听到这种歌唱方式。除此之外，呼麦还流传于蒙古国和俄罗斯的图瓦地区 | <br>蒙古族呼麦 |

（续表）

| 名称 | 简介 | 照片 |
|---|---|---|
| "花儿"（新疆花儿） | "花儿"广泛流传于甘肃、青海、宁夏及新疆四省的回、汉、土、东乡、保安、撒拉、藏、裕固8个民族中，是运用当地汉语方言在村寨外歌唱的一种山歌形式，俗称"少年""山曲儿""花曲""野曲"（与"家曲"即"宴席曲"相对）等 | <br>新疆花儿 |
| 新疆维吾尔木卡姆艺术（十二木卡姆） | 新疆维吾尔木卡姆艺术是一种集歌、舞、乐于一体的大型综合艺术形式，主要分布在南疆、北疆、东疆各维吾尔族聚居区，在乌鲁木齐等大、中、小城镇也广为流传。维吾尔木卡姆艺术肇始于民间文化，发展于各绿洲城邦国宫廷及都府官邸，经过整合发展，形成了兼具多样性、综合性、完整性、即兴性、大众性的艺术风格，并成为维吾尔族的杰出表现形式 | <br>十二木卡姆 |
| 蒙古族民歌（新疆温泉县蒙古族短调民歌） | 温泉短调的全称是"察哈尔蒙古族短调民歌"，是蒙古族民歌的一种。它不但深深保留着历史文化的痕迹，还反映出现代温泉县人民生活的习俗、爱情、理想等。多种门类的歌曲形成了完整的演唱体系，在多种场合、环境、情感下多种门类的歌都有规范的要求 | <br>蒙古族民歌 |
| 维吾尔族民歌 | 维吾尔族民歌蕴藏极为丰富，就其内容可分为传统民歌和新民歌两大部分。传统民歌包括劳动歌、爱情歌、历史歌、生活习俗歌等类别。劳动歌主要有猎歌、牧歌、麦收歌、打场歌、挖渠歌、纺车谣、砌墙歌等。许多爱情歌中表达了青年男女对爱情的忠贞和热烈。历史歌是反映维吾尔族人民历史上一些重大事件的歌曲 | <br>维吾尔族民歌 |

| 名称 | 简介 | 照片 |
| --- | --- | --- |
| 乌孜别克族埃希来、叶来 | 乌孜别克族埃希来、叶来是 2008 年经国务院批准列入第二批国家级非物质文化遗产名录的一种传统音乐。埃希来是长篇叙事民歌，其篇幅庞大、结构严谨、音域宽广，旋律或深沉、或激昂，有非常强的叙事性。叶来是短小民歌，其篇幅较为短小，节拍、节奏富于变化，曲调轻快、活泼 | <br>乌孜别克族埃希来、叶来 |
| 哈萨克六十二阔恩尔 | 六十二阔恩尔是哈萨克族民间器乐曲的重要组成部分，流传于新疆维吾尔自治区伊犁哈萨克自治州。在冬布拉、库布孜、斯布孜额等哈萨克族传统乐器的独奏曲中，有一批特别优美抒情、悠扬婉转的乐曲，哈萨克人习惯将这些乐曲称为"六十二阔恩尔" | <br>哈萨克六十二阔恩尔 |
| 维吾尔族鼓吹乐 | 维吾尔族鼓吹乐具有悠久的历史，它是维吾尔民族特有的器乐乐种，广泛流布于新疆各维吾尔族聚居区。维吾尔族鼓吹乐多以一支苏乃依奏出旋律，并以三对纳格拉和一只冬巴克击节。它既可演奏《十二套伊犁维吾尔族鼓吹乐套曲》之类相对固定的鼓吹乐套曲，也可演奏维吾尔木卡姆片段和流传于各地的维吾尔族歌舞音乐 | <br><br>维吾尔族鼓吹乐 |

| 名称 | 简介 | 照片 |
|---|---|---|
| 哈萨克族冬布拉艺术 | 哈萨克族冬布拉艺术是以古老的哈萨克族民间乐器冬布拉为中心的一个民族民间乐种，流传于新疆维吾尔自治区伊犁哈萨克自治州、乌鲁木齐市、昌吉回族自治州各县及博尔塔拉蒙古自治州境内，至今已有几千年的历史 | <br>哈萨克族冬布拉 |
| 蒙古族绰尔 | 蒙古族绰尔，又称"冒顿潮尔"，亦称"胡笳""潮尔"，是一种边棱气鸣乐器。它产生于秦汉时期，在《太平御览》《乐府诗集》《说文解字》等传统典籍中均有记载，至盛唐时已在今内蒙古自治区、新疆维吾尔自治区伊犁哈萨克自治州、阿勒泰地区广泛流行开来，历代传承，以迄于今 | <br>蒙古族绰尔 |
| 哈萨克族民歌 | 哈萨克族民歌主要流传于新疆维吾尔自治区伊犁哈萨克自治州所属的伊犁州直属的八县两市和塔城、阿尔泰地区，木垒、巴里坤，甘肃省的阿克塞三个哈萨克自治县，少数分布在乌鲁木齐地区、昌吉回族自治州和博尔塔拉蒙古自治州境内的哈萨克族人聚居区内 | <br>哈萨克族民歌 |
| 哈萨克族库布孜 | 库布孜是哈萨克族古老的拉弦乐器，琴身为木制，由琴杆、弦轴、弓子及音箱组成。库布孜主要流传在伊犁哈萨克自治州、昌吉回族自治州及巴里坤哈萨克自治县境内的哈萨克族人聚居区。在哈萨克斯坦、乌兹别克斯坦、俄罗斯和蒙古等国家也有分布。哈萨克族库布孜项目内容包括库布孜制作工艺、库布孜演奏技艺和库布孜曲三部分 | <br>哈萨克族库布孜 |

| 名称 | 简介 | 照片 |
|---|---|---|
| 锡伯族民歌 | 锡伯族民歌最早可追溯至锡伯族先民鲜卑人的音乐文化时期,在清代发展至鼎盛,演变出渔猎歌、萨满歌、田野歌、习俗歌、格言歌、儿歌和叙事歌等多种分类。锡伯族民歌的语言和日常口语差别不大,尽管比口语精练、优美,但遣词成句非常自由,活脱如话 | 锡伯族民歌 |
| 蒙古族托布秀尔音乐 | 托布秀尔是生活在新疆的卫拉特蒙古族的古老的民间乐器之一,"托布"意为弹拨,"秀尔"是"潮尔"的地方变音,合意为"弹拨琴弦的共鸣",素有"蒙古族音乐活化石"之盛誉,是蒙古族音乐文化的重要遗产 | 蒙古族托布秀尔音乐 |
| 俄罗斯族巴扬艺术 | 巴扬作为手风琴家族的一员,由欧洲传入。在新疆,俄罗斯族巴扬艺术主要分布于伊犁哈萨克自治州、塔城地区、阿勒泰地区和乌鲁木齐市各俄罗斯族聚居区。俄罗斯族长期与汉、维吾尔、哈萨克、塔塔尔等民族交往交流,巴扬艺术与多元一体、异彩纷呈的各民族音乐文化相互影响、彼此交融,成为中华文化的重要组成部分 | 俄罗斯族巴扬艺术<br>巴扬手风琴 |

| 3. 传统舞蹈 | | |
| --- | --- | --- |
| 名称 | 简介 | 照片 |
| 锡伯族贝伦舞 | 锡伯族贝伦舞是锡伯族民间舞蹈的统称，它流布于新疆伊犁地区的察布查尔锡伯自治县等县市，以及塔城地区和乌鲁木齐市等锡伯族散居区，被锡伯人称为"生命舞蹈" | 锡伯族贝伦舞 |
| 维吾尔族赛乃姆 | 赛乃姆是维吾尔族最普遍的一种民间舞蹈，广泛流传于天山南北的城镇乡村。它是维吾尔族日常生活中不可缺少的一部分，维吾尔人每逢喜庆佳节、婚礼仪式、亲友欢聚都要举行麦西热甫晚会，并在晚会上热情地跳赛乃姆以表庆祝。赛乃姆历史悠久、源远流长，主要发源于从事农业生活、民族聚居、文化极为发达的南疆各绿洲。从16世纪开始，在音乐大师克迪尔罕、雅尔坎迪、阿曼尼莎汗（乃裴斯）等人的引导下，经过众多民间乐师的挖掘、收集和整理形成的十二木卡姆就吸收了早已在民间流传的赛乃姆，成为每个木卡姆中琼乃额曼（意为"大曲"）的组成部分，而赛乃姆仍以其独立的形式广泛流传 | 维吾尔族赛乃姆 |

| 名称 | 简介 | 照片 |
|---|---|---|
| 伊犁赛乃姆 | 伊犁赛乃姆是融音乐、舞蹈、诗歌等为一体的、具有浓郁地域特色的伊犁维吾尔族的传统舞蹈；古代维吾尔族祖先会在一些民间歌曲、婚礼歌舞、仪式仪礼和各种庆祝活动中表演，是以歌曲、舞蹈为原型而形成的最古老的民间艺术形式之一 | <br>伊犁赛乃姆 |
| 哈萨克族卡拉角勒哈 | 卡拉角勒哈是哈萨克族中最具有代表性的民间舞蹈，广泛流传于新疆境内的哈萨克族居住区。卡拉角勒哈是哈萨克语，意为"黑色的走马"。马是哈萨克族生活中不可缺少的伙伴，骑上黑走马，犹如进入了人在舞、马亦在舞的艺术境界，于是卡拉角勒哈就成了哈萨克族民间乐舞的名称 | <br>哈萨克族卡拉角勒哈 |
| 俄罗斯族踢踏舞 | 俄罗斯族踢踏舞，因皮鞋踏地发出"踢踏"声而得名，在各种节庆、礼仪和聚会场合，男女老少踊跃起舞，具有很强的参与性，是俄罗斯族民众生活的重要组成部分，也是最受欢迎的娱乐形式之一 | <br>俄罗斯族踢踏舞 |

(续表)

| 4.曲艺 | | |
|---|---|---|
| 名称 | 简介 | 照片 |
| 新疆曲子 | 新疆曲子是一个具有独特风格的地方曲艺品种，俗称"小曲子"，孕育形成于清代晚期，陕西"曲子"（越调）、兰州"鼓子"（鼓子调）、青海"平弦"（平调）及西北等地的其他民间俗曲传入新疆后，受新疆汉语方言字调的影响，并与新疆多民族音乐艺术相融合，逐渐形成新疆曲子 | 新疆曲子 |
| 哈萨克族阿依特斯 | 哈萨克族阿依特斯是哈萨克族曲艺的典型代表，是一种竞技式的对唱表演形式。其传统节目主要表现哈萨克族民族的历史、文化和感情，从唱词到音乐都充满浓郁的哈萨克族口头文学和音乐文化特点，具有突出的历史文化价值，被誉为全面反映哈萨克族人民社会生活的"一面镜子"和"百科全书"，堪称哈萨克族的艺术瑰宝 | 哈萨克族阿依特斯 |
| 哈萨克族铁尔麦 | 铁尔麦是哈萨克族曲艺的典型代表，"铁尔麦"一词系哈萨克语的音译，意为"撷取精华""精选""集萃"。作为地方曲种的铁尔麦是一种从哈萨克族谚语、格言、诗歌中撷取精华，配上曲调演唱的"劝喻歌"表演形式，它流传于新疆维吾尔自治区等地域的哈萨克族聚居区，至今已有七百多年的历史 | 哈萨克族铁尔麦 |
| 托勒敖 | 托勒敖，哈萨克族语意为"抒怀""抒情诗""启示歌""宣叙调"，是一种由艺人以冬布拉自行伴奏，坐着（后来站在舞台上）进行说唱表演的曲艺形式。流传于新疆哈萨克族聚居区 | 托勒敖 |

| 5.传统体育、游艺与杂技 | | |
|---|---|---|
| 名称 | 简介 | 照片 |
| 维吾尔族达瓦孜 | 达瓦孜，在维吾尔语中意为"高空走索"，它是维吾尔族延续千年的一种杂技艺术表演形式。《突厥语大辞典》中即有"走软绳，耍达瓦孜"的文字记载。千余年以来，达瓦孜的演出方式基本保持传统风貌。达瓦孜表演多在露天进行，其特点是把多种多样的杂耍技艺搬到数十米高空的绳索或钢丝上演练，表演者手持长约 6 米的平衡杆，不系任何保险带，在绳索上表演前后走动、盘腿端坐、蒙上眼睛行走、脚下踩着碟子行走、飞身跳跃等都是其表演技艺 | 维吾尔族达瓦孜 |
| 蒙古族搏克 | "搏克"在蒙古语中的含义为摔跤，同时还具有团结、结实和持久之意。搏克俗称蒙古式摔跤，是一项古老的蒙古族传统体育项目 | 蒙古族搏克 |
| 传统箭术（锡伯族射箭） | 传统箭术（锡伯族射箭），形成于东胡时期，兴盛于清朝年间，已有一千多年的历史。传统箭术（锡伯族射箭）主要流传于新疆维吾尔自治区伊犁哈萨克自治州的察布查尔锡伯自治县，传统箭术（锡伯族射箭）的弓箭文化在一定程度上展现了锡伯族的历史发展进程和民族文化等很多方面，具有鲜明的民族性，综合反映了锡伯族的价值观、民俗民情等内容 | 锡伯族射箭 |

| 名称 | 简介 | 照片 |
|------|------|------|
| 赛马 | 赛马，哈萨克语称为"拜革"，是一项深受哈萨克族群众喜爱的传统体育活动，一般在婚礼、割礼等人生礼仪或阿肯阿依特斯大会、开斋节、古尔邦节等节日期间举办 | 赛马 |
| 姑娘追 | 姑娘追，哈萨克语"克孜库瓦尔"，哈萨克族的马上体育、娱乐活动，多在婚礼、节日等喜庆之日举行 | 姑娘追 |

6.传统美术

| 名称 | 简介 | 照片 |
|------|------|------|
| 草编（哈萨克族芨芨草编织技艺） | 芨芨草编织技艺，哈萨克语称为"棋托乎"。在新疆维吾尔自治区托里县境内流传的芨芨草手工编织技艺，是各地哈萨克族妇女世代相传的手工技艺 | 哈萨克族芨芨草编织技艺 |
| 维吾尔族刺绣 | 维吾尔族刺绣是一种富于民族特色的民间刺绣艺术，主要流行于新疆维吾尔自治区哈密地区。它是在伊斯兰文化的基础上借鉴、融合汉满文化和佛教文化，从而形成和发展起来的，流传至今历史已十分久远 | 维吾尔族刺绣 |

（续表）

| 名称 | 简介 | 照片 |
|---|---|---|
| 锡伯族刺绣 | 锡伯族刺绣主要分布于新疆维吾尔自治区察布查尔锡伯自治县锡伯族聚居的八个牛录中，是锡伯族妇女最为拿手的传统手工技艺之一 | <br>锡伯族刺绣 |
| 满文、锡伯文书法 | 满文、锡伯文书法，新疆维吾尔自治区乌鲁木齐市传统美术，国家级非物质文化遗产之一。中华民族的字母文字可按字母形式的来源和其他情况，分成七类，其中一类为：窣利文、回鹘文、蒙古文、满文、锡伯文，窣利文源于波斯时代的阿拉米文草书。回鹘文字母是参考窣利字母创造的。后来蒙古文字母的制定又参考了回鹘字母，满文字母的制定则参考了蒙古文字母。锡伯文是满文的延续 | <br>满文、锡伯文书法 |
| 哈萨克族刺绣 | 哈萨克族刺绣是哈萨克族古老的民间艺术之一，哈萨克语为"克叶斯铁"，是哈萨克族适应草原游牧生活的产物，它与哈萨克族的生活息息相关，涉及衣食住行等各个方面。其构图紧凑规整，纹样粗犷夸张，色彩艳丽和谐，刺绣方法奔放自如，草原韵味深厚，是千百年来哈萨克族人民独特的审美情趣和文化心理的反映 | <br>哈萨克族刺绣 |

（续表）

| 7.传统技艺 | | |
|---|---|---|
| 名称 | 简介 | 照片 |
| 花毡、印花布织染技艺 | 花毡也是哈萨克族人民重要的日常生活用品，哈萨克语称之为"斯尔玛克"。哈萨克族花毡多为双层，比普通毛毡厚，缝制密实，经久耐用，可传几代人。它主要流行于塔城、伊犁、阿勒泰、木垒、巴里坤等哈萨克族牧区。塔城是新疆哈萨克族比较集中的地区，花毡在该地区的使用十分普遍 | <br>哈萨克族花毡技艺 |
| 弓箭制作技艺（锡伯族弓箭制作技艺） | 新疆维吾尔自治区的锡伯族以善骑射而闻名，弓箭是其民族文化不可或缺的重要组成部分。新疆锡伯族以往几乎家家都要自己动手制作弓箭，用于各类赛事，但后来制作弓箭的手工技艺几近失传 | <br>锡伯族弓箭制作技艺 |
| 传统面食制作技艺（馕制作技艺） | 馕是一种圆形面饼。先以麦面或玉米面发酵，揉成面坯，再在特制的火坑（俗称馕坑）中烤熟。馕的品种很多，有五十多个 | <br>传统面食制作技艺 |

（续表）

| 名称 | 简介 | 照片 |
| --- | --- | --- |
| 传统面食制作技艺（塔塔尔族传统糕点制作技艺） | 传统面食制作技艺（塔塔尔族传统糕点制作技艺），受丝绸之路文化碰撞、交融的影响，吸收了西方饮食文化特色，其糕点富有欧式糕点风格。主要分布在塔城、伊犁、乌鲁木齐、奇台、吉木萨尔、阿勒泰等塔塔尔族聚居区。塔塔尔族传统糕点品种繁多、造型别致、风味各异，主要有包馅类、蛋糕与酥皮点心类、各类饼干、馕和面包类等 | 塔塔尔族传统糕点技艺 |
| 哈萨克族毡房营造技艺 | 哈萨克族的毡房营造是一项古老的工艺，距今已有两千多年的历史。哈萨克族毡房与游牧生产生活方式紧密相连，既是生活资料又是生产工具。它采用木结构框架式组合，在民居建筑中独树一帜。哈萨克族毡房主要由骨架和毡子两部分组成，整体架构精巧灵活，具有机动性，易搭、易卸、易携带，可防震，可随放牧生活不断迁徙移动 | 哈萨克族毡房营造技艺 |
| 俄罗斯族民居营造技艺 | 新疆维吾尔自治区境内流传的俄罗斯族民居营造技艺是在清代咸丰元年（1851）俄罗斯人迁居新疆塔城等地区时传入的。一百多年来，俄罗斯族人根据新疆的地理环境和气候条件，吸收维吾尔、哈萨克等族的文化，借鉴汉族的建筑技巧，发展出独具一格的俄罗斯民居营造技艺 | <br>俄罗斯族民居营造技艺 |

| 8.传统医药 | | |
| --- | --- | --- |
| 名称 | 简介 | 照片 |
| 哈萨克族医药（布拉吾药浴熏蒸疗法、卧塔什正骨术、冻伤疗法） | 生活在草原上的哈萨克族人，从大自然中寻求方法和灵感，采集阿尔泰山中的草药，炮制煎熬成水药浴，或加热成蒸汽熏蒸，从而催生出"布拉吾"疗法，它对风湿、类风湿、关节炎、肩周炎、骨质增生等疾病有一定疗效 | <br>哈萨克族医药 |

| 9.民俗 | | |
| --- | --- | --- |
| 名称 | 简介 | 照片 |
| 锡伯族西迁节 | 新疆维吾尔自治区锡伯族的西迁节，俗称"迁徙节""农历四月十八节""农历四月十八西迁节"等。乾隆二十九年（1764）的农历四月十八，四千余名锡伯族官兵及眷属奉朝廷之命由盛京（今沈阳）出发，西迁新疆伊犁地区屯垦戍边。之后每逢农历四月十八这一天，人们都会开展各种活动，以隆重纪念祖先的英雄业绩，这一天遂成为锡伯族的传统节日 | <br>锡伯族西迁节 |
| 祭敖包（达斡尔族沃其贝） | "沃其贝"在达斡尔族语中为祭敖包之意，也叫"敖包节"，是新疆维吾尔自治区塔城市达斡尔族民众最重要的传统节庆活动 | <br>祭敖包 |

| 名称 | 简介 | 照片 |
|---|---|---|
| 新疆维吾尔族麦西热甫 | 麦西热甫是新疆维吾尔族一种特殊的民间娱乐形式，也是一种古老的民俗文化活动，历史悠久，传承不断。"麦西热甫"一词源自阿拉伯语，意为"聚会"。麦西热甫以舞蹈和娱乐活动为主，参加者自娱自乐，人数众多。麦西热甫可按表演形式分为歌舞麦西热甫、游戏麦西热甫、说唱麦西热甫，也可按表演内容分为客厅麦西热甫、迎宾麦西热甫和丰收麦西热甫。新疆各地都有自己的麦西热甫，形式大同小异，分别冠以"刀郎""阔克""塔合"等名称，各具不同的特色 | <br>维吾尔族塔合麦西热甫 |
| 民间社火（新疆社火） | 社火是中国民间一种庆祝春节的传统娱乐活动，民间社火历史悠久，融合了传统文化和现代文化，成为当地各民族群众欢度节日的普遍文化习俗。新疆维吾尔自治区昌吉回族自治州社火最早可追溯至清朝乾隆年间，该州吉木萨尔县、奇台县、玛纳斯县、昌吉市等地的社火表演赛也已有 30 余年的历史 | <br>民间社火 |
| 塔塔尔族撒班节 | 撒班节亦称"犁头节"，是塔塔尔族的传统农事节日，主要流传于新疆维吾尔自治区的乌鲁木齐、塔城、伊犁地区和奇台县等地。据说撒班是生长在中亚地区的一种野生植物，塔塔尔族先民鞑靼人以放牧、农耕和狩猎为生，春夏之际从草原和农田归来时都要在长满撒班的草滩相聚，开展体育竞技和文化娱乐活动，以祈风调雨顺、粮食满仓，久而久之便形成了撒班节。历史上的撒班节是在春耕时举行，后由于气候的变化，节日时间改到 6 月中下旬 | <br>塔塔尔族撒班节 |

| 名称 | 简介 | 照片 |
|---|---|---|
| 哈萨克族服饰 | 哈萨克族服饰具有鲜明的民族特色，主要流传在新疆维吾尔自治区伊犁哈萨克自治州的伊犁、塔城、阿勒泰等地，以及巴里坤哈萨克自治县、木垒哈萨克自治县等哈萨克族聚居区 | <br>哈萨克族服饰 |
| 婚俗（哈萨克族传统婚俗） | 哈萨克语中称"婚礼"为"克勒恩吐苏入托依"。哈萨克族作为马背民族，其婚俗也表现出古老游牧民族的遗风。哈萨克族婚庆仪式包括一系列严格的程序，主要有说亲仪式、订婚仪式、送彩礼仪式、出嫁仪式、迎亲仪式。当哈萨克族人在同一个氏族部落内结亲时，七辈之内不得通婚。七辈之内不准通婚主要是以男方的氏族血缘关系作为衡量标准 | <br>哈萨克族传统婚俗 |
| 诺茹孜节 | 诺茹孜节在哈萨克族信仰伊斯兰教之前就已形成，流传至今。据说已有上千年的历史。哈萨克族人把一年的第一个月称为"诺茹孜"。哈历一月正是公历3月，公历的3月21日或22日是春分，白天与黑夜持平，哈萨克族人把这一天作为新的一年的开始，称之为"诺茹孜节" | <br>诺茹孜节 |
| 婚俗（锡伯族传统婚俗） | 婚礼是锡伯族婚姻的最高表现形式，婚礼大多在深秋或初冬举行，一般举办三天。婚后新婚夫妇在父母的带领下上坟地祭祖。婆婆还要带领新媳妇去亲戚家敬烟认亲，第九天新婚夫妇要到娘家省亲，满月后新娘回娘家住"对月"等。至此整个婚礼才算完成 | <br>锡伯族传统婚俗 |

这些物质文化遗产和非物质文化遗产不仅是地方文化的重要组成部分，也是人类文明的宝贵财富。它们承载着历史的记忆、文化的传承，对于推动地方经济发展、促进文化交流和增强民族认同具有重要意义。

## 2.5　北疆草原乡村概况

在国家全面推进乡村振兴这一宏大战略的指引下，新疆有着时代赋予的新涵义。从"产业兴旺、生态宜居、乡风文明、治理有效、生活富裕"的乡村振兴要求解读其内涵，对实现新疆经济、社会、生态、文化、治理的可持续发展具有重大意义。

北疆由于区域性优势的产区布局，随着畜牧业较快发展，形成了以肉羊、肉牛、马、骆驼等主导产业为支撑的草原畜牧养殖结构，养殖优势产区主要集中在伊犁河谷、额尔齐斯河流域、塔额盆地草原牧区、天山北坡经济带及南疆铁路沿线[1]。2022 年和 2023 年中央一号文件都明确提出，要推进草原畜牧业转型升级，解决草原生态保护与牧区经济发展之间的矛盾[2]。新疆是中国第二大牧区，全疆草原面积 7.8 亿亩（含兵团，1 亩 =667 平方米），草原综合植被盖度 41.6%。[3]如新疆草地类型图（图 2-5）所示，草原主要分布在新疆北部的阿勒泰山脉、天山山脉、新疆南部昆仑山山脉和准噶尔盆地与塔里木盆地部分绿洲和荒漠区域，其中北疆畜牧业较发达，因此北疆乡村振兴同草原乡村振兴息息相关。

### 2.5.1　草原乡村聚落振兴

新疆牧区现阶段与农区一样正处于巩固脱贫攻坚的关键阶段。图 2-6 为乡村振兴的总要求。

产业兴旺是乡村振兴的重点。草原牧区促进包括畜牧养殖业、畜产品加工业、冷库仓储物流、市场交易集散、肉奶制品展销，牧区休闲度假旅游、文化生态旅游等。第一、第二、第三产业之间的融合发展，增强了产业之间的联动性、互补性，

---

1　新疆维吾尔自治区人民政府.推动新疆草原畜牧业高质量发展的相关建议 [EB/OL].http://www.xinjiang.gov.cn.
2　江惠，等.新疆草原畜牧业转型升级：发展现状、现实困境与实现路径 [J].华中农业大学学报，2023（9）：42-52.
3　新疆维吾尔自治区人民政府.新疆维吾尔自治区林草资源概况 [[EB/OL].http://www.xinjiang.gov.cn.

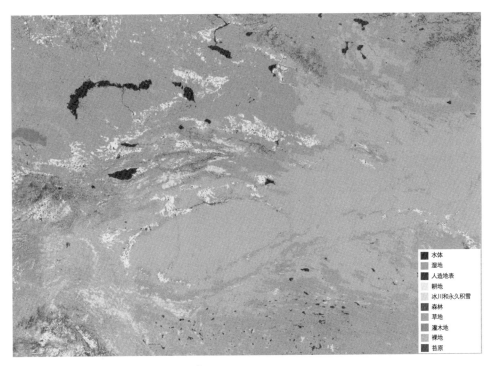

图 2-5　新疆草地类型图（图片来源：论文[1]）

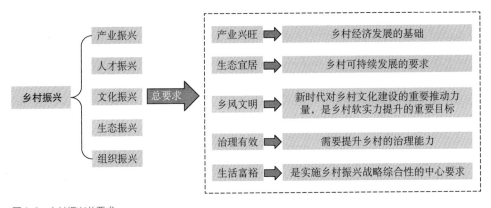

图 2-6　乡村振兴总要求

提升了牧业的附加值、延长了牧业产业链，促使牧业实现转型升级，发挥草原牧业
的多功能价值。将新疆牧区的自然生态资源转化为产业资源，促进新疆牧区的可持

1　董通.新疆干旱时空演变特征及其对草地物候影响研究［D］.乌鲁木齐：新疆农业大学，2023.

续发展，为乡村振兴提供充足动力。

生态宜居是乡村振兴的关键。生态宜居包括生态环境的保护和宜居之地的建设，二者相互促进，互为表里。保护好自然生态环境是实现新疆牧区牧民美好生活宜居的根本。草地作为新疆牧区生态环境的载体及牧区发展的资源，是国家绿色生态安全的屏障，发挥着对环境自主净化和绿色生态再造的作用。因此，发展草原聚落要坚持"绿水青山就是金山银山"的"两山"理念，以保护环境为出发点，完善村庄公共服务设施、基础设施，提升村容村貌，发挥生态宜居效应[1]。

乡风文明是乡村振兴的保障。新疆牧区有着悠久丰富的历史，特别在生活习惯、民俗、饮食、服装、建筑、手工、艺术、技艺等各个方面的优秀传统，是新疆牧区振兴及可持续发展离不开的宝贵资源。通过挖掘传统文化、打造乡土文化品牌、保护和传承乡土文化、激发文化活力，以此增强牧民的"四个自信"，从而推动牧区的不断创新和发展，实现新疆牧区乡风文明建设。

有效治理是乡村振兴的基础。发展草原聚落能够有效调动牧民的积极性、主动性，促进人才向新疆牧区流动，有助于规范草原牧区市场秩序及旅游企业、牧家乐、牧民等不同类型的旅游参与主体的行为。草原聚落的发展在充分挖掘草原文化资源的同时，还可以深入实施"文化润疆"工程，构建"自治、德治、法治"三治融合的乡村治理新体系[2]，推进新疆牧区治理体系和治理能力现代化。

生活富裕是乡村振兴的根本。发展草原聚落能够激活并释放新疆牧区的市场活力，提高闲置草地利用率，并使牧民取得草地经营权流转收入，同时牧民通过售卖畜牧产品、手工艺品取得商品收入。发展草原聚落还能创造就业机会，实现牧民就近灵活就业，取得社会收益，同时催生餐饮、住宿、购物、旅游体验等服务经济，取得经营收入。

### 2.5.2　草原乡村聚落振兴的路径

在乡村振兴国家战略的大背景下，草原乡村聚落的发展与未来迎来了全新的使

---

1　张耀春，塞尔江·哈力克.草原旅游：新疆牧区推进乡村振兴战略的路径选择［J］.新疆社科论坛，2022，(3)：35-40.

2　赵承华.乡村旅游推动乡村振兴战略实施的机制与对策探析［J］.《农业经济》，2020，1：53.

命。该类聚落的乡村振兴实践路径体现在多个维度，首要的是秉持生态保护优先的原则，通过实行科学严谨的草原管理措施，如禁牧、轮牧、休牧制度，以及草原生态修复项目[1]，确保草原生态系统健康稳定，为后续的乡村振兴奠定坚实的生态基础。随着我国"一带一路"倡议的深入推进及乡村振兴战略的全面实施，我国正大力发展一种以草原生态系统为基础、旅游者为活动主体、草原景观为核心吸引物、草原人文历史遗迹和草原游牧生活生产方式为文化内涵，以及相关接待设施为配套保障的多层次草原旅游业态[2]，成为北疆牧区推进乡村振兴战略的路径选择。在此基础上，该类聚落须深度挖掘和发挥其自然资源禀赋，推动绿色、可持续的特色农牧业发展，尤其关注优质草食畜产品生产和有机食品加工，同时将一、二、三产业深度融合，借助草原旅游、民族文化体验等业态打造独具特色的草原文化旅游品牌，以此拉动乡村经济增长。

在基础设施层面，该类聚落应不断完善交通、水利、电力、通信等基础设施建设，提高公共服务设施配套水平，包括教育、医疗、养老等社会事业，使得草原聚落既能留住原有居民，又能吸引外来游客和投资，从而增强聚落的吸引力和承载力。同时，重视人才培养与引进，通过教育培训、技术支持，提升本地居民的素质和创新能力，吸引更多专业人才投身草原乡村振兴事业。

草原聚落还应珍视和传承本土的草原民族文化，既要保护和弘扬非物质文化遗产，又要对其进行创新性转化，使其成为草原聚落文化品牌的亮点，进一步推动乡村旅游和文化产业的发展。总的来说，草原聚落的乡村振兴实践路径是一个系统性、全局性的工作，需要在政策引导、多方参与、资源整合的框架下，实现生态、经济、文化和社会的和谐共生与繁荣振兴。

### 2.5.3　面临的主要挑战与应对策略

在乡村振兴国家战略的宏图下，草原聚落的发展担当着崭新的责任与内涵。在推进乡村振兴的实际行动中，该类聚落需妥善处理一系列复杂而紧迫的问题，为其长远发展铺平道路。

面对生态保护与经济发展的内在冲突，草原聚落必须巧妙驾驭二者间的微妙平

1　中国政府网.禁牧、休牧、轮牧："新三牧"休养内蒙古草原.http://www.gov.cn.
2　王亚男.内蒙古草原旅游区划研究[D].呼和浩特：内蒙古师范大学，2010.

衡。这意味着要在尊重和保护草原生态环境的基础上，推动实施绿色、可持续的生产模式，如适时调整放牧制度、发展生态旅游等，并通过灵活运用生态补偿机制[1]，鼓励牧民群体主动参与草原生态的保护工作，从而实现生态效益与经济效益的良性互动。

鉴于人力资源短缺与人口流动性大的现实困境，草原聚落急需加强人力资源的培养与引进，提高牧民群体的职业技能与竞争力。为此，可通过强化职业教育与技能培训，结合优惠的回乡创业政策，引导在外务工人员回归草原，同时，善用远程教育与医疗服务等现代技术手段，填补草原聚落公共服务的空间分布差异，提升整体服务水平[2]。

草原乡村聚落受地理位置偏远、基础设施建设和公共服务存在明显短板的限制，这对其乡村振兴的进程提出了更高的要求。政府与社会各界需携手加大投资力度，瞄准交通、通信、教育和医疗等关键领域，尽快提升基础设施建设水平[3]，着力弥合城乡公共服务差距，为草原聚落的振兴注入强劲动能。

草原乡村聚落承载着深厚的传统文化底蕴，然而在现代文明的浪潮中，如何有效衔接与传承草原文化，是不容忽视的课题。应加大对草原非物质文化遗产保护与传承的力度，通过丰富多彩的文化教育活动、创新的文创产业发展路径，让草原文化在与现代文明碰撞交融中焕发出新的生命力。草原聚落在乡村振兴的征途中，只有科学应对并逐个破解这些挑战，方能在保有其独特魅力的同时，奋力开创出一个集生态良好、经济繁荣、文化活跃、服务完善的可持续发展未来。

### 2.5.4　未来发展规划与愿景

面向未来，草原乡村聚落的振兴战略将在可持续发展的理念指导下，架构一个以生态为核心引擎、产业为坚实基础、文化为精神纽带的全新发展模式，这是草原聚落的规划愿望。在这片辽阔的草原之上，着重挖掘和发挥草原独特的资源禀赋，大力发展具有地方特色的现代农牧业，以生态友好的方式进行种植养殖，提升产品

---

1　阿拉善左旗人民政府网.阿拉善左旗草原生态保护补助奖励政策实施办法 & 阿拉善左旗森林生态效益补偿实施办法.http://www.alszq.gov.cn.

2　谢金莲，李海.浅谈边境牧区发挥好人力资源促进就业创业工作途径与对策的思考 [J].人力资源管理，2018，（9）：144-145.

3　韩福荣.实施乡村振兴战略应补齐农村牧区公共文化建设短板 [J].北方经济，2018，（6）：38-40.

的附加值是草原聚落的工作内容。同时，借助草原的自然景观和文化底蕴，大力发展生态旅游和民族文化传承产业，打造出一批具有国际影响力的草原特色小镇和生态旅游胜地是草原聚落的发展方向。

不仅如此，草原乡村聚落还需紧跟时代的步伐，广泛应用现代信息技术手段，推进智慧化乡村建设，包括但不限于智慧农业、智能牧场、数字管理等，以提升乡村治理效能，优化公共服务体系，切实改善牧民的生活质量。这一系列举措的目的，就是要在全力守护和发扬草原这一祖国北疆瑰丽风景线的同时，实现草原聚落的全面振兴，让广大牧民真正享受到乡村振兴带来的实惠，踏上一条充满生机、富裕繁荣、文明进步的绿色发展之路，构建人与自然和谐共生的美好未来。

## 2.6  本章小结

"十四五"规划纲要明确指出，要全面深化乡村振兴战略的推进。草原旅游，作为草原资源保护与牧区可持续发展之间的桥梁和纽带，其发展不仅与乡村振兴战略的总体要求高度契合，而且有益于牧业的品质提升、效率增强，牧民的增收致富，以及牧区的稳定繁荣注入了新的活力。它成为新疆牧区实现全方位、系统性振兴与可持续发展的创新路径。北疆，作为古丝绸之路的关键一环，承载着厚重的历史文化和多姿多彩的民族风情。这里自然资源丰富，生物物种多样，是国家生态安全不可或缺的防线。面对生态保护与经济发展的双重挑战，北疆正积极落实乡村振兴战略，通过产业结构优化升级、生态环境保护强化、文化传统的传承发扬以及治理模式的创新实践，力求实现地区的全面振兴。关于未来的发展规划，北疆将更加注重发展生态友好的农牧业、生态旅游以及具有地方特色的民族文化产业，同时推进智慧乡村建设，旨在达成可持续发展目标，进一步提升居民的生活品质，构建人与自然和谐共生的美好未来。

# 第 3 章  北疆草原乡村聚落的空间分布与分类

## 3.1  引言

本章主要以北疆草原乡村区域为研究对象，该地区河流沿线聚落主要包括河流上游的游牧区域、中游的农牧混合区域和下游的以农耕为主的区域。主要分为四个流域：额尔齐斯河和乌伦古河流域、伊犁河流域、额敏河流域及玛纳斯河和木垒河流域，同时对这四个流域的地理位置、地形地貌、气候特征、资源环境、人文概况、聚落空间分布与分类和产业特征等各方面进行系统性论述。

基于对各流域详细调研、查阅文献资料和分析总结，本节探讨北疆各河流的总体概况、草原乡村聚落的空间分布类型与建设发展模式，最后以北疆草原的特色村庄为例，具体探讨北疆草原乡村聚落的特色、转型与发展。

### 3.1.1  北疆各流域的概况

天山山脉将新疆分为南北两大部分，称天山以北为北疆。包括乌鲁木齐、克拉玛依、阿勒泰地区、塔城地区、昌吉回族自治州、伊犁哈萨克自治州、博尔塔拉蒙古自治州、石河子、北屯、可克达拉地区等。由于本书研究对象为北疆草原乡村聚落，主要视角放在上述地区的畜牧业或农牧业比较发达的旅游景区，则以该区域的主要河流上、中、下游区域作为核心，探究草原乡村聚落。全书首先对北疆水资源流域进行分类与介绍。额尔齐斯河流域和乌伦古河流域位于北部的阿勒泰地区，其中额尔齐斯河是全国唯一汇入北冰洋的水系，其发源于阿尔泰山区西南坡富蕴县，流经福海县、阿勒泰市、布尔津县，由哈巴河县流出国境。乌伦古河发源于阿尔泰山东段南坡，流经青河县、富蕴县和福海县，最终汇入乌伦古湖；位于西南部伊犁地区的伊犁河流域，主要支流有特克斯河、巩乃斯河、哈什河，其发源于天山中脉汗腾格里峰，穿过整个伊犁河谷地带，最终汇入哈萨克斯坦的巴尔喀什湖一带；位于西北部塔城地区的额敏河流域，发源于塔尔巴哈台山和吾尔喀夏依山交会处，流经裕民县、额敏县和塔城市，最终汇入哈萨克斯坦境内的阿拉湖；位于天山北坡的玛纳斯河，发源于天山北麓，主要流经玛纳斯县和石河子市区域，最终注入玛纳斯湖；天山东段诸河（包括木垒河等河流）流域位于北疆东南部，其中木垒河发源于天山山脉博格达山北坡，流经新疆昌吉州木垒哈萨克自治县境内；最后位于中部的古尔班通古特荒漠地区未有河流经过，汇入荒漠区。

　　结合草原乡村聚落的发展历程，本节将重点探讨额尔齐斯河和乌伦古河流域、伊犁河流域、额敏河流域、木垒河和玛纳斯河流域的乡村聚落的空间分布及其分类（图 3-1）。

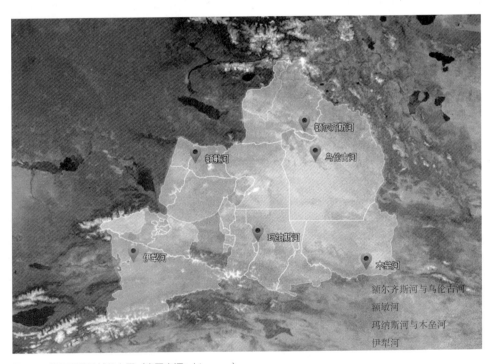

额尔齐斯河与乌伦古河
额敏河
玛纳斯河与木垒河
伊犁河

图 3-1　草原聚落流域分布图（底图来源：bigemap）

### 3.1.2　乡村聚落空间分布特征

从草原乡村聚落的空间分布格局看，聚落常聚集在草原主要的道路、河流沿线和山前洪积扇的绿洲平原位置，空间分布具有明显的道路和河流指向性、海拔指向性和坡度指向性。这是由于河谷地带水源条件充足，北疆草原的牧民多以牧业为主农业为辅的生产生活方式，牧草依靠河水漫溢、侧身生长，邻近河水方便对牛羊饲养与饮水；此外，也有部分牧民以种植业为主，鉴于农作物需要灌溉，故居住点同样分布在靠近河流、水渠的水源区，故乡村聚落也多分布于河谷之中，但为了放牧，逐水草而居，也要转场高原草场放牧，部分区域道路不通，依靠狭窄的马路迁徙。

从草原乡村聚落的规模看，其规模大小与聚落距水草源、道路的距离有关。由于水草丰茂、交通便利的地方能够形成较大的草场与农耕用地，可以为聚落的发育与发展提供有利条件，故牧民多会傍水而居（或泉水附近），方便其放牧与灌溉耕地。此外，靠近道路居民就能够方便出行，减少出行阻力，因此靠近道路容易形成较大规模的聚落。

从古草原乡村聚落迁移的方向看，聚落会向水草肥沃区域发展，而如今除了水草肥沃草场外，还要向区位优势明显、有利于自身发展的地方迁移。例如，阿勒泰地区的乡村聚落逐渐向东南方向发展。这是由于阿勒泰地区东部处于全域旅游的东轴旅游线路上，其中富蕴县有丰富的自然资源，如国家 5A 级旅游景区——可可托海景区，地区的乡村聚落依托这一旅游资源，结合农业、牧业原生产业，形成"农牧旅"相结合的发展模式，更有利于聚落自身的发展，同时也带动阿勒泰地区东南部的发展[1]。

## 3.2　额尔齐斯河与乌伦古河流域

额尔齐斯河发源于中国新疆维吾尔自治区富蕴县额斯廷达坂附近的阿尔泰

---

1　曹翠，徐丽萍，张茹倩，等. 阿勒泰地区乡村聚落空间分布格局演变探析 [J]. 石河子大学学报（自然科学版），2023（6）：311–321.

山南麓之中，主流由东向西横贯富蕴县、福海县、阿勒泰市、布尔津县、哈巴河县，沿途主要汇集源于阿尔泰山南麓的喀拉额尔齐斯河、克兰河、布尔津河、哈巴河（阿克卡巴河，上游称阿克哈巴河）、别勒则克河、阿拉克别克河等支流后，于哈巴河县北湾镇附近出境流入哈萨克斯坦境内，最后流入北冰洋[1]，在我国境内全长 633 km，流域面积 5.273 万 km²，在我国境内年径流量达 118.6 亿 m³；全长约 4248 km，流域面积 164.3 万 km²，年总径流量为 124 亿 m³。[2] 由于额河流域辽阔，自然条件复杂，植被类型具有多样性，常为乔木、灌木、草本混生。年均气温为 4.2 ℃，7 月的平均气温在 20 ℃，1 月平均气温在-20 ℃，年均无霜期 150 d，年均日照 824.5 h，年均降水量 100 mm，年均蒸发量 2000 mm，夏季多偏西风，冬季盛偏东风，大于八级大风日年均可达 18 d。自然土壤类型主要有草甸土、暗草甸土、林冠草甸土、淡棕钙土、草甸棕钙土、草甸沼泽土、淤泥沼泽土、半固定风沙土，地力中等，偏碱性[3]。

乌伦古河流域位于新疆阿勒泰地区，由发源于我国境内阿尔泰山东段南坡的大青格里河、基什克奈青格里河、查干郭勒河、强罕河和发源于阿尔泰山北坡蒙古国境内的布尔根河等组成，流经青河、富蕴、福海等地，最后流入福海县境内的新疆第二大淡水湖乌伦古湖。源头最高点为海拔 3863 m 的都新乌拉山，该区域分布有 1.22 km² 的永久冰川，全流域面积为 37 882 km²，其中，国外面积为 10 310 km²，河流全长为 811 km，[4] 多年平均地表径流量 11.02 亿 m³。[5] 该区域地处欧亚大陆中心，远离海洋，使海洋水汽难以进入；区域四周高山环绕，在阻挡水汽进入的同时，又拦截大量水汽，使山区成为产流区，是干旱区中的一个湿岛，出山口以下为径流散失区。冬季严寒漫长，冬季 11—次年 3 月降水以季节性积雪形式存在流域内，到夏季 5—6 月，山区积雪随气温的上升，消融汇入河槽，使该区域具有明显的春汛特点。河流冬季封冻结冰长达半年，河流水量由流域内冻土层以下地下水补给，因此水量十分稳定。流域年均气温 2.3 ℃，年均降水量 129.8 mm，年均蒸发量 867.2 mm，无

---

1 王宁，刘平.新疆额尔齐斯河流域生态承载力研究 [J].干旱地区农业研究，2005，(5)：207-211.
2 李生宇，雷加强.额尔齐斯河流域生态系统格局及变化 [J].干旱区研究，2002，(2)：56-61.
3 王宁，刘平.新疆额尔齐斯河流域生态承载力研究 [J].干旱地区农业研究，2005，(5)：207-211.
4 努尔兰·哈再孜.乌伦古河流域水文特征 [J].干旱区研究，2014，31 (5)：798-802.
5 白涛，洪良鹏，喻佳，等.基于开源和节流的乌伦古河流域水库群生态调度 [J].水资源保护，2022，38 (5)：132-140.

霜期 110～130 天，多年平均日照时数 3 157.5 小时。[1]

### 3.2.1　地理位置

我国境内的额尔齐斯河与乌伦古河流域主要位于新疆的阿勒泰地区，处于新疆维吾尔自治区北端、地处阿尔泰山中段西南段、准噶尔盆地北部，是连接蒙古高原、哈萨克丘陵、准噶尔盆地的交通要道。

### 3.2.2　地形地貌

额尔齐斯河与乌伦古河流域可以将阿尔泰山山麓的大断裂带截然分为两个鲜明的地貌区域。北为西北—东南走向的阿尔泰山，南为逐步向准噶尔盆地过渡的山前丘陵和平原，后者也以明晰的断裂线和准噶尔界山作为分界。在自然地貌景观上阿尔泰山分为三个逐渐过渡的垂直带：高山、中山和低山垂直带。阿尔泰山外围大断裂之外，迅速转入前山丘陵和平原区。此区域地势东部较高，向西北、西南降低。西南一带向盆地倾斜，最终达到乌伦古湖坳陷带（图 3-2）。

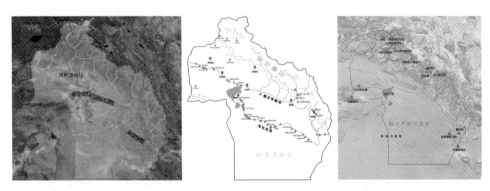

图 3-2　额尔齐斯河与乌伦古河流域水系分布图、村庄分布图和地形地貌图（图源：基于星球研究所和 bigemap 改绘）

### 3.2.3　气候特征

我国境内额尔齐斯河与乌伦古河流域，主要分布于新疆的阿勒泰地区一带，气

---

1　邹凯波，张玉虎，刘晓伟，等. 气候变化下乌伦古河流域农业面源污染负荷响应 [J]. 干旱区研究，2022，39（2）：625-637.

候属温带大陆性寒冷气候。当地气候的形成受来自北冰洋及大西洋冷湿气团、西伯利亚及蒙古高压反气旋所带来的干冷气团，以及形成于准噶尔盆地上空的干而暖的气团影响，同时还受到经过阿尔泰山东部山谷、西部山口和塔城和布克赛尔蒙古自治县等区域不同性质气流的严重影响，再加之地形复杂多样，形成了春旱多风、夏季炎热短促、秋季凉爽、冬季寒冷漫长且多大风的气候特点 [1]（图 3-3）。

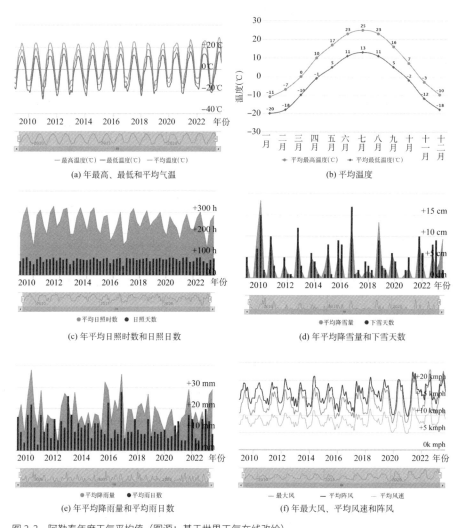

图 3-3　阿勒泰年度天气平均值（图源：基于世界天气在线改绘）

1　杨磊. 阿勒泰地区草地生态退化驱动机制及修复策略 [D]. 乌鲁木齐：新疆大学，2020.

流域内的山区冬季寒冷积雪厚，年平均气温−3.6～1.8 ℃。气温由北向南逐渐增高，年降水由西向东减少，由南向北增加，蒸发和降水的趋势相反。山前平原丘陵区，冬季寒冷且冬长夏短。两河河间平原区，冬冷夏凉，气候干燥，具有明显的荒漠气候特征[1]。

### 3.2.4 资源概况

#### 1. 水文资源

额尔齐斯河源头位于阿尔泰山南坡，自东向西流出国境，我国境内全长为 633 km，流域面积 5.273 万 km$^2$，水系空间分布呈典型的梳状水系，哈巴河、布尔津河、克兰河、喀拉额尔齐斯河等是其主要支流。发源于阿尔泰山东部的乌伦古河，接纳布尔根河、青格里河等河流水量，自东向西流入乌伦古湖，河流全长 811 km，多年平均径流量为 11.02 亿 m$^3$。源流区地下水补给量少，主要为冷季积雪和暖季降雨，积雪融水和降雨补给较大，有少量冰川补给，因此该地区径流集中性高，5—8 月流量占全年流量的 80% 左右，最大月径流也可占年径流量的 30% 左右。径流年变化与植物生长需水变化相对一致，因此对农业灌溉非常有利。但对于年际变化，由于缺少冰川这样稳定的水源补给，径流量年际变化较大。同时该地区河流大都表现有明显的春汛洪水，其特点常为融雪型、暴雨型和融雪暴雨混合型洪水，暴雨型和混合型频率较高，危害也较重[2]。

#### 2. 土地资源

额尔齐斯河与乌伦古河流域位于欧亚大陆腹地，北部为阿尔泰山，西南部为沙吾尔山，南部为准噶尔盆地，全地区地势呈西高东低。全地区山地占总面积 32%，丘陵河谷平原占 22%，戈壁荒漠占 46%。全地区有 1600 亩（1 亩 = 666.67 m$^2$）可耕地，其中 279 万亩耕地面积，155 万亩可开发利用。有 1.4 亿亩四季草场，是新疆畜牧业大区之一。其地区有山地土壤和平原土壤两种自然土壤。

#### 3. 自然资源

矿产：流域位于中—哈—蒙世界级有色金属成矿带中段，地跨阿尔泰和准噶尔两大构造单元，地质构造复杂多样，岩梁活动频繁，变质作用强烈，成矿地质条件

---

1 王宁.新疆额尔齐斯河流域生态承载力研究 [D].乌鲁木齐：新疆农业大学，2005：24-25.
2 杨磊.阿勒泰地区草地生态退化驱动机制及修复策略 [D].乌鲁木齐：新疆大学，2020：24-25.

优越，矿产资源丰富，优势矿产多，是新疆重要的黑色、有色、稀有、贵和特种非金属（含宝玉石）矿产地。矿业作为流域主要覆盖的行政区——阿勒泰地区具有潜力的产业，具有以下特点：第一，矿产资源预测总量大、资源潜力大、已形成的开发规模大，多种矿产资源储量排名全疆乃至全国的前列。第二，优势资源的探明储量多、富矿多、大矿多，其中优势矿种铜、镍、铅、锋等资源储量分别占全疆探明资源量的 70%、27%、53%、55%[1]。

**植物：**流域范围内草地类型多样，包括了高寒草甸、高寒草原、山地草甸、温性草甸草原、温性草原、温性草原化荒漠、温性荒漠草原、温性荒漠、低平地草甸、和沼泽共 10 种草地类型。受荒漠气候条件控制，草地类型以荒漠类草地为主，分布面积最广，约占全区草地总面积的 70% 以上。流域范围内森林资源丰富，是仅次于天山西部林区的新疆第二大天然林区，拥有林地资源 4266 万亩，森林覆盖率 13.2%。巴尔鲁克山、萨吾尔山、塔尔巴哈台山等有众多山地森林。山地森林中西伯利亚落叶松占到 90%，其中混交有西伯利亚云杉、冷杉、红杉以及巴旦杏等。此外，河谷林内还有如银白杨、苦杨、白柳、欧洲黑杨等树种。

**动物：**流域内动物区系分区属于欧洲—西伯利亚亚界的阿勒泰—萨彦岭区阿勒泰亚区，总体以北方型成分为主，但也具有干旱荒漠区种类[2]。包括马鹿、棕熊、雪豹、貂熊、水獭、猞猁、雪兔、北山羊等十几种动物被列入国际《濒危野生动植物国际贸易公约》。流域内鱼类共有 15 种，其中 14 种属于额尔齐斯河水系，如哲罗蛙、北极茴等珍稀鱼种，有 6 种属于乌伦古河水系。昆虫 19 目 150 科 643 属 1 166 种（亚种）[3]。

## 3.2.5 人文概况

额尔齐斯河与乌伦古河流域有着悠久的历史，早在新石器时期就有人类在这里活动。纵观历史长河，聚落主要分布在阿勒泰地区，本章以阿勒泰地区的人文概况为主介绍该流域的人文特色。在历史上，阿勒泰地区属于漠北草原向西延伸的一部分，位于亚洲东部与中部草原带之间。它曾长期作为一个相对整体的政治地域单元

---

1　王雯婧. 新疆阿勒泰地区矿产资源保障程度研究 [D]. 北京：中国地质大学，2012.

2　周鹿. 新疆及其邻近地区两栖爬行动物地理区划和分布型研究 [D]. 乌鲁木齐：新疆农业大学，2015.

3　黄人鑫，姜婷，刘建平，等. 阿尔泰山两河源头保护区的昆虫区系 [J]. 新疆大学学报（自然科学版），2004，21（4）：399-406.

与蒙古高原西部、叶尼塞河上游、鄂毕河上游以及塔尔巴哈台山北麓地区相连。阿勒泰地区成为中国北方游牧部族民族西迁东往的通道，也是他们生息和角逐的地方（图 3-4）。例如，阿勒泰市是蒙语中的"黄金之意"。这是因为阿尔泰山脉盛产黄金，而阿勒泰市位于阿尔泰山脉的阳面，因此得名，这展现出游牧文化对此地的深远影响。此地也遗留下来了许多地域特色的文化，如鹿石文化、根雕文化、岩画文化、冰雪文化、图瓦文化等。

图 3-4　人文概况图（图源：阿勒泰地区文体广旅局公众号）

鹿石文化：鹿石，大的高达 3 m，小的也有 1 m 左右，形状可以分为有方石柱形、刀形和不规则形，一般多选用花岗岩等较硬石材打磨而成，与此同时有很多名为鹿石的石刻其实是没有鹿纹的。鹿石主要分三种类型：非典型鹿石、写实形动物鹿石和典型鹿石。

根雕文化：阿勒泰地区坚持保护与开发并举，深入挖掘地方传统文化特色资源，为乡村振兴提供新动能。吉木乃县托斯特乡把根雕文化传承列入乡村旅游文化发展的重要内容来抓，根雕文化传承人走进乡村旅游景点，在传承非遗文化的同时，助推了乡村旅游发展。

岩画文化：有"金山之阳"的新疆阿勒泰地区遗存着丰富的岩画，目前发现有126处，主要包括洞穴里凿刻在岩石上的和彩绘，主要绘制了早期人类文明及活动。

冰雪文化：阿勒泰地区地处北纬45°～47°世界滑雪黄金纬度带阿尔泰山，全年降雪期长达170～180天，积雪期210天，山区积雪厚度在2 m以上，拥有被滑雪界称为滑雪天花板的"粉雪"。当地的高山峻岭与优质冰雪相得益彰，早有岩画记载着先民滑雪运动的历史。当地记载有："人类滑雪的太阳最先从阿勒泰升起，这里是人类滑雪的起源地，古老的毛皮滑雪是最深厚的冰雪文化"，有"人类滑雪起源地"和"中国雪都"之称。

图瓦文化：阿尔泰山深处的喀纳斯湖区域居住着大约两千名图瓦人。中国图瓦人是一支古老的民族，可以分为：西部图瓦人（山地、平原的畜牧业者），东部图瓦人（高山森林中的狩鹿者）。近400年来，他们定居在喀纳斯湖畔，村中散布着原木垒起的木屋，一片小桥流水、炊烟袅袅和奶酒飘香的景象。图瓦人勇敢强悍、能歌善舞、善骑术和滑雪。

## 3.2.6 产业特征

由于额尔齐斯河与乌伦古河流域范围内人类主要的聚居地主要分布在阿勒泰地区，故以阿勒泰地区为主研究流域的产业特征。据《新疆统计年鉴2021》中的数据统计，2020年，阿勒泰地区生产总值为334.53亿元，第一产业58.41亿元，第二产业110.68亿元，第三产业为165.44亿元。第三产业成为第一动力，人均生产总值为50549元（图3-5、图3-6）。

图3-5　2016—2020年阿勒泰地区生产总值及增速（图源：基于《新疆统计年鉴2021》中数据自绘）

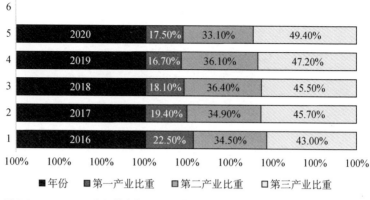

图 3-6　2016—2020 年阿勒泰地区三产增加值占生产总值比重（图源：基于《新疆统计年鉴 2021》中数据自绘）

农业：近年来围绕农业供给结构性改革主线，阿勒泰地区一边稳定发展粮食生产，一边做大做强优势特色产业。从 2018 年开始，种植业结构大调整，实施围绕农区畜牧业发展，适度调减经济作物，逐步调优饲草料优势产业和中药材、小浆果等特色产业，从而初步构建起具有阿勒泰特色的现代种植业[1]。

渔业：阿勒泰地区湖泊众多，适宜发展渔业，我国十大淡水湖之一的乌伦古湖在福海县境内。养鱼水面达 12.3 万 $m^2$，鱼类繁多，鱼种丰富，品质优良。阿勒泰地区内鱼类共有 15 种，其中 14 种属于额尔齐斯河水系，如哲罗蛙、北极茴等珍稀鱼种，其中 6 种属于乌伦古河水系。

畜牧业：阿勒泰地区畜牧业具有悠久的历史，早在两千年左右的西汉、东汉时期，就是"庐帐而居，逐水草，有牛、马、骆驼、羊等畜牧而居……"的历史记载。辽阔的草原和充沛的水源给畜牧业的发展奠定了良好的基础。

旅游业：得天独厚的自然资源和深厚的文化底蕴给阿勒泰地区旅游的发展提供了颇大的优势。目前阿勒泰有旅游资源单体 724 处，其中世界级旅游资源 33 处，国家级旅游资源 122 处，已创建 A 级景区 45 家，其中 5A 级景区 2 家，4A 级景区 12 家，3A 级景区 27 家（表 3–1）。

---

1　新疆阿勒泰地区行政公署. https://www.xjalt.gov.cn.

表 3-1　阿勒泰地区国家级景区一览表

| 等级 | 序号 | 县市 | 景区名称 |
|---|---|---|---|
| 5A | 1 | 布尔津县 | 喀纳斯景区 |
| | 2 | 富蕴县 | 可可托海景区 |
| 4A | 1 | 布尔津县 | 五彩滩、草原石人哈萨克民族文化园、中俄老码头风情街 |
| | 2 | 哈巴河县 | 白桦林景区 |
| | 3 | 福海县 | 乌伦古湖景区 |
| | 4 | 富蕴县 | 国家矿山公园景区、滨河景区、可可苏里景区 |
| | 5 | 阿勒泰市 | 桦林公园、克兰河滨河景区 |
| | 6 | 吉木乃县 | 草原石城景区 |
| | 7 | 青河县 | 三道海子景区 |
| 3A | 1 | 阿勒泰市 | 五百里·风情街景区、戈宝麻花海景区、克兰大峡谷风景区、野卡峡景区、托勒海特景区、齐背岭景区、乌希里克野雪公园景区 |
| | 2 | 布尔津县 | 阿山鹿王文化苑、七里滩景区、喀纳斯酒厂、玉石塔斯景区、黄花谷景区、白沙山景区 |
| | 3 | 哈巴河县 | 阿舍勒矿业景区、哈龙沟景区、克勒迭能景区 |
| | 4 | 吉木乃县 | 吉木乃口岸景区、托斯特乡塔斯特村（石头村） |
| | 5 | 富蕴县 | 塔拉特民俗村、赛马场景区 |
| | 6 | 青河县 | 塔克什肯口岸、大小清河湿地公园、山楂园景区 |
| | 7 | 福海县 | 黄花沟现代农业产业园景区 |
| | 8 | 布尔津县 | 七彩河风景区、玉石塔斯景区、黄花谷景区、白沙山景区 |

# 3.3　伊犁河流域

伊犁河是中国和哈萨克斯坦两国重要的跨境河流。位于中国新疆伊犁地区和哈萨克斯坦的阿拉木图州东南部、卡拉干达州部分地区和江布尔州东南部[1]。流域面积约为 415515 km²，流域约 15% 位于中国境内，约 85% 位于哈萨克斯坦境内，中国境内产流 161.0 亿 m³，哈萨克斯坦内产流 69.7 亿 m³，是中哈两国重要的淡水资源[2]。整体地势东高西低，东窄西宽，形似朝西开口的喇叭状，概括为"两山夹一盆"，北可抵御寒风，东可抗拒干热气流，南可阻止风沙侵袭，造就了独特的"塞上小江南"气候。其最高海拔 5741 m，最低海拔 532 m。新疆地区境内的伊犁河主要有北岸的喀什河、南岸的特克斯河和巩乃斯河三大支流。其中特克斯河为伊犁河西源，也是最大支流，发源于哈萨克斯坦境内，流经伊犁哈萨克自治州伊宁市南部并在巩留县与巩乃斯河汇流；巩乃斯河为伊犁河东源南支河流，发源于巴音郭楞蒙古自治州和静县西北角的安迪尔山南坡，穿过新源县，在巩留县与特克斯河汇流；喀什河为伊犁河东源北支，发源于天山北支南坡，穿过尼勒克县至伊宁县雅马渡汇入伊犁河。受地貌影响，流域内降水丰富，形成了西北干旱半干旱区独特的"湿岛"气候。年平均气温在 2.9～10.4 ℃，年平均降水量变化幅度在 200～1000 mm 之间[3]。由于流域整体较为湿润，因此伊犁河流域拥有了丰富的水资源、肥沃的土壤和多样的生物资源，自然条件优良，从平原到山地分布着多种类型植被的草地，包括荒漠、草原、草甸、灌丛和森林，为农牧业的发展提供了得天独厚的条件（图 3-7）。

图 3-7　伊犁河流域河流水系分布图、村庄分布图和地形地貌图（图源：基于星球研究所和 bigemap 改绘）

1　王洪亮，冯爱萍，高彦华，等.伊犁河流域最大植被覆盖度的时空动态变化 [J].环境科学与技术，2018，41（6）：161-167.

2　仲涛，李漠岩，李建豪，等.伊犁河流域陆表水域面积时空变化及驱动力分析 [J].人民长江，2023，54（4）：101-107.

3　闫俊杰，刘海军，崔东，等.近 15 年新疆伊犁河谷草地退化时空变化特征 [J].草业科学，2018，35（3）：508-520.

### 3.3.1 地理位置

伊犁河流域在新疆范围内主要覆盖伊犁哈萨克自治州。从山水格局上来看，伊犁河谷北、东、南三面环山，北面有西北—东南走向的科古尔琴山、婆罗科努山；南有东北—西南走向的哈尔克他乌山和那拉提山；中部还有乌孙山、阿吾拉勒山横亘，构成"三山夹两谷"的地貌轮廓。伊犁河谷素有"西域湿岛""塞外江南"之美称。伊犁河谷是世界薰衣草三大种植基地之一。

伊犁河是伊犁河谷最大河流，是亚洲中部内陆河，跨越中国和哈萨克斯坦的国际河流。伊犁河的主源特克斯河发源于天山汗腾格里峰北侧，向东流经中国新疆的昭苏盆地和特克斯谷地，又向北穿越伊什格力克山，与右岸支流巩乃斯河汇合后称伊犁河，西流至霍尔果斯河进入哈萨克斯坦境内，流经峡谷、沙漠地区，注入中亚的巴尔喀什湖。从河源至入湖口，全长 1236 km，流域面积 15.1 万 km²，其中中国境内河长 442 km，流域面积 5.6 万 km²。

### 3.3.2 地形地貌

从天空俯视来看，伊犁流域位于南北天山之间，呈喇叭状分布。喇叭口内，有三条自西向东逐渐收缩的山脉，北为天山北支别珍套、科古琴及伊连哈比尔尕山段，南为天山南支哈尔克及那拉提等山段，中为山势较乌孙山等山段。南部和中部山段之间为特克斯河谷与巩乃斯河谷，北部和中部山段之间为伊犁河谷与喀什河谷。

中国境内的伊犁河流域形似向西开口的三角形，有 3 条自西向东逐渐收缩的山脉。北为天山北支婆罗科努山及伊连哈比尔尕山，南为天山南支哈尔克山及那拉提山，中为山势较低的克特绵山、伊什格里克山。北部和中部山岭之间为伊犁河谷与喀什河谷，南部和中部山岭之间为特克斯河谷与巩乃斯河谷。流域东西长约 442 km，东端为高大山体所封闭。西端河流出口高程约为海拔 520 m，东西地形自然纵坡高达 11.2%。为地形雨的形成创造了有利条件（图 3-7）。

### 3.3.3 气候特征

伊犁河流域气候温和湿润，属于温带大陆性气候，年平均气温 10.4 ℃，年日照时数 2870 h，年平均降水量 300 mm，山区年降水量 500～1000 mm，其余地区 100～200 mm，是新疆最湿润的地区。由于伊犁河的大多数支流均由外伊犁河套流出，这有利于径流的形成。在右岸支流中，能流至伊犁河的只有霍尔果斯河，其余的河流都在中途消失了（图 3-8）。

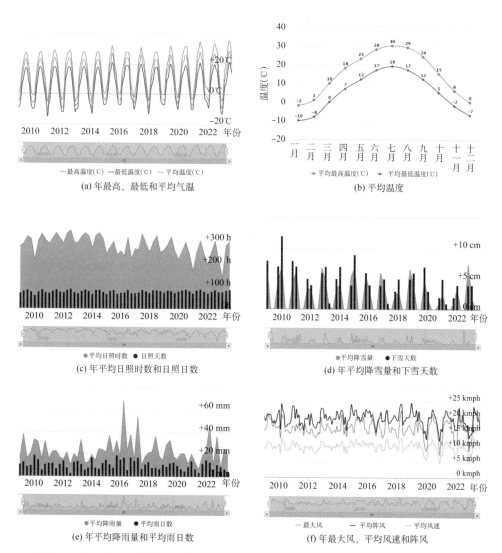

图 3-8　伊犁年度天气平均值（图源：基于世界天气在线改绘）

### 3.3.4　资源概况

#### 1. 水文资源

伊犁河流域气候温和湿润、水文条件优越，是新疆降水量相对较多的地区之一。其水资源充裕，年平均径流量 165.0 亿 m³，且水质良好。目前，伊犁河年耗水量不到 30 亿 m³，平原地下水可采量达 5 亿 m³。[1]

从水资源补给来看：一方面，该地区常年接收大西洋水域的补给；另一方面，其南北两侧的天山支脉高大，流域内冰川积雪分布宽广，相当于其永久性固体水库。从地形与水文的关系来看：伊犁河谷向西开口，整个流域处于迎风面，湿润气流长驱直入，带来丰富的降水并补给了当地的径流。

#### 2. 土地资源

伊犁河流域土地总面积为 561.49 万公顷（1 公顷 =1 万 m²），山地面积约 376.03 万公顷，占土地总面积的 66.97%。其中海拔 3500 m 以上为高山冰原裸岩地带，主要由冰川、终年积雪和高山裸岩石砾组成。在海拔 1500～3500 m 之间为牧林区，主要由天然夏季草场和天然森林组成。丘陵面积约 55.47 万公顷，占土地总面积的 9.89%，分布于海拔 850～1500 m 之间，处于伊犁河谷逆温区域内。河谷平原面积约 129.94 万公顷，占土地总面积的 23.14%，分布于伊犁河谷两侧，主要由河滩阶地及洪积平原组成，其中河滩及扇缘沼泽面积约 9.00 万公顷，水域面积约 5.06 万公顷，塔克尔穆库尔沙漠约 6.46 万公顷。

#### 3. 自然资源

**矿产**：伊犁河流域矿产资源丰富，矿产资源开采历史悠久。目前已发现有远景的矿产 20 多种，分布于 60 多处。铝土、石英砂、耐火黏土、砂金、煤及白云母等矿产也分布较广。伊宁、察布查尔、昭苏、尼勒克等地主要分布煤矿。铁矿主要集中于新源县和昭苏县。其他区域有特克斯的铜、镍伴生的钛矿、昭苏的锰，尼勒克的铅、铜、锌以及伊宁的钒矿。

**植物**：伊犁河流域气候温和、降水丰富、土壤肥力好的特点植被覆盖度平均达

---

1　罗磊，高亚琪. 伊犁河流域水土资源可持续开发利用的相关政策、法规现状及发展对策 [J]. 南方农业学报，2011，42（12）：1579-1582.

到 90%。受气候的影响，当地植被覆盖的垂直性较为明显。自上而下，高山带为优质的夏季草场，中山带主要为茂密的云杉森林，低山带主要为优质的春秋草场。河谷内植被种类丰富，且生长有一些古时遗留下来的珍贵物种，如野核桃、欧洲李、樱桃李、野苹果、巴旦杏等，这种良好的自然环境使得当地野生动植物资源丰富，成为新疆乃至全国重要的生物基因库。

动物：伊犁河流域良好的自然生态环境及较高的植被覆盖率为各类动物的生长和栖息繁衍提供了良好的基础条件，因此其也是新疆重要的野生动物资源库，具有很高的研究价值。伊犁境内野生动植物资源非常丰富，据统计，国家一级保护动物 9 种，二级保护动物 50 种，属自治区级一级保护动物 13 种，二级保护动物 11 种，主要有益动物 98 种。其中，属国家重点保护（一、二级）的野生珍稀动物有雪豹、北山羊、盘羊、岩羊、貂熊、棕熊、马鹿等 64 种，属新疆维吾尔自治区重点保护的野生动物有 10 种[1]。

### 3.3.5　人文环境

由于自古以来伊犁河流域内人类主要在现今的伊犁河谷聚居，故本书以伊犁地区为主介绍流域范围内的人文概况。自秦汉至清代，先后有古代塞、月氏、乌孙、柔然、悦般、高车、突厥、突骑施、葛逻禄、契丹等氏族部落、部族，当代有汉、维吾尔、哈萨克、蒙古、柯尔克孜、乌兹别克、锡伯、达斡尔、俄罗斯等多民族，从古到今各部落民族在这块宜牧宜农的广袤土地上游猎放牧、开垦种地，留下了各自的文化痕迹。又因为草原丝绸之路穿过伊犁河流域，赋予其深厚的历史文化底蕴。根据目前的历史遗迹，已经发现的历史古迹涵盖唐朝到清朝的，其中以清朝的历史古迹居多，如夏塔古城、乌孙古墓、弓月古城、特克斯八卦城、伊犁将军府、惠远古城等。

游牧文化：新疆伊犁地区地处祖国西部边陲，科古尔琴山、婆罗科努山、哈尔克山及那拉提山分别纵横其南北两端，在该区域内亦有喀什河、巩乃斯河以及特克斯河等众多支流交错分布。处于山脉间的河谷地带，由于充足的水源和适宜的气候，其水草丰美，自古以来就是游牧民族游牧、栖息的理想场所，较为

---

1　梁敬华.伊犁野生动物保护现状及对策 [J].中国林业，2011（24）：41.

优越的自然地理条件是孕育该地区早期人类文明的保证[1]。伊犁河流域居住着传统的游牧民族哈萨克、蒙古、柯尔克孜等民族，这些草原上的游牧民族至今保持着原有的游牧生活方式，其放牧、转场的生活是草原文化的典型代表，亦是活态传承。

**丝路文化：** 在清代，伊犁河谷曾经是西域政治、经济、军事中心。伊犁将军驻在此地统辖天山南北。这里的名胜古迹、人文景观都散发着历史文化气息。从设立伊犁将军府开始，它便担负起边关守家卫国、国际贸易往来、民族交往交流交融的历史重任，作为丝绸之路的一个发散点、亚欧大陆桥的中间点，它连接了中亚、东亚和西亚，并衍生出多条支线，也连接了南亚和欧洲等地，在"一带一路"的建设中前程远大。

**饮食文化：** 伊犁的饮食文化是新疆饮食文化的一个重要组成部分，它集中反映了新疆各民族饮食的风味和特色。伊犁的饮食文化有两大特点：一是草原与沙漠的味道，二是中亚与中华的味道。

**金雕文化：** 有关金雕的故事，是伊犁山林草原最古老的故事之一。据一些哈萨克族老人讲，几千年前，他们的祖先，即伊犁古老的山林狩猎民族就开始驯养并利用金雕捕猎了。那时驯养一只强悍的金雕，就可以使一家人衣食无忧。古人是为了生存而驯养金雕的。他们在漫长艰难的驯养过程中，倾注了很多高超的智慧，付出了难以言尽的辛酸和痛苦。野生金雕受到古人的特别关注，在不断地驯养和利用中，演进成一种古老文化现象，并传承下来（图3-9）。

**塔兰奇文化：** 塔兰奇文化纪念馆位于伊宁市达达木图乡布拉克村，维吾尔"塔兰奇"是伊犁维吾尔族人的旧称，"塔兰奇"系蒙古语，意思是"种麦子的人"，他们是元代至清代由新疆各地维吾尔族人迁徙到伊犁形成的一支独特的民系。他们在这里屯垦戍边、勤劳耕作，为伊犁社会稳定、民族团结、经济发展作出了突出贡献，也在与伊犁本地居民和谐共处的近几个世纪中，逐渐形成了独特的"塔兰奇"文化。伊犁塔兰奇人带着祖辈丰富的农业生产技术和经验来到这里，开辟草莱，从事农耕，开创了伊犁近现代农业生产的先河[2]。

---

1　张德伟. 伊犁河谷地区伊犁河流域文化研究 [D]. 郑州：郑州大学，2015.

2　赖洪波. 清代与民国时期伊犁塔兰奇社会历史文化变迁研究 [J]. 伊犁师范学院学报（社会科学版），2015，34（1）：34-42.

图 3-9　人文概况图（图源：伊犁河谷公众号）

### 3.3.6　产业特征

　　鉴于伊犁河流域内的人类主要聚居地集中分布于伊犁河谷，因此，本章将主要聚焦伊犁地区剖析该流域的产业特征。据《新疆统计年鉴 2021》中的统计数据，2020 年，伊犁地区生产总值为 2 338.11 亿元，第一产业 582.52 亿元，第二产业 579.41 亿元，第三产业为 1 176.19 亿元。第三产业成为拉动经济增长的第一动力，人均生产总值为 47 390 元（图 3-10、图 3-11）。

　　农业：伊犁河谷是国家及新疆不可或缺的农业生产基地，目前传统农业正在向现代化农业快速转型，伊犁地区特色是河谷农业，其优势日渐显现，也是重要的边塞粮仓。目前，伊犁地区是重要的粮油基地，大豆、亚麻、甜菜、水稻等作物为主要优势产物。当地是以设施农业为重点的高效种植业、现代畜牧业、特色林果业和劳务经济四大支柱产业，和粮食、油料、林果、畜产品、农产品出口加工五大基地建设具有一定规模，形成与资源特点相适应的区域化、专业化和规模化发展的生产

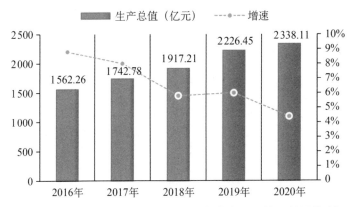

图 3-10　2016—2020 年伊犁地区生产总值及增速（图源：基于《新疆统计年鉴 2021》中数据自绘）

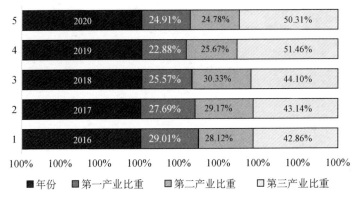

图 3-11　2016—2020 年伊犁地区三产增加值占生产总值比重（图源：基于《新疆统计年鉴 2021》中数据自绘）

格局[1]。

**畜牧业：** 伊犁地区在畜牧业方面也具有很大的优势，当地水草丰盈的优势使得畜牧业在一众产业中崭露头角，同时也能够拉动农业、林业、食品工业等行业的发展。伊犁地区凭借着悠久的畜牧业生产历史和优越的自然条件，成为重要的"绿色畜产"和"有机畜产品"的生产基地。

**旅游业：** 独一无二的草原生态文化给伊犁当地的旅游增添特色。伊犁地区旅游

---

1　央广网.新疆伊犁州发展特色产业助力乡村振兴 [EB/OL].http://news.cnr.cn/native/city/20210116/t20210116_525392286.shtml.

产业体系已基本形成，产业规模日益壮大形成了四大旅游功能区域，推出了五大旅游产品。拥有"中国新天府之地""中国最美的草原""中国最美的森林"等国家级品牌，同时打造了"新疆伊犁杏花旅游节""新疆伊犁天马之乡国际旅游节"等新疆知名旅游节庆品牌。伊犁的旅游形象逐渐提升，旅游知名度不断扩大，有 5A 级景区 2 个，4A 级景区 27 个，3A 级景区 36 个（表 3-2）。

表 3-2　伊犁哈萨克自治州国家级景区一览表

| 等级 | 序号 | 县市 | 景区名称 |
|---|---|---|---|
| 5A 级景区 | 1 | 新源县 | 那拉提景区 |
| | 2 | 特克斯县 | 喀拉峻景区 |
| 4A 级景区 | 1 | 伊宁市 | 喀赞其民俗旅游区、伊犁河风景区、六星街景区、伊犁州博物馆、托乎拉苏景区、天山花海景区 |
| | 2 | 尼勒克县 | 湿地古杨景区、唐布拉景区、吉林台亲水游乐区 |
| | 3 | 巩留县 | 库尔德宁景区、野核桃沟景区 |
| | 4 | 察布查尔县 | 锡伯民族博物馆 |
| | 5 | 霍城县 | 惠远古城景区、解忧公主薰衣草园、图开沙漠景区、大西沟中华福寿山、霍城县果子沟景区 |
| | 6 | 霍尔果斯市 | 霍尔果斯中哈国际旅游区 |
| | 7 | 昭苏县 | 夏塔景区、天马旅游文化园景区、圣佑庙景区、昭苏县湿地公园、知青馆景区 |
| | 8 | 奎屯市 | 锦绣园风景区 |
| | 9 | 新源县 | 那拉提国家湿地公园景区、肖尔布拉克西域酒文化博物馆 |
| | 10 | 特克斯县 | 八卦城·离街景区 |
| 3A 级景区 | 1 | 伊宁市 | 紫苏丽人薰衣草创意产业园、丝绸之路文化旅游城、丝路之光旅游小镇、林则徐纪念馆、伊犁河酒文化产业园、现代农业科技示范园、天鹅泉景区、愉群翁花儿民俗旅游区 |
| | 2 | 霍城县 | 阿伊朵薰衣草文化旅游景区、丝路农桑园、汉家公主薰衣草园、解忧公主薰衣草牧场 |

| 等级 | 序号 | 县市 | 景区名称 |
|---|---|---|---|
| 3A 级景区 | 3 | 新源县 | 花海那拉提、伊犁野生植物园、那拉泉景区、杏花谷 |
| | 4 | 特克斯县 | 科桑溶洞国家森林公园、易经文化园、阿克塔斯姑娘峰景区 |
| | 5 | 巩留县 | 恰西塔里木景区、蝶湖公园 |
| | 6 | 霍尔果斯市 | 可克达拉风情园、霍尔果斯馕产业园 |
| | 7 | 昭苏县 | 喀夏加尔镇民俗馆、草原石人景区、天马文化博物馆、水帘洞景区、高原特色农业科技示范园 |
| | 8 | 察布查尔县 | 白石峰森林公园、伊犁河谷万亩薰衣草主题公园、1764 文体公园 |
| | 9 | 尼勒克县 | 天山黑蜂庄园、乔尔玛烈士陵园纪念馆、天浴温泉山庄景区、滨湖渔村 |
| | 10 | 奎屯市 | 润民河景区 |

**草原旅游资源**：草原是伊犁河谷内的主要旅游资源。世界自然遗产"新疆天山"有一个遗产点是"喀拉峻-库尔德宁"，代表景观为"亚高山草甸和山地针叶林带"，该区域位于伊犁河谷最美的原始草原。草原景观素以辽阔、坦荡、悠扬、蕴含天人合一的文化而闻名，它的传统游牧文化与风土人情相结合，构成一类生态旅游目的地。除了"喀拉峻-库尔德宁"草原之外，还有著名草原景区有那拉提草原、唐布拉草原、夏塔草原和巩乃斯草原等。

**森林生态旅游资源**：森林是伊犁地区景点数最多的类型，约占全区景点总数的79%。部分森林已被批准或建成森林公园，成为附近居民和游客度假、休闲、避暑的胜地。

**山地生态旅游资源**：伊犁地区三面环山，山地面积约占伊犁河谷总面积的72.4%。山地空气清新，空气中含有大量负氧离子，对恢复人体机能，稳定心情、保持身体健康有明显作用。

**湿地生态资源**：伊犁河地区湿地是新疆生物多样性最丰富的地区，在新疆乃至国际生物多样性保护中占有重要位置，伊犁河流域湿地主要分布在伊犁河及其三大支流特克斯河、巩乃斯河、喀什河流域两岸河滩地及周边沼泽地区，总面积为 20.9 万公顷。

## 3.4　额敏河流域

额敏河古称也迷里河，是一条内陆河，发源于天山山脉，位于新疆的最西部，横贯额敏全境，流经裕民县、塔城市，注入哈萨克斯坦的阿拉湖，是塔城盆地最大的水系。该流域三面环山，北部有塔尔巴哈台山，东南部有乌日可下亦山、巴尔鲁克山和玛依勒山呈平行带状分布，向西开口从而形成著名的塔额盆地。其主干流沙拉依灭勒河发源于盆地东北部的塔尔巴哈台山脉的科米尔山，山体高度不大，大部分为海拔 1 000～2 500 m 的中低山，位于盆地最西南的巴尔鲁克山最高峰海拔 2 658 m，北部的塔尔巴哈台山最高峰海拔 2 818 m。海拔 600～1 000 m 的山前地带是丘陵洪积扇分布区，海拔 600 m 以下的盆地底部为冲积平原区。额敏河流域面积 17 137 km²，从干流源头沙拉依灭勒河至国境河长 220 km。其气候特点是地处中纬，气候凉爽，无霜期短、冬季漫长而寒冷，夏季短暂而炎热。位于海拔 2 040 m 的卡琅古尔站多年平均气温为 3.6 ℃，最高气温为 35 ℃，最低气温为–40.5 ℃。而位于盆地底部的额敏河出境控制站阿克其站多年平均气温为 6.0 ℃，最高气温，41.0 ℃，最低气温–42.0 ℃。[1]

### 3.4.1　地理位置

额敏河流域位于新疆的最西部，境内长约 220 km。其地理坐标为东经 82°29′～84°45′，北纬 45°32′～47°14′。额敏河由东北向西南流经额敏县、裕民县和塔城市，最终汇入哈萨克斯坦境内的阿拉湖。流域三面环山，北部有塔尔巴哈台山，东部有乌日可下亦山、南部为加依尔山、巴尔鲁克山和玛依勒山，西部以中哈边境为界，流域总面积为 17 137 m²。其主干流沙拉依灭勒河发源于盆地东北部的塔尔巴哈台山脉的科米尔山（图 3–12）。

---

1　阿依夏，辛俊. 额敏河流域水文特性 [J]. 水文，2002，(2)：51-53.

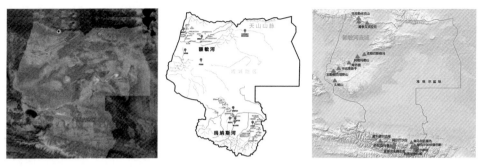

图 3-12　额敏河流域河流水系分布图、村庄分布图和地形地貌图（图源：基于星球研究所和 bigemap 改绘）

### 3.4.2　地形地貌

　　额敏河流域三面环山，北部有塔尔巴哈台山，东南部有乌日可下亦山、巴尔鲁克山和玛依勒山，其呈平行带状分布，向西开口从而形成塔额盆地。

　　流域山地呈东北—西南走向，山体高度不大，大部分为海拔 1000～2500 m 的中低山，位于盆地最西南的巴尔鲁克山最高峰海拔 2658 m，北部的塔尔巴哈台山最高峰海拔 2818 m。海拔 600～1000 m 的山前地带是丘陵洪积扇分布区，海拔 600 m 以下的盆地底部为冲积平原区 [1]。

### 3.4.3　气候特征

　　额敏河流域位于中亚西亚内陆区，属中温带干旱和半干旱气候。流域地处中纬，气候凉爽，无霜期短、冬季漫长而寒冷，夏季短暂而炎热。多年平均温度 3.6 ℃，最高气温 35 ℃，最低气温-40.5 ℃。塔额盆地三面环山的有利地形，使得其降水量较为丰沛，降水主要发生在春秋两季，此时冷暖气流交换频繁，一般出现连续小到中量的降水过程。春秋季蒸发量较大，有明显的地带性规律，全流域年蒸发量在 1000～2000 mm 之间（图 3-13）。

　　额敏河流域是个多风区，位于巴尔鲁克山和乌日可下亦山之间的老风口区，成为鞍形山口的狭窄通道，当春、夏、秋季蒙古高压增强，形成东高西低的气压梯度时，冷空气西灌形成偏东大风，风速可达 8～9 m/s，而冬季西来冷空气入侵该区时，老风口形成偏西大风。

---

1　阿依夏，辛俊.额敏河流域水文特性［J］.水文，2002（2）：51-53.

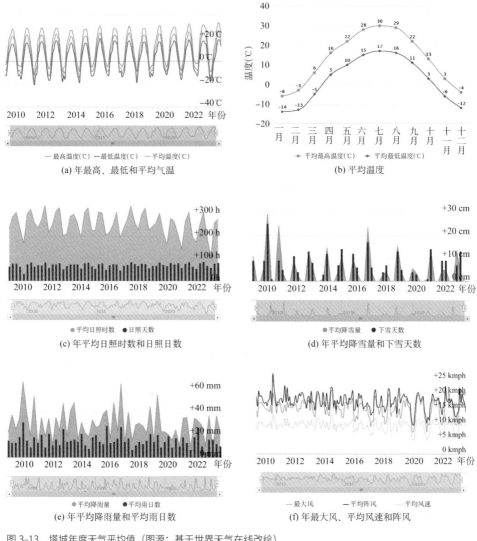

图 3-13　塔城年度天气平均值（图源：基于世界天气在线改绘）

### 3.4.4　资源概况

#### 1. 水文资源

　　萨尔也木勒、喀拉也木勒、玛热勒苏、阿克苏、乌雪特作为支流汇入额敏河中，最终向西南经裕民县流入哈萨克斯坦共和国的阿拉湖中。山涧河流纵横交错，全年径流量 1 亿多 $m^3$，地表水年径流量 10.8 亿 $m^3$，每年初春的三四月份气温升高，冰雪消融，是春季洪水期，河渠横溢，为农牧业的发展提供了便利[1]。

2. 土地资源

额敏河流域所在的塔城地区总面积 10.45 万 $km^2$，约占全疆总面积的 6.5%。山高林密，山地占总面积的 8.2%；浅山丘陵占 32.9%；草原占 46.8%；沙漠占 12.1%。额敏河自东向西横贯南部，河两岸有大面积盐碱地。塔城地区有 4700 公顷的森林，23.9 万公顷的草场。

3. 自然资源

矿产：额敏河流域所在的塔城地区具有丰富的矿产资源，目前塔城地区已经发现铁、锰、铬、铜、镍、金、铂、水晶、煤和石灰石等金属。非金属矿产 41 种，已经开采利用的 15 种。

植物：流域地理特殊，是连接天山和阿尔泰山的桥梁，也是植物区系迁移的通道，植物区系成分丰富、种类繁多、生态系统多样。我国第二大平原草原——库鲁斯台草原就坐落于此。河滩中主要生长有芦苇、芨芨、蒲草等，山涧深谷各阴坡面长有土耳条、野玫瑰、山楂、枸杞子等灌木，经济用材林有山杨、柳、桦树等。药用价值较高的植物有贝母、柴胡、元胡、麻黄、甘草、黄芪和紫草等。

动物：额敏河流域的动物资源也具有种类多、分布广的特点，陆生野生动物主要有马鹿、盘羊、北山羊、黄羊、狗熊等。野生禽种主要有野山鸡、石鸡、天鹅、蓑羽鹤等。鱼类主要有鲤鱼、鲫鱼、白鲢鱼、雅尔鱼等。两栖类主要有水獭、蛇、蟾蜍等。昆虫类的主要品种有蝴蝶、黑蜂、马蜂、蚊蝇等。

## 3.4.5 人文概况

额敏河，这条源远流长的河流，自古以来滋养着这片肥沃的土地。在它的流域内，人类文明更好地繁衍生息，而塔城地区作为其核心聚居地，更是孕育了丰富多彩的人文景象。追溯历史可以发现，早在史前时期，有一群游牧民从中亚草原来到水草丰茂的塔城盆地，牧民在额敏河两岸的草原上，繁衍生息。额敏因地处额敏河而得名，它有 2000 多年的文明史和 100 多年的建县史，是西辽政权、蒙古窝阔台汗国政权的"两朝古都"。境内发现的喀拉也木勒古岩画、也迷里古城遗址、草原石人见

---

1　额敏县人民政府网站.http://www.xjem.gov.cn.

证了额敏的千年古韵和绵延历史。千百年来，汉、哈、维、蒙、回等 25 个民族在这里和睦相处、休戚与共，各民族之间广泛交往交流交融，孕育出了阿依特斯、毡房、马鞍等非物质文化遗产和独特的草原文化、戍边文化、玛依塔斯精神等（图 3-14）。

图 3-14　人文概况图（图源：油画中的塔城公众号）

**手风琴文化：**手风琴是塔城地区各族人民喜欢的乐器之一，茶余饭后，弹奏手风琴成为人们休闲娱乐的主要方式，因此塔城市也被各族群众亲切地称为"手风琴之城"。塔城 2023 年 8 月 20 日创办了手风琴文化展馆之一，是首批新疆维吾尔自治区特色博物馆，塔城手风琴博物馆获得了由世界手风琴博物馆联盟官员颁发的官方认证会员证书，这标志着其正式加入世界手风琴博物馆联盟。

**塔山岩画：**塔山岩画，这是一种凿刻在山地岩壁上的图像，是塔山草原文化的精华之一。遗址有 28 处，据专家推测，年代最早的可以追溯到 3600 年前，属于青铜时代，可见其历史之遥远与文化之厚重。

**红楼博物馆：**红楼博物馆的前身就是"红楼"，红楼始建于清宣统二年，由俄国喀山塔尔族商人热玛赞·坎尼雪夫聘请俄国建筑师设计。建筑面积 2043 m²，分上、下两层，共 16 间。其天棚地板、门框窗棂均砌有图案，绿色铁皮为顶，具俄罗斯建筑风格，因临街墙面呈铁锈红色，故称之为红楼。

巴克图口岸：该口岸已成为商贸、旅游和与独联体国家及欧洲的经济文化交流，扩大地区对外开放的重要口岸。优越的通商条件，使巴克图口岸成为目前我国连接俄罗斯及中亚各国最便捷的口岸，被誉为"准噶尔门户""中亚商贸走廊"。

### 3.4.6 产业特征

鉴于额敏河流域内的人类主要聚居地集中分布于塔城地区这一行政区域内，因此，本节将重点针对塔城地区的产业特征深入探讨与分析。据《新疆统计年鉴2021》中的统计数据，2020 年，塔城地区生产总值为737.57 亿元，第一产业296.64亿元，第二产业144.51 亿元，第三产业为296.42 亿元。第三产业成为拉动经济增长的第一动力，人均生产总值为16288 元（图 3-15、图 3-16）。

农业：塔城地区农牧业资源得天独厚，耕地面积占全疆面积的约十分之一，人均耕地面积位居全疆前列。畜牧业发展潜力巨大，拥有广阔的草场资源，特别是库鲁斯台大草原，规模位居全国第二。该地区自然环境优越，是全国领先的绿色农业示范基地，其农作物和畜产品在疆内外享有盛誉。2022 年，塔城地区种植小麦、玉米、棉花等农作物，粮食和棉花产量均居全疆和全国前列。农业综合机械化程度超过99%，展现了高度的农业现代化水平[1]。

畜牧业：塔城地区拥有丰富的畜禽资源，共计 56 个品种。其中，新疆褐牛、巴什拜羊、新吉细毛羊、也木勒白羊和新疆飞鹅等品种具有显著优势和特色，成为畜牧业的主导力量。根据 2019 年年末的统计数据，额敏河流域的牲畜存栏量达到 376.46 万头（只）。此外，牲畜出栏量达到 326.81 万头（只），较上一年度增长了1.39%。在肉类产量方面，该流域取得了显著成绩，总产量达到 10.25 万吨，同比增长 7.56%。其中，羊肉产量为 4.66 万吨，增长了 12.29%；牛肉产量为 3.24 万吨，增长了 6.93%；猪肉产量为 1.24 万吨，增长了 9.73%；禽肉产量为 0.51 万吨，增长幅度更是高达 45.71%。在禽蛋产量方面，额敏河流域同样表现出色，总产量达到

---

1 走进塔城. 塔城地区行政公署.https://www.xjtc.gov.cn/zjtc.

84

图 3-15　2016—2020 年塔城地区生产总值及增速（图源：基于《新疆统计年鉴 2021》中数据自绘）

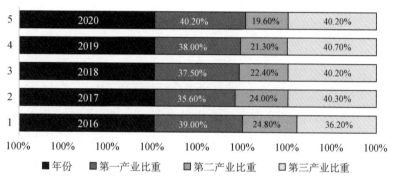

图 3-16　2016—2020 年塔城地区三产增加值占生产总值比重（图源：基于《新疆统计年鉴 2021》中数据自绘）

1.03 万吨。此外，奶制品也是该流域的重要产业之一，奶产量达到 7.59 万吨，同比增长 16.23%。这些数据的稳步增长，充分展示了额敏河流域畜牧业的发展潜力和良好势头。

　　旅游业：塔城地区自然景观独特，风景名胜众多，且各具特色。塔城市有红楼博物馆、手风琴文化展厅、巴克图口岸等景点；裕民县有巴尔鲁克等景区；托里县有老风口生态旅游区、亚欧大陆地理中心等景区；额敏县有野果林、海航草原、也迷里古城遗址等景区；沙湾市有温泉、鹿角湾等景区；乌苏市有佛山国家森林公园、活泥火山群等景区；和布克赛尔县有江格尔文化园、准噶尔古城遗址、松海湾等景区。塔城地区境内有 S101 "天山地理画廊"、G217 "中国最美"公路——独库公路、G219 "千里画廊、边疆风情"三条旅游精品热线，是游客观光旅游的最佳去处之一。现有 4A 级景区 5 个，3A 级景区 56 个（表 3-3），2022 年接待游客 1018 万人次，实现旅游收入 60.7 亿元。

表 3-3　塔城国家级景区一览表

| 等级 | 序号 | 县市 | 景区名称 |
|---|---|---|---|
| 4A 级景区 | 1 | 额敏县 | 野果林景区 |
| | 2 | 裕民县 | 巴尔鲁克风景区 |
| | 3 | 和布克赛尔县 | 松海湾景区 |
| | 4 | 乌苏市 | 佛山国家森林公园 |
| | 5 | 沙湾县 | 鹿角湾 |
| 3A 级景区 | 1 | 塔城市 | 巴克图口岸景区、塔城地区博物馆、哈尔墩民族团结旅游示范区、西部美食城、文化广场、奥布森生态林场、塔城巴克图中哈边民互市景区、塔城市文旅产业园、塔尔巴哈台山景区 |
| | 2 | 额敏县 | 滨河公园、萨尔巴斯民俗村、孟布拉克千泉谷景区、额敏县也迷里广场、额敏县杰勒阿尕什镇纳仁恰汗库勒村旅游景区 |
| | 3 | 裕民县 | 生态园、白杨河湿地生态人文景区、生态园、塔斯特景区、沙孜湖景区 |
| | 4 | 和布克赛尔县 | 双山公园景区、雅丹热气泉景区、龙脊谷景区、东归文化园景区、江格尔文化园景区、国家湿地公园景区、艾兰盐湖景区、骆驼石高台人类活动遗迹景区、准噶尔古城遗址景区 |
| | 5 | 乌苏市 | 九莲泉水景公园、乌苏市甘家湖沙漠公园、巴音沟景区、胡杨林乐园、九间楼乡荷花池景区、沙舟酒庄、泥火山景区、百泉镇白杨树村生态旅游度假区、乌苏市乌拉斯台旅游景区、乌苏市乌斯图旅游景区、乌苏市体育公园、乌苏市和谐公园、乌苏市花海·喜世界、乌苏市儿童公园、乌苏市街心花园、乌苏市古尔图百里画廊、乌苏市苏里坊田园综合体、乌苏市古尔图武侠驿站 |

（续表）

| 等级 | 序号 | 县市 | 景区名称 |
|---|---|---|---|
| 3A 级景区 | 6 | 沙湾县 | 温泉、森林公园、东大塘、大盘美食城、沙湾县千泉湖景区、绢道影视城、华录文化广场、塔城乌沙安集海大峡谷、沙湾县文化广场、沙湾县雪水坊汉唐文化酒庄旅游景区 |

# 3.5　玛纳斯河与木垒河流域

　　玛纳斯河流域位于新疆天山的北部，地处新疆天山山脉北麓，准格尔盆地南缘，流域内最大的河流为玛纳斯河，河流总长度 324 km、流域面积达 19 800 km²，括清水河及呼斯台郭勒河两条支流[1]。流域属于典型的干旱半干旱内陆型气候，具有独特的"山地—绿洲—荒漠"的地形结构，中部绿洲地势平坦、土地肥沃，是新疆主要的农业耕作区和作物高产区。在行政区划上，玛纳斯河流域包括沙湾市、石河子市和玛纳斯县[2]。

　　玛纳斯河流域按地形具体可以分为中高山区、低山区及平原区，各个区域的基本特征如下所示。中高山区：海拔高程 3 500～5 000 m，较多的岩石裸露，受到气候等因素的影响常年积雪，山体陡峭。冰川面积达 1 085 km²，该区域保持了 500～1 000 mm 的年降水量，夏季降水较多，占比超过六成，以 6～8 月为主。中山区海拔高程 1 500～3 500 m，重峦叠嶂、沟谷纵横，降雨充沛，植被发育，以云杉灌木为主。在气候方面，全年温度不高，最高、最低温度分别是 15 ℃、–10 ℃，分别为夏季、冬季，年气温均值保持在 2 ℃左右。低山丘陵区：高程总体保持在 500～1 500 m 之间，主要包括佛子茅、三叶草等植被，覆盖率接近一半，受到植被稀少等因素的影响，水土流失问题严峻平原区：上部为冲积洪积扇区，海拔高程 380～600 m，以砾石为主，上覆薄层壤土。下部为平原区，由南到北。年气温变化显著，最高、最低温度分别是 43.1 ℃、–43.2 ℃，均值保持在 6～6.6 ℃之间。平原

---

1　陈红媛.玛纳斯河水文特征与水资源的开发利用情况研究[J].地下水.2016.38（4）：154-155.

2　康紫薇，张正勇，位宏，等.基于土地利用变化的玛纳斯河流域景观生态风险评价[J].生态学报，2020，40（18）：6472-6485.

区内良田万顷、条田成行、渠路纵横，一派绿洲景观，盛产粮、棉。风积沙漠区：接近于古尔班通古特大沙漠，以典型的沙丘景观为主，存在多种类型的植被，例如有沙拐枣等[1]。

木垒河位于新疆昌吉州木垒哈萨克自治县境内，发源于天山山脉博格达山北坡，主要由南沟、东沟、查干布特沟等若干无名小沟组成，支流呈树枝状分布，属山溪性河流，河长全约 18 km，源头最高海拔 3340 m，河源近流程短，且无现代冰川，补给以降水和冰雪融水为主。地表径流受降水控制和影响，多年平均年径流量为 $0.465 \times 10^8$ m³，年最大径流量为 2007 年的 $1.230 \times 10^8$ m³，年最小径流量为 1974 年的 $0.206 \times 10^8$ m³。[2]

### 3.5.1 地理位置

玛纳斯河流域位于新疆天山北麓、准噶尔盆地南缘，地理位置为东经 85°01′～86°32′、北纬 43°27′～45°21′。流域地势东南高西北低，自东向西分布有塔西河、玛纳斯河、宁家河、金沟河以及巴音沟河，其中玛纳斯河是流域内流量最大的河流（图 3–17）。

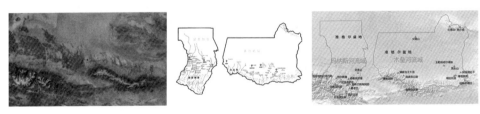

图 3-17　木垒河与玛纳斯河流域河流水系分布图、村庄分布图和地形地貌图（图源：基于星球研究所和 bigmap 改绘）

木垒河位于新疆昌吉州木垒哈萨克自治县境内，地理位置介于东经 89°00′～92″19′、北纬 43°14′～45°15′间，河流发源于天山山脉博格达山北坡，主要由南沟、东沟、查干布特沟等若干无名小沟组成。支流呈树枝状分布，属山溪性河流，源头最高海拔 3340 m，河源近流程短，且无现代冰川。

1　周晓浩.玛纳斯河流域水文特征及流量分析 [J].地下水，2022，44（5）：206-207.
2　李军，姚秀华.新疆木垒河流域水文特性分析 [J].地下水，2009，31（5）：56-58+97.

### 3.5.2　地形地貌

玛纳斯河与木垒河流域在昌吉回族自治州境内，区域地势整体南高北低，由东南向西北倾斜，东部为北塔山（东西向的天山与南北向的阿尔泰山的山结），南部山脉雪峰高耸，林海草原逶迤其中；中部平原田野阡陌纵横；北部荒漠戈壁辽阔。流域集沙漠、戈壁、绿洲、山谷、草原、森林和冰川等自然景观于一体。

### 3.5.3　气候特征

玛纳斯河与木垒河流域所在地区属中温带区，为典型的大陆性干旱气候，冬季寒冷，夏季炎热，昼夜温差大。该地区日照充足，热量条件也较为充足。由于地形条件的影响，由南向北气候差异较大，南部夏季降水较多，北部沙漠性气候特征显著。年平均降水量为 190 mm，夏季降水量明显多于冬季，年无霜期为 160～190 天（图 3-18）。

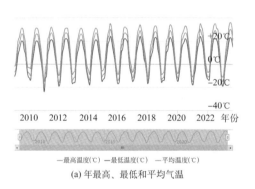

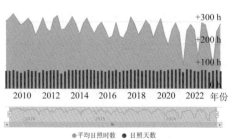

(a) 年最高、最低和平均气温

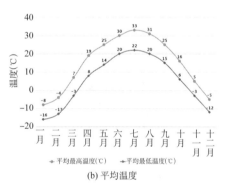

(b) 平均温度

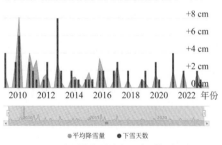

(c) 年平均日照时数和日照日数

(d) 年平均降雪量和下雪天数

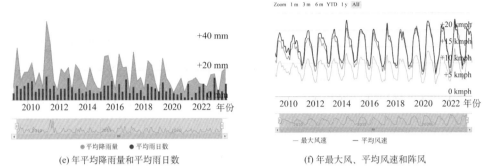

(e) 年平均降雨量和平均雨日数  (f) 年最大风、平均风速和阵风

图 3-18　昌吉年度天气平均值（图源：基于世界天气在线改绘）

### 3.5.4　资源概况

#### 1. 水文资源

玛纳斯河与木垒河流域在自然状态下的地表水主要有冰川、积雪、河流、泉水、湖泊，人工形成的有水库、渠系塘坝等。其总体数量有限，分布不均，为内陆水系，由山地流向盆地，流程短，大多数都是无尾河。玛纳斯河在下游汇成玛纳斯湖、并形成湿地，除此以外较大的天然湖泊还有天池和东道海子。

#### 2. 土地资源

该流域所属的昌吉回族自治州境内有耕地 613226.26 公顷（地方 408209.01 公顷，生产建设兵团 205017.25 公顷）。未利用土地 1757040 公顷，主要是荒草地、盐碱地、沼泽地、沙地、裸土地、裸岩、石砾地等。昌吉州境内游牧草地面积 4925453 公顷。

#### 3. 自然资源

矿产：木垒河与玛纳斯河流域地处天山北麓，矿产资源种类、矿藏丰富，包含能源矿产、金属矿产、非金属矿产。昌吉境内有 4 个大的矿藏带，即天山多金属矿藏带，天山山前拗陷煤、建材、砂金矿藏带，准噶尔盆地东南缘石油、碴硝矿藏带、北塔山铜、煤矿藏带。其金属矿藏以铜矿为主，其次是铁、铬、铅、锌、金矿等，能源矿藏有煤炭与石油、天然气。

植物：木垒河与玛纳斯河流域植物种类丰富，植物的分布根据不同的海拔有所变化。其天山林带中有分布面积较广的有雪岭云杉、天山雪莲等，也有特有种类的阜康阿魏、准噶尔锦鸡儿、羊肚菌等，还有许多富有不少开发潜力的含各种油脂的野生植物。

动物：由于木垒河与玛纳斯河流域包含的地形地貌种类多样，其中生活的动物也包含有很多种，有兽类、鸟类、两栖爬行类等。在高山区多分布大型或耐寒的野生动物，主要有雪豹、棕熊、北山羊、盘羊和长尾黄鼠等；在中山森林及山地草原分布有中型喜凉的野生动物，主要有马鹿、野猪、狍子、狼、赤狐和草兔等；平原绿洲区主要野生动物有各种鼠类、蝙蝠、灰背隼等。其次湿地上的候鸟、大型的野生动物、小型的野生动物种类也很丰富。

## 3.5.5　人文概况

西汉时木垒河与玛纳斯河流域属当时的西域 36 国之一的车师国，随后被西汉、唐朝统治。在汉唐的统治下，北庭曾在汉朝设戊己校尉，在唐朝盛极一时，设北庭大都护府。从汉唐开始，各个民族开始对这片地域改造并发展，在屯田制度的发展下，除了原有的牧业，农业也在这片地域上发展起来。在清代开始大规模屯田之后，一些来自内地的居民流入，进一步发展了农业，也丰富了这片地域的文化。目前已经发现的历史遗迹，就有岩画、墓葬等，还有一些汉唐时期烽燧遗址，北庭故城、石城子遗址、唐朝墩古城遗址等（图 3-19）。

该流域所在地区历史悠久，是丝绸之路的新北道，在新疆乃至全国的历史中发挥了重要作用。在漫漫历史长河中，名人辈出，许多重大的历史事件在庭州大地发生，给我们留下了许多物质文化遗产。目前，全州已探明的文物遗址有 400 余处，各类文物保护单位 127 处，其中国家级文物保护单位一处，自治区级 41 处，州级 9 处，县级 76 处。同时，该流域还有许多宝贵的非物质文化遗产，如新疆曲子、新疆回族花儿、西王母神话传说等已成功入选自治区首批非物质文化遗产名录。

农耕文化：木垒河与玛纳斯河流域形成的高质量绿洲也为农耕文化在此的发展奠定了一定的基础，尤其在水资源丰富、土地资源良好的地区，农耕的规模更大，如奇台县腰站子村。在木垒县由于水资源的匮乏，发展农业受限，多数居民从事牧业生产。

恐龙化石：中国是世界上发现恐龙化石最多的国家之一，而新疆发现恐龙化石的地点都集中在该流域内的昌吉地区。从 1928 年到 2006 年，在昌吉地区相继发现

图 3-19　人文概况图（图源：昌吉日报公众号）

了新疆天山龙化石、中加马门溪龙化石、苏氏巧龙化石、将军庙单脊龙化石、五彩湾暴龙化石等，还有在阜康发现的肯氏兽化石，人称"九龙壁"。昌吉恐龙沟、五彩湾等地发现的恐龙化石只是极小的一部分，准噶尔盆地还隐藏大量的恐龙化石，而且除了中生代以外，还有大量其他地质年代的古生物化石，昌吉地区是典型的化石宝库。

### 3.5.6　产业特征

自古以来玛纳斯河与木垒河流域内的人类聚居地主要集中在昌吉回族自治州，因此本节将重点探讨昌吉回族自治州的产业特征。据《新疆统计年鉴 2021》中的统计数据，2020 年，昌吉州生产总值为 1387.25 亿元，第一产业 242.45 亿元，第二产业 581.28 亿元，第三产业为 563.51 亿元。第三产业成为拉动经济增长的第一动力，人均生产总值为 124260 元（图 3-20、图 3-21）。

**农业：**昌吉回族自治州是新疆的重要农业生产地，地区综合机械化水平已达到

图 3-20　2016—2020 年昌吉回族自治州生产总值及增速（图源：基于《新疆统计年鉴 2021》中数据自绘）

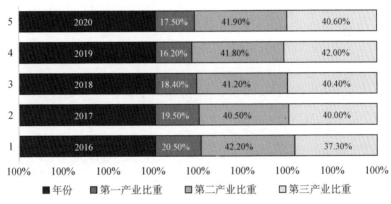

图 3-21　2016—2020 年昌吉回族自治州三产增加值占生产总值比重（图源：基于《新疆统计年鉴 2021》中数据自绘）

97.4%，是全国第二大种子生产基地及重要的商品棉、商品粮、制番茄酱基地。除了简单的农业生产，昌吉还发展小麦、棉花、玉米初产地精深加工，农产品产业链、价值链延伸，一些农产品品牌已经享誉全国，如奇台面粉、呼图壁奶牛、木垒羊肉等。2022 年新疆昌吉国家农业科技园区被建设为新疆昌吉国家农业高新技术产业示范区，为昌吉的农业现代化进程注入新的活力。

**畜牧业：**畜牧业也是昌吉回族自治州人民长久以来的一项重要的生活生产方式，具有在产业现代化改革中进行一二三产融合的优势，畜牧业对于丰富农业产业链、价值链也有重要的意义，目前已是天山北坡高品质牛羊禽、肉蛋奶生产供应的核心产区。

工业：昌吉回族自治州目前的工业体系以现代煤电化工、先进装备制造、新能源新材料、农产品精深加工等为支柱，工业企业占有全国 70% 的工业大类，工业数量位居新疆之首。昌吉矿产资源丰富，拥有 40 种自然资源，以此为基础利用产业园区集聚优势发展煤化工产业、高技术产业等，煤基、铝基、硅基三大新材料产业产能均占新疆 50% 左右，其中 540 万 kW 风光电项目并网发电，单晶硅切片产品填补新疆空白等，目前也已经形成新的一批重点项目成为发展的新动能。

旅游业：昌吉回族自治州拥有"双世界遗产"的称号，包括世界自然遗产地——天山天池、世界文化遗产点——北庭故城遗址。另有国内最长、最壮观的丹霞地貌——天山百里丹霞，江布拉克大草原，石城子遗址、康家石门子岩雕刻画等 641 处文物点等，旅游资源禀赋突出。随着乡村振兴的进一步推动，各个县、乡、村积极推进第三产业，形成各个规模相互衔接的旅游体系。除了集山地、草原、戈壁、大漠四大景观为一体的自然风景名胜和历史文化古迹外，目前的全域旅游也在重点推进文化旅游，如腰站子村的农耕文化旅游基地，目前有国家 5A 级景区 2 个，4A 级景区 10 个，3A 级景区 38 个，国家自然保护区 10 个（表 3-4）。

表 3-4  昌吉回族自治州国家级景区一览表

| 等级 | 序号 | 县市 | 景区名称 |
|---|---|---|---|
| 5A 级景区 | 1 | 阜康市 | 天山天池风景区 |
| | 2 | 奇台县 | 江布拉克景区 |
| 4A 级景区 | 1 | 农业园区 | 新疆农业博览园 |
| | 2 | 呼图壁县 | 世纪园景区 |
| | 3 | 木垒县 | 天山木垒中国农业公园 |
| | 4 | 昌吉市 | 杜氏旅游景区、庭州生态绿谷公园 |
| | 5 | 玛纳斯县 | 玛纳斯国家湿地公园雁飞台景区 |
| | 6 | 吉木萨尔县 | 千佛洞景区、北庭故城考古遗址公园 |
| | 7 | 木垒县 | 水磨河避暑休闲旅游度假区 |
| | 8 | 农业园区 | 华兴·悠游谷景区 |

（续表）

| 等级 | 序号 | 县市 | 景区名称 |
|---|---|---|---|
| 3A 级景区 | 1 | 农业园区 | 都市胡杨林景区、昌吉馕产业文旅小镇 |
| | 2 | 呼图壁县 | 康家石门子景区、呼图壁国家级苗木交易市场馨·天地景区、呼图壁县大唐西域酒庄 |
| | 3 | 阜康市 | 西域大巴扎、碧琳城旅游小镇、飞览天下·新疆会客厅 |
| | 4 | 木垒县 | 鸣沙山·胡杨林景区、木垒草原坎儿井景区、英格堡乡月亮地村景区 |
| | 5 | 昌吉市 | 昌吉市滨湖河景区、特变电工景区、朗青休闲观光牧场、新疆笑厨工业旅游景区、昌吉小吃街、乐活小镇、昌吉恐龙馆 |
| | 6 | 奇台县 | 奇台县烈士陵园、新疆第一窖古城酒文化博物馆景区、腰站子"一村一品"示范村 |
| | 7 | 吉木萨尔县 | 天地园、北庭园、古海温泉、车师古道、庭州湾公园、吉木萨尔北庭国家湿地公园 |
| | 8 | 玛纳斯县 | 黑梁湾山庄、国家森林公园神榆台、土炮营国家沙漠公园、天山北麓葡萄酒博览园、香海庄园 |
| | 9 | 玛纳斯县 | 玛纳斯县博物馆、玛纳斯县小海子跳鱼岛 |
| | 10 | 奇台县 | 奇台县博物馆、七户乡一棵树景区、南湖欢乐谷 |
| | 11 | 准东开发区 | 天池能源南露天煤矿矿山公园（能源馆） |

　　昌吉回族自治州的现代服务业围绕金融、物流、康养、信息化等产业蓬勃发展，目前拥有新疆唯一的国家级物流示范园区，国家高新技术企业 110 家。新疆信息产业园也设于昌吉，服务业生产总值占比 35.8%。

# 3.6　草原乡村聚落类型与发展模式

　　游牧民族根据气候地域环境、地形地貌、人文环境、交通便利等自然环境条件，在漫长的历史长河中，根据游牧区域的季节变化特点、气候特征、水草的生长变化"逐水草而居"的生产生活方式延续至今。至新石器时代末，游牧文化已广泛出现在西北高原与西北地区[1]。在我国游牧民族的历史社会经济发展过程中，虽然区域的社会经历着不断的变革，但游牧生产生活的基本特征延续传承，至今为止新疆游牧民族中的小部分人群仍然传承着四季游牧的传统生产生活方式。大部分人群在20世纪80年代后逐渐定居，并以定居聚落为集聚地，步入当代聚落居住模式。

### 3.6.1　草原乡村聚落类型

新疆牧区是我国四大牧区之一，是我国重要的畜牧业基地，长期以来，牧业成为新疆牧民的主要生产生活方式。为改变传统牧区落后的生活方式，进一步提高牧民的生产能力及生活质量，减轻牧区生态环境压力，同时可以享受到国家基础设施与公共服务设施。在党和政府的大力扶持下，新疆自1986年以来有组织地开展了大规模的牧民定居工程。经过多年的实践、发展以及积累丰富经验，如今新疆的牧民定居建设取得了惊人的成果，老百姓安居乐业，形成了多种草原乡村聚落类型和建设发展模式（或定居模式）。

首先对新疆从古至今的游牧生产生活方式给予解读。从游牧民族的传统生产方式来看，主要经济来自畜牧业，因此，牲畜的生长与繁衍是核心问题。根据季节变化逐水草而居，转场需要寻找优质水草地。牧民转场场地分春季、夏季、秋季和冬季牧场。在一些海拔不高的平原区，一年会有夏季和冬季两次转场。一般春、夏、秋季牧场的牧民居住点不固定，通过转场解决生产生活问题。因此，居住方式以移动式"毡房"为主。冬季牧场中居住方式比较固定，有固定的生活用房和牲畜棚（或牲畜圈），形成聚落。春、秋牧场属于过渡草场，放牧时间比较短，春季牧场在每年的3月下旬至5月中旬，秋季牧场在9月初至10月中旬左右（具体时间根据每个区域季节性气候变化和草的生长有关）。夏季牧场在6、7、8月左右，该季节水草茂盛，是牧民放牧最佳时间。但由于夏季牧场位于海拔比较高的高原草场，夏季草场到了9月天气逐步变冷，并被雪覆盖，同时存在交通出行不便等因素。因此牧民从夏季草场转场到秋季草场过渡，然后从秋季牧场转场到冬季牧场，而冬季牧

---

1　吐尔逊娜依·热依木.牧民定居现状分析与发展对策研究 [D].乌鲁木齐：新疆农业大学，2004.

场是牧民过冬的好场所，有固定的居住环境。过冬时间为 10 月初至来年 3 月下旬。因此，牧民选择海拔低、交通方便、离河谷平原比较近且生活比较方便的山麓区域或河谷平原地带作为冬季牧场，牧民在此地生产生活到来年的春天。下文对草原乡村聚落（或牧民定居）的各种类型简要论述（图 3-22）。

图 3-22　牧民转场实景（图源：百度百科）

### 1. 传统牧业型

传统牧业型聚落一般是以畜牧业为主的聚落，是早期牧民有组织的自然定居的冬季牧场所在地，是牧民逐渐集居形成的有组织的自然定居聚落。由于牲畜的冬季养殖需要，牧民居住比较分散。由于牧民作为聚落主体人群，从事畜牧经济生产活动，因此，该类聚落是区别于农业、渔业、商业等性质聚落，并有牧业属性的聚落，也称为传统牧业村。传统的牧业村的牧民选择在阳光充足的草坝低凹处用草皮、石和泥土盖起简易的房屋，里面有土炕和灶台，可以居住、会客和做饭取暖，俗称"冬窝子"。牧民通常会就地取材，用石头或生土和草垛堆起高两米左右的牲畜圈，夜晚放牧归来的时候将牛、马、羊和骆驼等分别圈在各自的牲畜圈中。早期的时候"冬窝子"对牧民生活起到了至关重要的作用，既能免遭狂风和暴风雪之灾，也能有效防范狼群的侵袭[1]（图 3-23）。而我国开展牧民定居工程以来，类似于"冬窝子"的居住形式已经不复存在，牧民住在崭新的新式居住建筑，明亮的街道，绿化覆盖的聚落，牧民的人居环境彻底改变。

### 2. 新型定居型

新型定居型是指由国家在我国西南西北的牧区实施的一项牧民定居工程，旨在

---

1　周毛卡. 青藏高原"牧民定居"的中西方比较研究与写文化 [J]. 民族学刊，2020，11（5）：74-83+148-149.

图 3-23 冬窝子示意图（图源：图说新疆沈桥公众号）

通过政府部门统一牵头、选址、规划与建设的定居居住点。新型定居型按照牧民生活生产方式的不同分为"半定居半游牧型"和"圈养式定居型"两种模式。上述两种定居模式在自然环境、资源特征、生产方式转型等要素满足的前提下，通过政府划拨土地和拨款等统筹的背景下，统一选址、统一规划、统一建设，使得新建的牧民定居点达到"三通、四有、五配套"的标准[1]。让祖祖辈辈游牧的牧民享受国家定居政策后的各类红利。其中，"半定居半游牧型"模式中，牧民的夏季草场保留，在定居点政府调剂划拨一定数量的耕地，帮助牧民建设生活住房和牲畜棚圈，组织牧民种植畜牧饲料和其他生产资料，达到畜牧业冷季舍饲、暖季放牧的一种定居模式。而对于"圈养式定居型"模式，从原有的季节性转场的春、夏、秋季草场退出，在定居点附近增设集中养殖基地，让该基地定居牧民集中饲养，集中销售和从事各类畜牧买卖和加工业等生产经济活动。通过牧民定居工程形成的牧民定居点是新型牧民定居形式，区别于传统牧民定居点（图 3-24）。

---

1  张耀春. 乡村振兴背景下伊犁河谷牧民定居点规划策略研究——以新源县哈萨克第一村为例 [D]. 乌鲁木齐：新疆大学，2023.

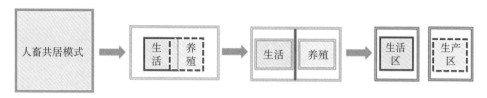

图 3-24　牧民定居点模式转变示意图

### 3. 插花定居型

插花定居型即原先比较分散居住的牧业村牧民，有规律地安置在就近的农业村，政府调剂划拨一定数量的耕地，帮助牧民建设生活住房和种植基地，组织牧民种植粮食作物和圈养少量的畜牧为生，基本退出各类季节性转场的草场和禁牧区域（图 3-25）。另外，针对无草场无牲畜的牧民，安置在镇级小区或牧民生活区域的矿产企业，如有意愿在工矿企业就业即享受国家低保，有意愿在城镇生活就业的老弱病残人员所采用的是一种集中转移安置的定居模式。通过系统就业培训，使牧民掌握新的劳动技能适应城镇生活，以此实现牧民城镇化。

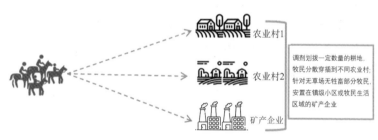

图 3-25　插花定居型示意图

### 4. 景区依托型

景区依托型指在旅游景区周边或景区内部比较分散的牧民住户和规模较小的牧业村牧民，其依托旅游景区从事服务业、牧家乐、民俗和销售牧业产品等经济活动。自治区政府职能部门也多次提出，要围绕文化和旅游融合主线，深入实施文化润疆工程，持续推进旅游兴疆战略。景区依托型的牧业村蕴含独特的游牧人文属性，有契机与景区互补，促进文旅融合发展，提高牧民收入和幸福指数（图 3-26）。

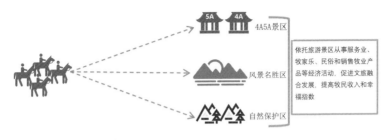

图 3-26　景区依托型示意图

## 3.6.2　草原乡村聚落发展模式

北疆的草原乡村聚落建设模式按照发展重心分为牧业资源依托发展模式，农业资源依托发展模式，田园综合体发展模式，综合区位资源依托发展模式，人文、生态和产业资源依托发展模式等几类[1]。

### 1. 牧业资源依托发展模式

牧业资源依托发展模式是以北疆旅游景区内的草原自然景观与文化自然景观为依托，主要围绕畜牧业资源为主的万马奔腾、牛羊成群、毡房民俗、草原饮食、草原歌舞表演、游牧历史文化、草原商品与游牧生活习俗等展示，并形成草原乡村聚落发展发力点，形成产业链，并发展旅游经济新增长点，提高畜牧业经济，提升老百姓的生活水平与幸福指数（图 3-27）。

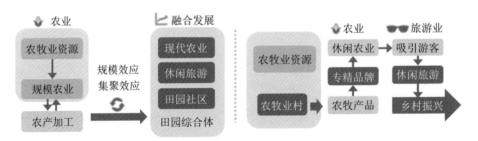

图 3-27　农牧业资源依托型乡村建设发展机制（左，"一村一品"发展模式；右，田园综合体发展模式）

其中"一村一品"发展模式是比较典型，指在一定区域范围内，以聚落为基本单位，按照国内外市场需求，充分发挥本地资源优势，通过大力推进规模化、标准

---

1　包朵，塞尔江·哈力克.基于资源约束的新疆天山北坡乡村建设发展模式探究 [J].城市建筑，2024，9：5-8.

化、品牌化和市场化建设，使一个聚落（或几个聚落）拥有一个（或几个）市场潜力大、区域特色显著、附加值高的主导产品和产业。

北疆草原乡村聚落规模小，牧业资源呈交错分散的状态。该区域草原的"一村一品"建设多依赖于乡村牧业资源，打造牧产品品牌，产生品牌化效应，乡村建设重心为专业化的牧业生产。除此以外该区域进一步促进乡土建设、生态建设，着力发展一产、三产，进而激发草原乡村聚落活力。

典型案例：新源喀因赛村位于新疆伊犁州那拉提 5A 级景区内，以草原景观与游牧文化为依托，大力发展旅游业。阿勒泰喀纳斯河谷禾木村、白哈巴村等，依托哈纳斯 5A 级景区，发展游牧文化与自然景观观光，发展旅游业。

### 2. 农业资源依托发展模式

农业资源依托发展模式是北疆河谷平原农业生产为主的，以区域内的农业自然景观与文化景观为依托，围绕农业种植物，如万亩薰衣草、杏花、油菜花及各类果树，农耕文化与各民族居住民俗、饮食、歌舞、手工业等体验式旅游，以此形成经济发展的发力点，形成产业链，发展农业旅游经济活动。

典例案例：伊犁薰衣草庄园位于中国新疆伊犁河谷，是著名的薰衣草种植基地，被誉为"中国薰衣草之乡"。庄园的最佳观赏时间是每年的 6 月中下旬至7 月。在这期间，紫色的薰衣草花海和马鞭草相映成趣，为游客提供独特的视觉盛宴。庄园不仅是观光的景点，还为游客提供丰富的休闲娱乐活动。玛纳斯县西凉州户桃花村，位于凉州户镇以西 3 km 处，很早就有"桃花村"的美名，2013年挂牌成立"金色田园农业专业合作社"，注册"西凉州户仙桃"商标，以"仙桃"作为村庄品牌，建设桃产业与旅游产业，吸引游客前来观村景、赏桃花、摘仙桃。

### 3. 田园综合体发展模式

2017 年中央"一号文件"提出"支持有条件的乡村建设以农民合作社为主要载体、让农民充分参与和受益，其是集循环农业、创意农业、农事体验于一体的田园综合体，乡村建设可以通过农业综合开发、农村综合改革转移支付等渠道开展试点示范"。根据中央"一号文件"的内容，田园综合体是指集现代农业、休闲旅游、田园社区于一体的特色小镇和乡村综合发展模式。而农民合作社是田园综合体的主要载体，强调农民的参与、受益，其核心产业为农业。田园综合体整合的乡村充分利用资源，建立起集多方面于一体的田园居住区，发展乡村旅游，带动三产之间的联系，最终成为城市与乡村在文化、生活等方面的交流平台。

典型案例：昌吉州奇台县腰站子村，北距奇台县城 29 km，乡村发展载体为农民合作社，依托昌吉农业现代化建设优势，集合周边村落，农业规模大，发展农产品加工业、旅游教育基地，形成一个多功能、复合型的乡村经济体，同时也正逐步建设为新型的乡村社区。

**4. 综合区位资源依托发展模式**

依托区位资源建设发展的乡村聚落，根据自身区位优势及空间关系大致可分为三类，一是自身区位优势型，二是景区依托型，三是城镇辐射型（图 3-28）。

图 3-28　区位资源依托型乡村建设发展机制（a：自身区位优势型；b：景区依托型；c：城镇辐射型）

**（1）自身区位优势发展模式**

这类乡村存量小，自身区位极佳。依赖于交通优势与周边资源的整合，形成一个发展模式，通过资源整合的产物——物流园或其他园区进行发展，辅以乡土景观、乡土文化，融合乡村旅游振兴发展。此类模式建设重心在于用好乡村各项禀赋，助力乡村建设。

典型案例：清泉村，村庄位于塔城地区额敏县郊区乡，紧邻额敏县城、额敏（兵地、辽阳）工业园区和额敏火车站，克塔铁路自村南经过，附近的农九师提供大规模的农业生产基地，拥有特殊的区位优势，通过建设商贸物流园持续提升和巩固乡村建设成果。

**（2）景区依托型发展模式**

景区依托型发展模式是指乡村同景区旅游资源的空间位置近，依托于景区的人气进行发展。根据乡村区位形成"圈层"明显的结构模式，可细分为"景中村""景边村""景外村"。其中"景中村"这一概念最早由杭州市政府提出，经过众多学者的研究已经逐渐成熟。2005 年杭州市政府颁布的《杭州西湖风景名胜区景中村管理办法》中，其被定义为"由杭州西湖风景名胜区管理委员会托管的，与西湖风景名胜区特定景区融为一体的具有较好的自然风貌，旅游资源丰富的村庄（社区）"。侯雯娜等（2007）提出的"景中村是指纳入风景名胜区规划和管理范围，土地归集体所有，行政上设立村民委员会，主要居民为农业户口，且保留村落的风俗风貌的社区聚落，一般处于景区内部，有着优越的自然与人文资源"。景边村位于景区边缘，在景区辐射范围内，景外村受景区辐射更小。随着"景-村"空间关系疏远，乡村对于景区的依赖度逐步降低。因此，景中村与景边村的建设与发展不同程度上应当以"大局"为重，避免同质化建设，乡村业态尽可能对景区的功能进行补充，景外村则自由度较高，宜区域联动、多元化发展，进一步丰富景区的规模（图 3-29）。

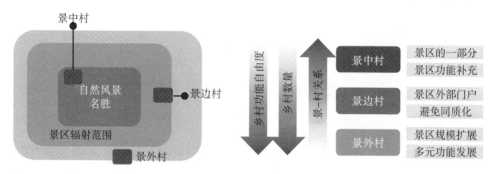

图 3-29　景-村位置关系辨析

典型案例：奇台县江布拉克景区内的村庄，作为典型的"景中村"，村庄同景区相互交融、相互制约，如牧业生产对景区风貌虽形成一定的影响，同时也互相受益。生活在村内的牧民不再从事单一的牧业生产，景区的开发为牧民提供了新的就业方式，而牧民的"井干式"房屋以及传统的生活方式，也为景区的人文风景做了补充。奇台县腰站子村，则属于"景外村"的范畴，距离景区直线距离 29 km，腰站子村的旅游产业则主要以乡土旅游、教育基地为主。在乡村旅游热潮下，腰站子以及奇台县其他开展乡村旅游的景外村作为景区的延伸，丰富旅游业态、扩大整体规模，形成一定的区域协同发展效益。

(3) 辐射带动型发展模式

这类乡村分布广泛，"城-村"关系紧密，受周边城镇或乡村的影响较大，通过向周边城镇提供人力资源，配合城乡融合发展趋势，有利于城镇的发展，在一定程度上解决乡村居民就近就业问题，对于乡村"空心化"有一定的改善作用，进而对乡村的振兴产生协同带动作用。

### 5. 人文、生态和产业资源依托发展模式

这类型的乡村自身生态良好，景色优美，三产齐全，多依托于人文资源、生态资源、产业资源发展乡村。历史悠久、文化底蕴深厚的乡村，风景美丽、艺术家参与度高的乡村，产业丰富、发展前景好的乡村均属于这一类型。人文生态产业依托型的村庄发展一方面要注意乡村生态建设，重视文化、艺术和产业的持续发展；另一方面要牢记生态建设是基础，是乡村建设发展的重中之重，文化、艺术、产业则是动力（图 3-30）。

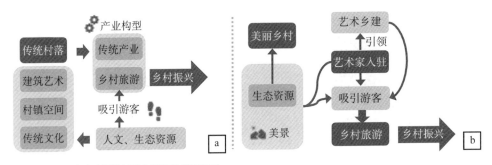

图 3-30 人文生态资源依托型乡村建设发展机制

(1) 文化生态依托发展模式

大多数的传统村落均属于文化生态依托型发展模式。当地的传统文化、建筑艺术、村镇空间格局反映出村庄同自然的关系，本身就具有一定的文化、历史、经济、技术、艺术等价值。历史文化底蕴深厚但暂未获评的乡村也拥有这一方面的优势。

典型案例：月亮地村，是昌吉州木垒县传统村落之一，农耕文化深厚，民居建筑受迁居于此陕甘宁居民特征的影响，呈陕甘宁民居特点。其与传统的新疆民居建筑交融，形成独树一帜的拔廊房建筑。在特别的建筑风貌和村庄的农耕文化共同影响下的乡村建设别具一格，生态环境优美，旅游产业发展动力强劲。

（2）艺术生态依托型发展模式

此类乡村凭借聚落自然美景与区域植物的季节性变化，吸引一些艺术家前往，进而成为风景优美、乡村艺术气息浓厚、乡村文化底蕴丰富的聚落。主要表现为艺术家在聚落聚集使艺术文化在乡建中发挥重要作用，艺术家聚集效应带来乡村声誉的提升，促使乡村保护生态、提升乡村风貌、改善基础设施，发展艺术产业、旅游产业。

典型案例：小分子村位于昌吉州吉木萨尔县新地乡，是天山连绵山丘之中的自然村，俗称小分子画家村。聚落中家家户户分散分布，田野、院落、道路、山丘、沟壑相邻相伴，20 世纪开始就有画家在此写生，到近几年艺术家在此定居，举行各种艺术活动。艺术家聚集，给乡村的建设带来正面的影响。由于转型模式的成功运行，吸引了大量游客，小分子村的乡村民宿和农家乐发展起来，游客人数也在逐年增加。

（3）产业资源依托发展模式

产业资源依托型发展模式的村庄发展重点围绕乡村的一二三产业，根据乡村三产融合形成发力点，而后形成产业链，以此来提高村民经济收入。

典型案例：甘泉村地处塔城地区额敏县精品旅游线路的核心位置，交通便捷，郊土路穿村而过，距 219 国道 166 团入口 20 km，距额敏县火车站 1 km，距离物流园区 800 m。其开设新疆黑丫头乳酸制品有限公司，通过网络电商拓展销售，并在北上广各大超市全面开通线上线下销售渠道。此外还有新疆飞鹅鹅雁牌速冻飞鹅，荣获了新疆农业名牌产品，是自治区农业产业化重点龙头企业。依托这些产业，村子里的饭店和民宿也发展了起来，村民收入逐年攀升。

# 3.7　草原乡村聚落案例

草原乡村聚落的分类和发展模式从宏观层面上来讲，各个聚落的发展阶段各不相同，同期发展较好的聚落其发展路径也各自不一。虽然从宏观层面上按照北疆草原乡村为主线，在各自河流的上游、中游和下游，会存在不同的生产方式和生活方式的聚落形式，例如牧业型、农业型、农牧业混合型、旅游景区依托型、文化生态依托型和综合区位优势型等。因此，区域不同，各聚落的发展路径不同，下文通过案例解读。

### 3.7.1 自然旅游景区依托型村落

传统的牧业生活方式依赖于自然的草场和水源，牧民们根据季节变化不断迁移，寻找优质的草场和水源。在靠近湖泊、林海等自然风景名胜区的地区，牧民们搭建了"冬窝子"，这些早期的定居点逐渐发展成为村庄。随着旅游产业的兴起，这些村庄依托自然风景，逐渐发展成为以旅游产业为主的"景中村"。一些村庄除了美景外本身的人文底蕴在旅游产业发展过程中提供助力，在乡村振兴过程中保留原始乡村风貌，并提升人居环境，村庄的产业也得到了发展，其兼具景区组成部分和乡村聚落的双重属性，形成了草原乡村聚落原生自然风景名胜带动型村落。

#### 1.阿尔善村

阿尔善村，隶属于新疆伊犁哈萨克自治州新源县那拉提镇。该村周边有著名的那拉提草原，该草原是世界四大高山河谷草原之一。有专家说，它是集中反映和展现哈萨克族传统生活习惯的"露天博物馆"。多年来，当地哈萨克族牧民世代逐草而居，这种生产生活方式虽然原生、平实，但存在牧民的生活与现代生活差距过大的问题，不仅是生活设施跟不上，公共服务设施配套也不完善。阿拉善村位于那拉提镇以东 15 km，巩乃斯河北岸，与那拉提景区仅一路之隔，为改善当地农牧民的居住条件，新源县依托国家 5A 级旅游风景区、大力发展乡村旅游业。阿拉善村从2010 年开始由新源县政府投资建设，共花费 3 年时间，目前已成为一个哈萨克族传统文化与旅游业发展相结合的特色村庄，被称为"哈萨克第一村"。

村庄规划之初，平面布局为"一张弓"，建筑单体设计风格具有牧民定居风情，从平面布局到总体规划，设计方向都朝着"哈萨克第一村"展开（图 3-31），充分挖掘了哈萨克族民俗文化。对于很多游牧民族，安居项目很难与他们的生活习惯相融合，往往会有居而不住的矛盾。为了充分考虑当地牧民的生活习惯，项目设计之初就将发展本地旅游产业融合进安居项目。每年 5—10 月的放牧期，牧民远赴草场游牧，安居房就可用于旅游，真正让农牧民增收。据了解，那拉提镇阿尔善村借安居富民和产业置换的契机，将建 103 栋"水、电、路、气、厨、浴"功能齐全的特色民居。通过依托优势产业，阿尔善村计划将这些民居打造成为那拉提镇旅游生活和特色民族文化的重要基地，为发展民俗农家乐旅游奠定基础，未来 10 年乃至 20年牧民都可受益。

## 2. 喀纳斯村

喀纳斯村位于喀纳斯生态旅游景区内，该景区位于新疆阿勒泰地区北部，阿尔泰山脉中段南坡，布尔津县境内，距县城 150 km。景区以北纬 48°13′为该区域的南部边界，北与哈萨克斯坦、俄罗斯接壤，东邻蒙古人民共和国，是中国唯一的与三国交界的风景区。该区域地势自北向南逐渐降低，河谷深度较深，地形高差显著。其中，阿勒泰地区的最高峰——友谊峰，海拔高达 4370 m，矗立在景区的东北部，地处中俄蒙三国的交界地带。

区内共有大小景点 55 处，分属 33 种基本类型，主要包括喀纳斯国家级自然保护区、喀纳斯国家地质公园、喀纳斯河谷、喀纳斯村等国内外享有盛名的八大自然景观区和三大人文景观区。保存完好的原始森林生态系统和独特的泰加林森林景观被誉为"人间净土""东方瑞士"，现已成为闻名全国的高山生态旅游胜地。

喀纳斯村位于喀纳斯景区内，村面积约 1 km²，许多旅店都聚集在村里，是景区主要住宿地。喀纳斯村虽然不大，但是借着喀纳斯湖的魅力，在元朝时期，就被认为是风水宝地并在此居住建村（图 3-32）。元代耶律楚材经此曾作诗曰："谁知西域逢佳景，始信东君不世情，圆沼方池三百所，澄澄春水一池平。"

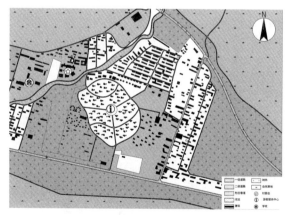

图 3-31　阿尔善村总平图

图 3-32　喀纳斯村总平图

## 3. 禾木村

禾木村位于新疆布尔津县喀纳斯湖畔，是图瓦人的集中生活居住地。是仅存的 3 个图瓦人村落（禾木村、喀纳斯村和白哈巴村）中最大的村庄，村域面积达

3040 km$^2$。该村已被正式列入"中国传统村落"名录，且在此基础上当地居民（或外来投资人）已积极投身于大规模民俗旅游与特色民宿产业的开发。此举不仅极大地提升了村落的知名度，也为当地居民带来显著的经济收益（图 3-33）。

在禾木村的传统生产方式保留区，呈现民居沿河流与道路交叉口的曲线形组合，这些民居规模较小，间距较大，朝向自由。而禾木村的旅游民宿区则呈现沿道路的棋盘式组合方式，民居朝向统一，布局规整，间距较小，规模较大。这种传统与现代相结合的布局方式，既保留了禾木村的历史文化特色，又满足了现代旅游发展的需求。

禾木村以旅游业和畜牧业作为支柱产业，村庄各类旅游服务配套设施齐全，村域导览图对其有明确的标准，以增加游客的旅游便利和体验为目标。在推动发展过程中，禾木村始终坚持"因地制宜"的战略，旅游与畜牧并重，有效促进农牧民人均收入和集体经济的稳步增长[1]。

### 4. 白哈巴村

白哈巴村位于新疆阿勒泰地区哈巴河县铁热克提乡境内，白哈巴自南向北逐渐抬升的地势格局，是由古代褶皱断裂经新构造运动造成的，古生代岩石抬升和隆起，以及河流切割而形成峭壁窄谷与块状山地貌。在第四纪冰川的作用下，残余物质零星分布在沟谷、洼地及现代冰川附近，地貌类型复杂。此外，雪峰上常年积雪，终年不化，峰顶上分布有小片冰川，构成了该地区独特的自然景观（图 3-34）。

白哈巴村已有 700 多年历史，几百年以来，保留着原来的建筑风貌，一直坚持将自然环境与民族文化传统相结合，并不断传承和发展。白哈巴村也是阿勒泰地区图瓦人最聚集的一个村子，也是保存最完整的图瓦人村落。图瓦人信奉萨满教和喇嘛教（藏传佛教），每年都举行祭山、祭天、祭湖、等宗教祭祀仪式。

白哈巴村的森林植被以白桦林占绝对优势，混生树木有针叶松、杨树、云杉等树种。这些树木的特性在秋季时，杨树和桦树的叶子变为金黄色，整个森林呈现出独特的镶嵌状分布。其居住建筑多为尖斜顶的木屋，其中屋梁、房墙、天棚、地板全用松木构建，因此白哈巴村成为中国传承传统建筑风格的典型村寨部落之一。

---

1 张宝庆，陈莉，颜阿茵. 基于人地关系理论的额尔齐斯河乡村聚落水资源约束机理研究——以禾木村为例[J]. 华中建筑，2023（12）：84-88.

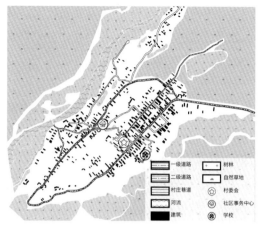

图 3-33　禾木村总平图

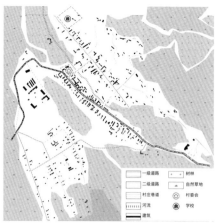

图 3-34　白哈巴村总平图

### 3.7.2　乡村文化带动型村落

乡村文化带动型村落，是指乡村依托于村情村景，长此以往吸引一些艺术家前往，进而成为风景优美、乡村艺术气息浓厚、乡村文化底蕴丰富的乡村文化带动型村落，借助乡村文化、乡村风景，村庄旅游逐渐发展，进而村庄经济得以发展，村庄的风貌、基础设施得到改善。

#### 1. 小分子村

小分子村距吉木萨尔县城 30 余 km，坐落在天山北麓。村庄景观得益于奇异的地貌：山峦连绵起伏，山体线条流畅、舒缓、错落有致。有层叠的白杨树林、静谧的农家、空旷的山野，谷地流水潺潺，田野纵横交错，颜色深浅不一，周围有艺术家雕塑作品、艺术家工作室、空中景观长廊，是一幅天然的油画，吸引着来自全国各地的画家前来采风（图 3-35）。

2016 年起，小分子村围绕"画家村"，发展乡村文化产业，民宿、农家乐、艺术家工作室。依靠乡村文化带动经济发展，小分子村居住环境、基础设施得到不断完善，新建的观景台、画廊步道、石器美术馆，使质朴的村落处处呈现出新气象。目前，小分子村因艺术家、游客的到来，展现出前所未有的活力；发展乡村艺术文化产业，新建画家工作室、举办农民画画展、开展雕塑创作营活动，形成乡村艺术中心，为发展乡村旅游产业提供产业支撑；通过打造石器美术馆、画廊步道、太阳部落等集功能性和观赏性于一体的景观，提升村内的景观品质。新建生态庄园、农家乐、民宿、小有名气的羊圈酒吧等新业态，使农民增加了收入，也让小分子村实现了华丽蜕变。

### 2. 菜籽沟村

菜籽沟村是坐落在新疆木垒哈萨克自治县英格堡乡的一个小村庄，在天山支脉博格达山北的凹谷中，深邃寂静，古老朴拙。村民的祖辈大多自清朝由陕甘宁一带迁来，由于菜籽沟村处在一个相对封闭的山谷里，因此成为一处天然的避难之所（图3-36）。菜籽沟村建筑星星点点地散布于半坡或沟边，仍然保持着中原文化的构建传统——干打垒土墙、土块墙、砖基土坯墙、砖包土坯墙。村民在保有原始地貌的沟梁上，日出而作日落而息，简朴生活，被誉为新疆的"世外桃源"。

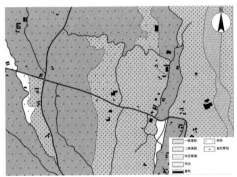

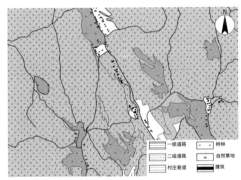

图 3-35　小分子村总平图　　　　　　　图 3-36　菜籽沟村总平图

近年来，菜籽沟村借助艺术家的入驻，因势利导，以文化艺术来打造美丽乡村，丰富乡村旅游内涵。"菜籽沟艺术家村落"的成功创建，也为昌吉州乡村高质量发展探索出一条"艺术＋旅游＋乡村建设"的独特路径。

自2014年著名作家刘亮程入驻以来，将一个旧学校改造成木垒书院，并配套了文庙、藏书阁、教室、艺术家工作室等文化设施，其中设有带后花园的精美民宿，供游客旅游学习、静养身心。

由艺术家们参与改造的农家古院落，依山傍溪，外观古朴，但内部贴合人们现代化的生活方式。例如，住房安装上下水、布置卫生设施，院落布置停车，有菜地果园来体验农家生活，每个小院都以不同的文化主题装修布置，在此游客在享受自然同时得到中华传统文化的熏陶。

### 3.7.3 优势资源带动型村落

生产资源带动型村落是指村庄除了本身的乡村特色以外，本身的资源优势可支持乡村进一步发展其他产业，这些生产资源可分为交通资源、农耕资源、乡土景观等。

#### 1. 清泉村

清泉村位于额敏县城北 4 km 左右，交通便捷，紧邻额敏（兵地、辽阳）工业园区，三面围绕国道，克塔铁路贯穿村子，额敏县火车站位于其东南侧 800 m，物流园在其东南侧不足 400 m 处，靠近农九师，周边就是农业生产基地，对于发展物流业、发展农产品批发业，具有得天独厚的区位优势。村庄的发展策略以现有优势为基础，打造专业化的物流园区，使其成为北疆地区农产品的集散地，同时积极发展市民休闲度假的周边游基地。通过这些措施，我们可以有效地促进村庄的全面发展（图 3-37）。

位于清泉村生态文化广场的清泉湖占地 3 300 余 m²。夏天是水上乐园，有观赏鱼，还可以划小船。冬天清泉湖则变成了冰上乐园，可以在上面打陀螺、玩滑雪圈、跳广场舞等，成了百姓娱乐的好地方。

#### 2. 腰站子村

腰站子村位于天山东段北麓的奇台县南部山区半截沟镇境内，坐落于 169 县道上，距离著名的江布拉克国家 5A 级旅游景区仅 18 km 之遥，且紧邻天山一号风景道，地理位置优越，自然风光秀美。自 2009 年村里成立合作社，将农民的土地流转，进行集约化、规模化种植发展。2016 年合作社新增了有机面粉、有机手工挂面、绿色食用油等生产线来发展二产。2019 年村合作社牵头、全体村民入股成立新疆丰驿文化旅游发展有限公司发展三产，被评为全国乡村治理示范村，入选自治区乡村旅游重点村。

腰站子村历史悠久，因地理位置独特，人们早期就在这里开荒屯田屯粮。古代朝廷调兵出关，由哈密至奇台，并由此越过天山至高昌，或至奇台、北庭都护府、迪化（今乌鲁木齐）、伊犁等地，都要由腰站子村通过。村里多为西北部族的移民，他们沿袭着黄河流域传统的农耕方式，以匠心耕作。悠久的历史造就了其发达的农耕文明、丰富的物产和繁荣的商贸。其邻近江布拉克景区，景区内有雪山、松林、高山草甸、低山草原、万亩旱田、百亩林果等自然景观，以及国家重点文物保护单位石城子遗址，资源非常丰富。依靠江布拉克景区带动旅游是腰站子村的发展机制之一（图3-38）。

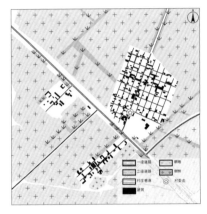
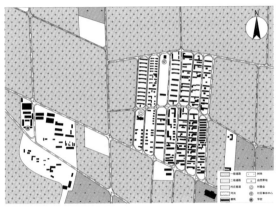

图 3-37 清泉村总平图　　　　　　图 3-38 腰站子村总平图

村落整体布局规整有序，村庄院落边界明显，内部道路系统呈规则的方格网状，八纵十横，形成了良好的交通网络。

村内绿化景观建设也很完善，柏油路在田间地头延展，道路旁苗圃林立，房屋错落有致，村民家房前屋后花木葱郁。院落中大多数设置花池、菜地，在实际使用过程中，景观环境也得到了显著提升。[1]

### 3.7.4 特色传统村落

传统村落，又称古村落，指村落形成较早，拥有较丰富的文化与自然资源，具有一定历史、文化、科学、艺术、经济、社会价值，是应予以保护的村落。传统村落中蕴藏着丰富的历史信息和文化景观，村庄基于历史文化优势振兴发展。

#### 1.月亮地村

昌吉州木垒县英格堡乡月亮地村，坐落于英格堡乡政府以北约5km处，距离木垒县城则为34km之遥。该村西与奇台县七户乡毗邻，北与奇台县老奇台镇接

---

1　胡小凡，赛尔江·哈力克.基于乡村振兴背景下景区带动型乡村发展路径和提升策略研究——以新疆腰站子村为例[J].华中建筑，2023，41（11）.

壤，地理位置明确。全村总面积 18.13 km²（图 3-39）。

月亮地村于 2014 年入选"中国传统村落"名录，2017 年被评为"新疆十佳特色乡村游"，2018 年被评为"中国美丽休闲乡村"，2019 年被评为全国乡村治理示范村，2020 年被评为第二批全国乡村旅游重点村。同时，"新疆油画家写生基地""新疆艺术学院写生创作基地""昌吉州旅游培训基地"三大培训基地也已建设在月亮地村。

月亮地村坐落于东天山北麓的山脚下，背山面水，以丘陵地貌为主，次生林十分丰富，森林覆盖率为 57%，生态环境良好。村落入口处设置大门和年轮造型，界定入口空间；部分公共空间及节点位置设置景观小品，如片墙、雕塑等，凸显村落特色；道路两侧种植行道树、罕见地用小麦代替草地、灌木，院落围墙外悬挂农具做小品，构成农业村落景观；村民的庭院精心营造，通过种植花草、蔬果等营造休闲、优美、惬意的庭院环境。

月亮地村是新疆保存较为完整的传统村落，清朝时期，木垒由关内（主要为甘肃和陕西）招募垦民，因此村民祖籍甘肃人居多，甘肃建筑的营造方式也运用其中，形成了拔廊房为主的村庄界面。拔廊房脱胎于甘肃民居，特点为房屋高度较低，屋顶窄檐缓坡，区别在于拔廊房廊檐较普通民房外延 1.5 m 左右，每隔数米以立柱支撑，具有浓郁的地方特色。拔廊房是一种典型的土木结构民居，木垒三面环山兼具北疆绿洲城市的典型特征，雨季时，延长后的房檐兼具遮阳挡雨双重功效，经久耐用，厚实的生土墙使得房屋冬暖夏凉，故名为"拔廊房"。[1]

### 2. 大泉湖村

大泉湖村，位于新疆昌吉回族自治州奇台县大泉塔塔尔族乡，该村距离奇台县城约 45 km，村庄位于江布拉克国家森林公园，达坂河景区博格达中低山脉，村庄建在山谷内，周围是低矮的山梁，植被茂密、物种丰富，一条天然溪流自南向北穿过村庄（图 3-40）。2018 年 12 月，住房城乡建设部拟将大泉湖村列入第五批中国传统村落名录。2019 年 12 月 31 日，被国家民委命名为第三批"中国少数民族特色村寨"。

大泉湖村为少数民族特色村寨，建筑大多为塔塔尔族的建筑风格，住宅自成院

1　王莎莎，塞尔江·哈力克. 乡村振兴背景下传统村落保护和发展策略研究——以新疆木垒县月亮地村为例[J]. 华中建筑，2023，41（9）：119-123.

落，庭院多栽种花木，布置成小花园。村里不少塔塔尔族建筑风格的民居外墙上都贴有公羊图案的浮雕。居民多为平顶土房，墙体一般都很厚，里面粉刷石灰，有的还挂壁毯，室内装修也为民族风格。

大泉湖村以畜牧业为主，其中以牛羊最多。除了畜牧业，大泉湖村正在发展带动性更强的产业。例如乡里正在酝酿打造民俗风情园，并对村庄整体外观进行改造升级，推出以塔塔尔族民俗文化为主题的乡村旅游。

### 3. 琼库什台村

琼库什台村坐落于新疆天山自然文化遗产中四大片区之一的喀拉峻——库尔德宁片区的西侧缓冲区边缘地带，具体位置在伊犁哈萨克自治州特克斯县喀拉达拉镇以南 90 km 处。三面环山，河谷地势平坦，琼库什台河南北横穿整个村子，河谷较宽，常年有水（图 3-41）。因此牧草丰茂，植被覆盖好，有利于牧业生产。

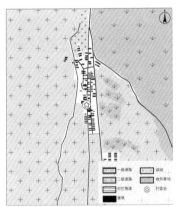

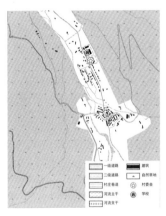

图 3-39　月亮地村总平图　　　　图 3-40　大泉湖村总平图　　　　图 3-41　琼库什台村总平图

琼库什台村历史悠久深远、生态环境独特、风貌保存完整、民族风情浓郁，是新疆天山世界自然遗产的重要组成部分，是新疆地区草原文化的延续。

该村整体形态沿琼库什台河由南向北发展，村内主要道路也平行于琼库什台河。村落地形由南向西呈阶梯状渐高而成，其北侧以顺河流分布形态呈棋盘式格局，南侧沿道路呈带状自然分布的村落格局，建筑随地势高低略有错落，整体村落形态较为自然、布局自由、与河沟紧密依存。其公共建筑与传统民居相互交融，民居院落因地制宜、自由连接、统一而富有变化。

# 3.8　本章小结

　　本章着重对北疆草原乡村聚落在各流域空间分布、类型和发展模式进行研究，具体涵盖了额尔齐斯河与乌伦古河流域、伊犁河流域、额敏河流域、玛纳斯河与木垒河流域。通过对各个流域的地理位置、地形地貌、气候特征、资源概况、人文特征和产业特征的介绍，使读者更加深入地了解北疆草原乡村聚落的空间分布、类型与发展模式。同时，本章又对聚落类型和乡村资源模式进行梳理，总结出乡村聚落的几种模式和乡村建设发展依赖的资源，以及建设发展模式。经过对草原乡村聚落的综合分析，从案例研究中发现，草原乡村聚落目前的建设发展阶段相对较低，正处于乡村振兴的探索时期。本章致力于深入剖析流域与村庄的各类资源，并在此基础上探索乡村建设发展策略。此举旨在因地制宜，实现乡村建设的可持续发展。

# 第 4 章 草原乡村聚落的空间营造与类型特征

新疆维吾尔自治区是世界上距离海洋较远的地方,由于"三山夹两盆"的独特格局,整体降水稀少,水资源极为匮乏,对高山冰雪融水形成的河流及湖泊等水资源的依赖度很高。正是这样,新疆草原乡村聚落都位于山脉汇集的各个流域上、中、下游和河谷之间,加上上游高原山区、中游平原、下游荒漠区依次排布的地形,农牧交错的特征十分明显。草原乡村聚落在各个流域的河谷地带呈散点式的分布。由于北疆高山草原游牧民族自古以来"逐水草而居",水草丰美、在自然环境宜人之处易形成牧民定居点,而在水土资源较好、地势平坦之处易形成农牧业混合型聚落。平原区河流交汇之处形成大的连续绿洲,乡村在此建立,生产以农业为主。根据北疆草原乡村聚落的分布和聚落所属河流流域的划分,本章研究范围的界定主要为以下四个流域上、中、下游乡村聚落:额尔齐斯河和乌伦古河流域、伊犁河流域、额敏河流域、玛纳斯河与木垒河流域(图 4-1)。

## 4.1 额尔齐斯河和乌伦古河流域

### 4.1.1 从山地到河谷——游牧民族的母亲河

额尔齐斯河发源于中国新疆维吾尔自治区富蕴县阿尔泰山南坡,沿阿尔泰山南麓向西北流,也是一条"梳状河",一路上将喀拉额尔齐斯河、克兰河、布尔津河、哈巴河、别列则克河等北岸支流汇入后,在哈巴河县以西进入哈萨克斯坦,是

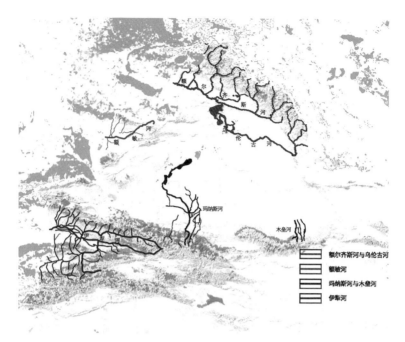

图 4-1　草原聚落流域分布图

鄂毕河最大的支流[1]。其主流由东向西横贯五县（市）：富蕴县、福海县、阿勒泰市、布尔津县、哈巴河县，是中国唯一流入北冰洋的河流。额尔齐斯河流域涵盖了山水林田、湖草砂石生命共同体中所有的生态要素，包括吉木乃冰川、阿尔泰山地和森林、额尔齐斯河、乌伦古湖、荒漠草原、准噶尔东北缘绿洲、古尔班通古特沙漠等典型生态系统[2]，是全球生物多样性热点区域，也是我国生物多样性保护优先区域，同样是国家重要的生态功能区。

乌伦古河，蒙古语，意思是"云雾升起的地方"，当地蒙古族称为乌伦古郭勒。乌伦古河位于准噶尔盆地西北边缘，是一条自东向西流的较大河流，发源于中国境内的阿尔泰山东段，流经中国新疆阿勒泰地区的青河、富蕴、福海等地，最终汇入布伦托海乌伦古湖[3]，是准噶尔盆地非常重要的内陆河（图 4-2）。额尔齐斯河和乌伦

---

1　额尔齐斯河，中国唯一流进北冰洋的河流 [EB/OL]. http://www.dili360.com/article/p5f86ace6f3f0e37.htm.
2　刘时栋，刘琳，张建军，等. 基于生态系统服务能力提升的干旱区生态保护与修复研究——以额尔齐斯河流域生态保护与修复试点工程区为例 [J]. 生态学报，2019，39（23）：8998-9007.
3　王振升，程同福，刘开华，等. 乌伦古河流域水资源及其特征 [J]. 干旱区地理，2000（2）：123-128.

图 4-2 额尔齐斯河和乌伦古河流域示意图

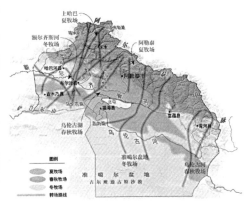

图 4-3 阿勒泰地区主要牧场及牧民转场示意图（图源：单之蔷.额尔齐斯，一条游牧的河 [J].中国国家地理，2019，01（8）：12-26.

古河流域覆盖了绝大部分的阿勒泰地区，也是阿勒泰地区母亲河。伴随着土地的垂直利用，各个聚落的气候环境迥异。北部山区没有四季之分，只有冷暖季之别，无霜期在 90 天以下，气候多雨且湿润；中部低山丘陵区，无霜期有 150 天左右；南部河谷平原积雪厚度在 15 cm 以下。经过数千年历史的洗礼，阿勒泰地区的牧民始终保持着四季迁徙的传统游牧生活方式。他们在春夏秋冬不同的草场之间循环迁徙，展现出一种大型、纯正且典型的游牧活动。

阿勒泰地区处于新疆最北端，冬季更为严寒，气候更加恶劣，每年冬天草场被厚厚的积雪覆盖，牧民需要驱赶畜群前往平原区的冬窝子来躲避恶劣天气。等春天到来，积雪融化，植物萌芽，牧民们会沿着河流转场到春季牧场。然而春季牧场也不是终点，当夏季高山草原进入水草丰盛期，牧民会继续沿着河谷上游前往高原夏季牧场。冬天则会再回到冬季牧场，整个往返过程长达八九百千米。额尔齐斯河的牧民，一年要转场 4 次，沿着额尔齐斯河逆流而上，整个转场过程最大程度利用自然地形地貌，在不破坏草原环境的前提下，利用牲畜的灵活性，搭载行李，赶着牛羊转场（图 4-3）。

由于额尔齐斯河流域与乌伦古河流域范围有相近部分，故下文根据生态环境特征，从两个流域中合并选取了 6 个县 15 个典型的草原乡村聚落对其空间营造特征进行研究（表 4-1）。

表 4-1　额尔齐斯河流域与乌伦古河流域村庄空间类型与特征

| 村落名称 | 空间类型 | 所在县 | 空间肌理 | 产业发展特征 |
|---|---|---|---|---|
| 波尔托别村 | 新建聚集型 | 布尔津县 | 团块状 | 畜牧业、农业、手工业 |
| 禾木村 | 传统风貌型 | 布尔津县 | 线性分布和团块状 | 旅游业、畜牧业 |
| 合孜勒哈因村 | 新建聚集型 | 布尔津县 | 建筑整体形态呈椭圆形 | 农牧业、畜牧业 |
| 喀纳斯村 | 传统风貌型 | 布尔津县 | 条带状 | 旅游业、畜牧业 |
| 齐巴尔希力克村 | 传统风貌型 | 哈巴河县 | 线性排布 | 畜牧业 |
| 白哈巴村 | 传统风貌型 | 哈巴河县 | 沿主路布置，呈现长条形展开 | 旅游业、畜牧业 |
| 阔克苏村 | 保留改善型 | 哈巴河县 | 沿一条主要道路呈散点状分布 | 畜牧业、农业 |
| 海孜口村 | 保留改善型 | 富蕴县 | 条带状，沿村庄内部道路布局 | 畜牧业、农业 |
| 塔拉特村 | 保留改善型 | 富蕴县 | 建筑沿道路交通线生长布局 | 旅游业、畜牧业 |
| 托留拜克孜勒村 | 保留改善型 | 富蕴县 | 团块状和条带状 | 旅游业、畜牧业 |
| 乔山拜村 | 新建聚集型 | 富蕴县 | 条带状 | 旅游业、农业 |
| 阿克乌提克勒村 | 保留改善型 | 福海县 | 条带状 | 旅游业、农业 |
| 齐干吉迭村 | 新建聚集型 | 福海县 | 绿草和水流——蓝绿肌理 | 农业、畜牧业 |
| 布鲁克村 | 保留改善型 | 青河县 | 散状式 | 畜牧业、农业 |
| 阿克加尔村 | 新建聚集型 | 青河县 | 团块状 | 畜牧业、农业 |

## 4.1.2　额尔齐斯河流域——布尔津县

布尔津县隶属阿勒泰地区，下辖 3 乡 4 镇 68 个行政村、7 个社区，拥有两个传统村落[1]。地理位置上，布尔津县位于新疆维吾尔自治区北部，阿尔泰山脉西南麓，准噶尔盆地北部，其北部和东北部与哈萨克斯坦、俄罗斯、蒙古国接壤，是

---

1　布尔津县行政区划. http://www.brj.gov.cn/zjbej/002003/20180502/ea7234cc-b84b-445c-b03b-f7bba18a76a6.html.

我国西部两个与俄罗斯交界的县之一（另一个是哈巴河县），国界线长 218 km，境内河流众多，是新疆西北部两个边贸口岸的必经之地，是打开西北地区与俄罗斯经贸往来的唯一通道，中国唯一的北冰洋水系——额尔齐斯河最大的支流布尔津河的发源地。布尔津县根据地势由东北向西南倾斜分三部分：北部的高、中山区，中部的低山丘陵、河谷地，南部的半荒漠低山区。县因布尔津河而得名。在蒙古语，把 3 岁公骆驼称为"布尔"，"津"则为放牧者之意。因布尔津河在这里汇入额尔齐斯河，当地哈萨克语还称此地为"奎干"（为汇合处之意）。布尔津县高山逶迤，草原辽阔，水草丰美，自古以来就是中国西部游牧民族繁衍生息的地方（图 4-4）。

图 4-4　布尔津县区位分析图（左，图源：bigemap）、村落分布图（右，图源：bigemap）

### 1. 波尔托别村

波尔托别村位于布尔津县冲乎尔镇东南，东与阿勒泰阿拉哈克乡、拉斯特乡接壤，南与窝依莫克乡相连，西与哈巴河县萨尔塔木乡、铁热克提乡相邻，北与禾木哈纳斯蒙古民族乡相邻（图 4-5、图 4-6）[1]。冲乎尔镇境内大部分为山区，地势北高南低，中部人口聚集区为盆地，平均海拔 670 m；其中，肖洛郭山是镇内的最高峰，海拔 3020 m；而巴拉库都克则是镇内的最低点，海拔为 495 m。

**空间肌理：**波尔托别村作为典型的牧民定居点，其规划原则是"因地制宜、量

---

1　冲乎尔镇.http://www.brj.gov.cn/zjbej/002010/20180502/8437dddb-6546-4047-bf26-2e62889ca753.html.

图 4-5　波尔托别村卫星图（左，图源：bigemap）、肌理图（右，图源：自绘）

力而行、统一规划、分步实施"。波尔托别村村庄整体形态形状规整、呈团块状，村落边界明显，道路交通为方格式路网布局，建筑肌理镶嵌在路网当中。

在村庄的北部，设有公共绿地，村委会位于村庄中部位置，在村庄东部路口设置了专门的垃圾收集点。村庄空间布局合理，村落内院落功能分区合理，有效区分了生活空间和生产空间。

图 4-6　波尔托别村实景

道路交通：波尔托别村道路路网规整，形成了严格的方格状结构。村庄对外交通便捷，内部道路可达性高，为了更好地满足人们和牲畜的出行需求，村内道路根据使用功能的不同进行了合理划分，将其分为主干道和牲畜道，主干道是人们日常活动交流的联系渠道，牲畜道是牲畜日常出入的主要道路。村庄专门牧道的建设对于提高村庄人居环境质量、减少污染起到重要的作用。

景观环境：村落的周边景观呈现自然状态，村内景观环境具有人工性。村庄内民居建筑都是砖混结构的四坡屋顶房，红色屋顶、黄色外墙，具有统一性。然而，由于院落、建筑与栏杆等家家户户设计过于相似，使得村落特色不明显。

产业发展：波尔托别村约 264 户，总人口约 814 人，村民经济活动以牧业为主，其他产业为辅。50% 的村民还是以传统的牧业为主，夏季前往夏牧场，以转场放牧为主，村里的其他村民以圈养为主。部分村民从事手工业，如牧家乐、糕点制作、冬不拉制作等；此外，部分村民前往禾木或者喀纳斯景区从事旅游服务等工作，如开民宿或者当导游。种植业主要是以种植青储饲料为主，考虑当地海拔高的因素，不适合种植大量的农作物，全村耕地面积仅 2 200 亩（约 146 万 m²），粮食作物以豆类、玉米、小麦为主；主要经济作物有大豆、油葵等。

2. 合孜勒哈因村

合孜勒哈英村位于冲乎尔镇政府驻地以西 5 km 处，距离县城 65 km，距离喀纳斯景区 68 km，该村占地面积 2.5 km²，2017 年被评定为 8 星村。2019 年 12 月 31 日，该村入选第二批国家森林乡村名单；2023 年 3 月，被列入第六批中国传统村落名录；村落为牧业村，属于典型的牧民定居点（图 4-7、图 4-8）。

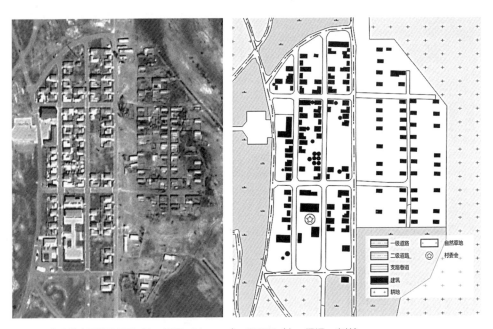

图 4-7　合孜勒哈因村卫星图（左，图源：bigemap）、肌理图（右，图源：自绘）

图 4-8　合孜勒哈因村实景

**空间肌理：** 合孜勒哈因村村庄功能布局清晰，公共服务设施、生产设施和生活空间合理分区。村庄采用人畜分离的空间布局模式，生活区和生产区由中间一条主要道路分隔开村庄，左侧为牧民居住生活区，右侧为牲畜饲养区，人畜分离的空间布局模式对于村庄人居环境的建设发挥着至关重要的作用。村庄建筑沿道路规整布局，整体形态呈椭圆形。

**道路交通：** 村庄外侧有 S232 国道经过，向北可到达冲乎尔镇，向南可以到达布尔津县，地理交通位置便利，对该区域旅游发展起到非常重要的作用。村庄路网整体呈网格式结构，道路笔直，干净整洁。生活区道路结构完整，为规整的网格式道路布局形式，生产区道路没有形成系统结构，两区域之间有两条横向道路与之相连，村庄内部交通便捷，牧民从事生产活动也较为方便，人行道和畜牧通道的分离，对于村庄发展旅游业、提升人居环境质量发挥着重要作用。

**景观环境：** 哈孜勒哈因村位于布尔津河和黑流滩河交会处，村庄四季自然景观秀美，冬季河流水汽氤氲、雾霭蒙蒙，在河两岸的树枝上形成雾凇景观，成为"童话边城"布尔津的一道风景[1]。而且村庄内部道路干净整齐、建筑风貌统一且富有特色，牧户有意识地打造舒适优美的庭院环境，以发展牧家乐业务。一到花开季节，庭院蝴蝶翩翩、蜜蜂迭至，一幅草原田园图景展现在游客眼前。

### 3. 禾木村

禾木村隶属于禾木哈纳斯蒙古民族乡，村庄位于阿勒泰山脉中麓，紧邻准噶尔

---

1　合孜勒哈英村：民宿有魅力　游客留下来.https://m.gmw.cn/baijia/2020-01/03/1300854379.html.

盆地北缘，与三国接壤（哈萨克斯坦、俄罗斯、蒙古国），属于寒温带高寒山区气候，总面积 3 040 km²，区域内草原面积辽阔（图 4-9～图 4-11）。四季分明，冬季漫长严寒，降雪量丰沛，夏季短暂炎热，春秋季节温凉。禾木村地域辽阔，分布着广袤的寒温带泰加林，是西伯利亚动植物种类南延至我国的代表性地区[1]。区内森林草原相间，自然垂直带谱明显，生物系统独特，是珍稀野生动植物集中的分布区和天然基因库。2013 年 8 月，被列入第二批中国传统村落名录；2019 年 7 月 28 日，禾木村入选首批全国乡村旅游重点村名单。该村共有村民 568 户 1661 人，图瓦族 726 人占 43.71%，哈萨克族 890 人占 56.3%，汉族、回族、塔塔尔族、俄罗斯族等占 2.7%。

图 4-9　禾木村卫星图（左，图源：bigemap）、肌理图（右，图源：自绘）

　　**空间肌理**：村落空间肌理为线性分布与团块分布相结合。南部区域主要呈现出线性分布，这一特征的形成受到现代旅游业与地形地貌的深刻影响，即通过主干道与街巷的交叉来组织住宅建筑的排布。禾木村作为一个历经数代人定居、多民族融合发展的部落定居点，建筑聚落成组分布，形成集群结构，也就是团形分布。这种分布模式源于村落位于河谷中，并位于相对开阔的地形上，虽然道路将其划分为若干部分，但整体上仍呈现出成团成块的特色。

　　**道路交通**：禾木村村庄道路主结构为环状路网，发散出长度、曲直不同的枝状道路，各种街道和巷道的不同形状、形态共同构成了禾木村独特的道路结构网。禾

1　依托优势资源 大力发展乡村旅游——新疆维吾尔自治区阿勒泰地区禾木村 .https://m.thepaper.cn/baijiahao_7349406.

图 4-10　禾木村航拍

图 4-11　禾木村实景

木村道路主要有两种形式，即直线形和曲线形，直线形道路具有清晰的焦点和指向性，部分曲线形道路延伸到树林地带，为道路的空间景观增添了丰富的变化。由于禾木村房屋建筑多为一层，这使道路街巷空间尺度显得宽敞舒适。

**景观环境：**禾木村位于禾木河交会区的山间断裂带构陷盆地中，盆地周围山体宽厚，丛林茂密；禾木河自东北向西南贯穿其间，养育万物，牛羊肥美。区域间地理特性及牧民生产生活方式特性使得当地居民的传统村落建筑形态生态嵌入性或地理嵌入性极强，即村落建筑与结构体现出人居环境与自然环境的一致性与和谐性。

**产业发展：**禾木村以旅游业和畜牧业作为支柱产业，该村辖东哈拉、围哈拉、河西美丽峰、齐巴罗依、海音布拉克、阿什克和齐柏林波一带 7 个自然村，其中东哈拉、围（维）哈拉和河西美丽峰 3 个区域是旅游业发展核心区，其余自然村落以畜牧业为主。[1] 按照"宜游则游、宜牧则牧"原则，保持畜牧业的传统优势，提高农牧民的人均收入，并促进集体经济的稳步增长。

### 4. 喀纳斯村

喀纳斯村位于喀纳斯景区内，村面积约 1 km$^2$。该村距县城约 150 km，距阿勒泰市约 200 km，距乌鲁木齐市约 800 km。由于是喀纳斯景区主要住宿地，许多旅店都集中在村内（图 4-12～图 4-14）。尽管规模不大，但喀纳斯村因毗邻的喀纳斯湖独具魅力，自元朝时期起，就被认为是风水宝地而在此居住建村。金代耶律楚材经此作诗论曰："谁知西域逢佳景，始信东君不世情，圆沼方池三百所，澄澄春水一池平。"[2]

**空间肌理：**喀纳斯村地处河谷地区，村庄分为老村和新村，村落肌理形态沿道路呈线性布局，村庄整体形态呈带状，村庄内部功能分区明显，南侧有游客服务中心，中部有图瓦民俗体验区及村委会、幼儿园等，北侧有村庄学校。居民建筑沿着道路展开布局，与河流、树林、草原等自然要素共同构成了喀纳斯村的空间肌理。

**道路交通：**喀纳斯村因位于喀纳斯景区内部，借助景区的道路建设，所以与其他地区的道路交通联系较为便捷。村庄内部有一条主要道路贯穿聚落南北构成喀纳斯村的道路主干道，成为村庄内部联系以及到达喀纳斯湖等主要景点的重要通道。村庄道路都进行了硬化处理，道路景观环境优美、道路质量符合村庄发展旅游的需求。

---

1　汤文霞，袁小玉，季国良.图瓦文化在旅游背景下的发展路径——以禾木村图瓦人为例 [J].石河子大学学报（哲学社会科学版），2018，32（1）：27-32.

2　喀纳斯村——天山北部的明珠.http://www.iouter.com/n23232c259.aspx.

图 4-12　喀纳斯村卫星图（左，图源：bigemap）、肌理图（右，图源：自绘）

图 4-13　喀纳斯村航拍

　　**景观环境**：喀纳斯村自然环境无与伦比，其独特的自然风貌展现了勃勃生机。这里风景秀丽，水天一色，湖水清亮透彻，湖周峰峦叠嶂，原始森林密布，青山绿水，绿草如茵，繁花似锦。置身于如此美景，会给人错觉，仿佛是看到了海市蜃楼，或是逃离了尘世，步入了天堂。喀纳斯就像是天山北部的明珠，是万里荒漠中

图 4-14　喀纳斯村实景

戈壁上的绿洲。河岸森林茂密,主要由落叶松和云杉构成的针叶林构成。每逢太阳升起前,这里烟雾缭绕,胜似仙境。由于和禾木一样,主要是图瓦族人居住的部落,其村庄建筑景观既相似又保留了自然原始的风貌。

**产业发展:** 喀纳斯景区不仅国家 5A 级旅游景区,也是当地牧民重要的夏季牧场[1],近年来,随着旅游业井喷式的发展,当地居民逐渐实现了畜牧业到旅游服务业的产业转型。喀纳斯村充分借助喀纳斯景区发展的东风,逐渐发展成为集民宿、餐饮及生态旅游观光于一体的民俗旅游村。旅游业已成为喀纳斯村助力乡村振兴、促进乡村可持续发展的重要推力。

### 4.1.3　额尔齐斯河流域——哈巴河县

新疆维吾尔自治区阿勒泰地区哈巴河县位于阿尔泰山南麓,新疆最西北边缘,

---

1　张旭亮,张海霞.喀纳斯湖国家自然保护区生态旅游开发探讨 [J].干旱区资源与环境,2006 (2):71-76.

西、北分别与哈萨克斯坦、俄罗斯两国接壤，边境线长 282.6 km，东、南与布尔津县、吉木乃县为邻[1]。哈巴河县下辖 185 团 3 乡 4 镇 7 个连队 65 个行政村 8 个社区，其中中国传统村落 1 个。整个县地貌特征以山区为主，平原相对较少。山地位于县北部，在海拔 1200 m 以上，最高峰沙刚拉山达 3396 m；丘陵位于县境中部，是山地与平原的过渡地带；平原区域则主要分布在县境南部，海拔 600 m 以下，其中北部为冲积–洪积平原，地势平坦，土质较好。哈巴河县因哈巴河而得名，哈巴，系蒙古语，意为河床坡度大，多跌水；一说意为"河鲈"（即五道黑）鱼，指一种小鱼，因此河产此鱼，故名。哈萨克语亦可解释为森林茂密（图 4-15）。

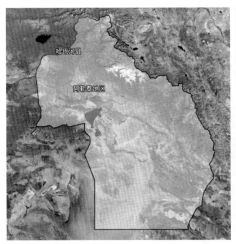

图 4-15　哈巴河县区位分析图（左，图源：bigemap）、村落分布图（右，图源：bigemap）

### 1. 齐巴尔希力克村

齐巴尔希力克村是一个坐落在阿尔泰群山中，哈巴河旁的边境小村，隶属哈巴河县铁热克提乡，从扎玛纳什越过哈巴河，沿河而上，就能看到掩映在群山中秀美村落；其名"齐巴尔希力克"源于哈萨克语，意为"斑驳的毛柳林"，这源于早年村子旁茂盛的毛柳林。村内以哈萨克族为主，进行半耕半牧的生产生活方式（图 4-16、图 4-17）。该村是 20 世纪 50 年代左右形成，由于人口与牲畜的增多，草场承受的压力日益加大，迫使当地居民向山中游牧，最终定居于此。2005 年以前，

---

1　哈巴河县人民政府. 哈巴河介绍.https://www.hbh.gov.cn/zfjs/001001/20190905/9d8a755d-f802-461e-94cc-9754abcd7dcb.html.

图4-16 齐巴尔希力克村卫星图（左，图源：bigemap）、肌理图（右，图源：自绘）

在村中几乎看不到任何一个砖房，这主要归因于两点：①政府为了不破坏当地的原始风貌不允许盖砖房。②由于砖房人工与材料费用高，当地村民对此并不热衷。直到2005年才建成第一座砖房，而后，在地方管理部门的引导下，村民们开始在房屋外贴外挂木材，与当地的建筑风貌相协调。村落中建筑布局井然有序，道路笔直干净。村落建筑风貌始终得到了妥善的保护，保留了传统的木结构建筑。村落排水，垃圾，路灯，公共绿地等公共设施都十分齐全。

**空间肌理：** 齐巴尔希力克村因山就势、四周环绕树林，建筑沿主要道路呈线性排布，呈现出一种延展性。村内一条山路穿村而过，不仅作为村落与外界交流的重要通道，而且与村内其他道路相通，建筑排布在道路两侧，整体肌理呈现出自然生长的特性。

**道路交通：** 齐巴尔希力克村整体聚落是沿一条通往外界的道路线性布局，这条道路也是村内的唯一的主干道，其余道路均为人行小道。其不仅是村民对外及内部交通的主要渠道，还是通往铁热克提乡与扎玛纳什边防站交通要道。然而，聚落的整体道路结构仍有待完善，基础设施需要进一步提升。

**景观环境：** 村落保持着自然性、原真性的乡村风貌，周边景观同样优美且保持原真性，山体、松林和木屋相互映衬。村庄内部的栏杆均为木建构，极具地方特色，优美的村庄自然景观在喀纳斯河谷四季变化中呈现出不同的风景成为一幅原始而美丽的画卷。

**产业发展：** 该村是以牧业为主的村落，不发展种植业。由于这里海拔较高，天气寒冷，种植物收成不好，只能种植一些青储饲料喂牛羊，每家每户在自家院里种

图 4-17　齐巴尔希力克村实景

一些土豆，其他作物无法生长。由于村庄位置偏僻，知名度不够，并地处边境地区，有许多不确定因素，所以旅游业还处于未开发的状态。该村牧民与传统牧民有所不同，由于村落周围就是大片的草原与草场，牧民不转场，就地放牧生产，这与当地地理环境相适应。村庄牛羊共计 3 000 头左右，牧民人均收入来源是养殖业，人均年收入在 2 万元左右。随着乡村振兴的崛起，该村的旅游业也在逐步启动之中，这促进了村庄经济发展和牧民的收入提高。

### 2. 白哈巴村

白哈巴村位于新疆维吾尔自治区准噶尔盆地以北阿勒泰区域以北，地处阿尔泰山脉以西的哈巴河县铁热克提境内，坐落于中国与哈萨克斯坦接壤的边境线上，距哈萨克斯坦东锡勒克仅 1.5 km，有国防公路相通，被称为"西北第一村"和"西北第一哨"（图 4-18、图 4-19）[1]。2013 年 8 月，白哈巴村因其独特的文化和历史价值，被列入第二批中国传统村落名录。白哈巴村几百年以来，依然保留着原来的建筑风貌，一直坚持将自然环境与民族文化传统相结合，并不断传承和发展。白哈巴村的主要居民以图瓦人为主，图瓦人属蒙古族支系，多以游牧为生。

**空间肌理：** 村落西侧毗邻曲折的阿克哈巴河，东南侧倚靠沙尔哈木尔山，村庄位于峡谷深山之中。整个村落分为老村和新村两个组团，各组团都是沿 2～3 条西北-东南的主路布置，形成条带状布局，少数建筑零散地分布于山间，公路从村中间通过，自然而然形成了一条街道。

---

1　徐艳文. 中国西北第一村——白哈巴村 [J]. 资源与人居环境，2017（1）：62-63.

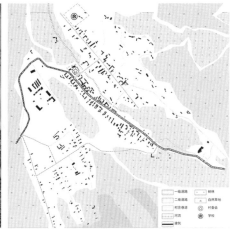

图 4-18　白哈巴村卫星图（左，图源：bigemap）、肌理图（右，图源：自绘）

图 4-19　白哈巴村实景

**道路交通：**白哈巴村庄南侧有 229 国道穿过，一条主路贯穿村庄东西并与之相连，有效地串联了村庄内部的各个聚落空间。对外交通便利，村庄内部两块组团各成体系，西侧组团为田字格状的道路交通形式，东侧为鱼骨状的道路交通形式。村内整体交通便捷、道路等级分明。

**景观环境：**村落依山傍水，山上茂密的松林一直延伸到村内，坡顶木屋和木构栅栏错落有致地随着地形叠起，形成了层次分明的景观效果，一年四季风景各异。

**产业发展：**优美的自然风景、质朴的乡村景观及独特的图瓦文化赋予了白哈巴村独特的生态文化资源，给旅游业的发展带来了潜力。原本以牧业为主要产业的传统村落实现了产业转型，不少当地居民开始从事民宿、餐饮业等旅游相关产业工作。

### 3. 阔克苏村

阔克苏村属是新疆阿勒泰地区哈马河县齐巴尔镇下辖的行政村，该村属于自然定居的牧业村，全村村民为哈萨克族，村庄建设于 1962 年，以牧业一队命名，在 1984—2019 年间逐渐有其他村庄并入进来，阔克苏村现余 309 户 1120 人，分散居住（图 4-20、图 4-21）。由于所处位置为公益林地区，受到严格的保护规定限制，无法进行大规模的工程建设，所以定居点没有享受富民安居工程。但是政府出资定居点建造的砖混结构建筑由施工队统一施工建造、户均补助 6 万元，2020 年 10 月交工，11 月牧民搬入新的定居点。

图 4-20　阔克苏村卫星图（图源：bigemap 改绘）

图 4-21　阔克苏村实景

空间肌理：阔克苏村作为自然定居点，村庄没有严格的自然边界，牧户沿一条主要道路呈散点状分布，各牧户之间距离较远。在道路北端有为低收入牧民统一规划的牧民定居点。建筑沿道路两侧布局，院落空间采用居住生活单元在前，牲畜饲养单元在后的分区布局形式。

道路交通：阔克苏村的整体布局以一条主干道为核心，其余道路散点布局，这条主干道是牧民对外及内部交流的主要渠道。由于各牧户到主要道路的距离长短不一，因此，各户选择由通往主要道路的最短距离通行，从而形成许多与主路连接的道路，这些道路都未经硬化处理，是长年累月行驶而成，呈现出不规则的状态。交通结构呈现出鱼骨状的特点。

景观环境：阔克苏村所在位置树林密布，村落左侧有河流经过，自然景观环境优美，该村建筑大多散落在河流与主要道路之间，村落建得比较分散，村貌不完整。但正是星罗棋布式的院落布局构成了阔克苏村独特的景观风貌。

### 4.拜格托别村

拜格托别村位于新疆维吾尔自治区阿勒泰地区哈巴河县齐巴尔镇，拜格托别村属于农牧＋旅游结合村，距县城16 km，由哈萨克族、维吾尔族、塔塔尔族、回族多个民族组成。拜格托别哈萨克语为"赛马的地方"，1996年开始实行牧民定居后，逐水草而居的农牧民逐渐搬迁至此，2012年提尔明塔斯村整村搬迁，后又同西塔尔德村合并，形成现在的拜格托别片区（图4-22、图4-23）。

空间肌理：拜格托别村位于哈巴河东侧约3 km处，喀克干渠自西北向东南从

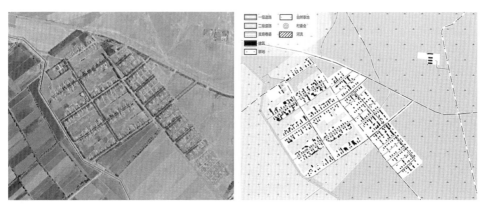

图4-22　拜格托别村卫星图（左，图源：bigemap）、肌理图（右，图源：自绘）

图 4-23　拜格托别村实景

村庄的西侧流过，这条水渠满足了农牧业用水的需求。聚落东北方向为山下的 229 省道，聚落西北侧为居住片区，南侧为蔬菜基地、牧业小园区，西南侧为哈巴河共享的农业片区。建筑整体朝向东南，由于聚落形成时间较晚，乡村规划十分规整、有序，建筑组团明显，沿道路布局，民居院落内设置牲畜圈 / 棚，也承担了养殖生产的功能，靠近道路为院落生活空间，牲畜饲养空间在后侧。

道路交通：乡村内部道路整体呈网状结构，在聚落北侧与 229 省道连接，且此省道为村庄的主要对外道路。村庄内部每两行院落形成一个组团，组团外部为村庄道路。村内整体交通便捷、道路等级分明。在村庄形成时期较早的片区整体院落开阔，组团内部（院后）预留了较大的空地，便于养殖；形成时期较晚的片区，预留空地压缩，在组团内部形成"牧道"。

景观环境：拜格托别村所处位置在平原、山前区交会之处，农牧交错区，平原为大片耕地，哈巴河从中流过，山区便于牧业活动，自然景观环境优美。

产业发展：拜格托别村除依托农牧产业外，也由于附近有白沙湖景区、哈巴河白桦林公园等旅游点，依靠旅游景点发展第三产业，也是提高老百姓经济收入的重要来源。

### 4.1.4　额尔齐斯河、乌伦古河流域——富蕴县

富蕴县地处新疆维吾尔自治区北部，隶属阿勒泰，下辖 5 乡 5 镇 76 个行政村 11 个社区，其中中国传统村落 1 个。[1] 富蕴县位于额尔齐斯河上游，东经 88°10′～

---

1　富蕴县人民政府. 走进富蕴.http://www.xjfy.gov.cn/zjfy/welcome.html#page1.

90°31′之间，北纬45°00′～48°03′。北部与蒙古国接壤，东邻青河县，西接福海县，南延准噶尔盆地，与昌吉回族自治州的奇台县、吉木萨尔县、阜康市毗邻。富蕴县域内地势复杂，地貌兼有山区、盆地、河谷、戈壁、沙漠五大类，北高南低。富蕴县基本由阿勒泰山脉、额尔齐斯河-乌伦古河冲积平原及准噶尔盆地（东北部分）组成（图4-24）。

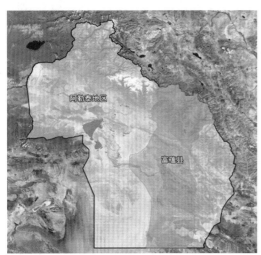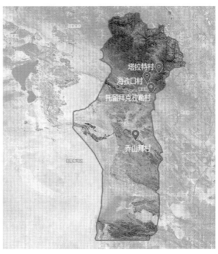

图4-24 富蕴县区位分析图（左，图源：bigemap）、村落分布图（右，图源：bigemap）

### 1. 海孜口村

海孜口村位于新疆维吾尔自治区阿勒泰地区富蕴县铁买克乡。海孜口村从1992年开始实行牧民定居，区域面积9.3 km²，耕地面积12000亩，现有265户1021人（均为哈萨克族）。土木结构的房子60座，设施较为陈旧（图4-25、图4-26）。

**空间肌理：** 海子口村聚落形态为条带状，沿村庄内部一条主要道路形成村庄布局的基本形态，院落及建筑沿主要道路两侧展开。其中院落中既有生活空间又有用来饲养牲畜的生产空间，聚落没有采用严格的人畜分离。

**道路交通：** 村庄有内外双道路，外部道路主要承担村庄对外交通联系、信息交流、物资运输的功能，其中有一条对外道路与省道226道路相连。内部主要道路自南向北穿村而过，是村内牧民生产生活的主要交通干道，沿村内主要道路连接有支

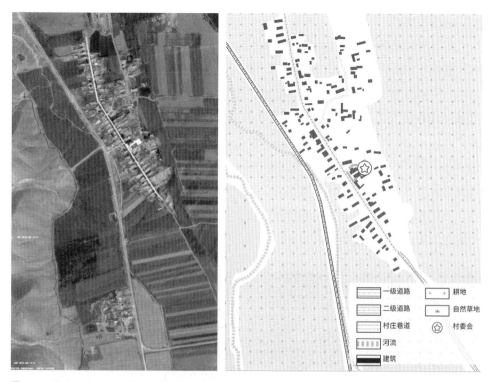

图 4-25　海孜口村卫星图（左，图源：bigemap）、肌理图（右，图源：自绘）

图 4-26　海孜口村实景

状的次要道路，聚落内部形成初级鱼骨状道路网形式。

景观环境：村落西侧依靠山体，东侧面朝草场，具有开阔之感。建筑多为土木结构，整体风貌未作过统一改造，有陈旧质朴之感。村庄树木稀少，绿化环境、公共活动场所环境质量有待提升。

### 2. 塔拉特村

塔拉特村是新疆维吾尔自治区阿勒泰地区富蕴县可可托海镇下辖村。额尔齐斯河沿河而下的第一个村落，是一个以哈萨克族为主的农牧业村，全村共有185户，749人，在20多km长的河谷中，分散着5个自然村。党的"十九大"以来，村党支部带领村民开展基础设施、环境保护、旅游致富等各项社会治理，先后荣获全国"一村一品"示范村、第二批全国乡村旅游重点村、自治区特色村寨等荣誉称号（图4-27～图4-29）。塔拉特村有"额河第一村"美誉，2023年3月，村庄入选第六批列入中国传统村落名录村落名单。随着可可托海国家5A级旅游景区的申办成功，可可托海镇成功从资源枯竭型城镇转变为新疆的旅游胜地，可可托海迎来了新的发展机遇，处于景区范围内的塔拉特村也迎来千载难逢的发展机遇。

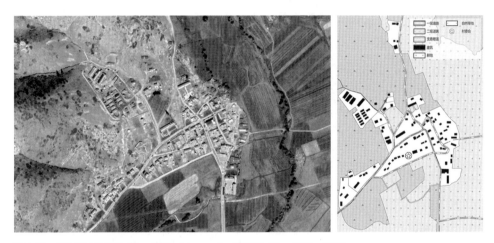

图4-27　塔拉特村卫星图（左，图源：bigemap）、肌理图（右，图源：自绘）

**空间肌理：** 塔拉特村西面靠山，北面为峡谷，东边地势平坦，南面临库依尔特斯河，村庄沿地形地貌及道路交通走向布局，呈现出不规则的聚落形态。又因塔拉特村是以发展乡村旅游为主的民俗村，形成了建筑沿道路交通线生长布局的空间肌理。为体现民俗文化特性，牧民在自己院落中搭建毡房，丰富了聚落的空间肌理。聚落空间功能分区明显，西北部有集中牲畜饲养区，村落入口处建有民俗广场和游客服务中心。

**道路交通：** 塔拉特村东距可可托海镇区约8km，位于库依尔特斯河北岸，有乡村公路Y235与镇区连接，通往可可托海景区的道路从库依尔特斯河南岸通过，与

图 4-28　塔拉特村航拍

图 4-29　塔拉特村实景

村庄隔河相望。村庄两条对外道路构成了村庄道路的骨架，沿主要道路延伸出不规则的支路，这些道路保留着村庄形成的历史记忆，同样也能迎合游客需求，为村庄的旅游发展提供了先决条件。

　　景观环境：村庄靠近库依尔特斯河，整体景观风貌环境优美，村庄绿化和牧民院落空间的绿化环境丰富。聚落中以木质结构坡屋顶建筑为主，牧民在院落中搭建毡房，不仅丰富了院落空间，更是塑造了草原聚落、游牧毡房的村庄景观风貌环境。在金秋季节，树木层林尽染、小河流水、毡房炊烟袅袅、牛羊悠闲漫步，此画面给人带来精神上的慰藉和心灵上的归属。

**产业发展：** 借助塔拉特村得天独厚的自然环境资源优势，以旅游为中心，围绕着吃、住、娱拓宽群众致富渠道。目前全村特色民宿、农家乐已经扩展到 55 户，旅游季节平均每天接待游客 600 人次。村庄还打造了哈萨克食品制作、手工艺品制作、音乐舞蹈、服装饰品展示等不同的特色民宿 10 户示范户[1]。

### 3. 托留拜克孜勒村

托留拜克孜勒村是新疆维吾尔自治区阿勒泰地区富蕴县吐尔洪乡。位于吐尔洪盆地西北部，距吐尔洪乡政府 7 km，距县城 22 km，全村现有 214 户、711 人（图 4-30、图 4-31）。"托留拜克孜勒"是一位哈萨克牧人的名字，以前冬季在盆地无人过冬的时期"托留拜"这位老人初次在吐尔洪乡盆地过冬并且把毡房立在现有的托留拜克孜勒村北边山的红岩上，后来人们逐渐起地名"托留拜克孜勒"。村落由哈萨克族、汉族、维吾尔族、蒙古族、柯尔克孜村、回族等 7 个民族组成。

图 4-30　托留拜克孜勒村卫星图（左，图源：bigemap）、肌理图（右，图源：自绘）

**空间肌理：** 托留拜克孜勒村南面是可可苏里花海景区，紧靠可可苏里湖，村落的南北部分分别呈现团块状和条带状的不同形态，这是由于靠南部分村落沿着 X858 呈条带状分布，而在村庄北侧则形成了一团块状组团。团块状建筑布局整齐，条带状建筑分布肌理较团块状更显得散乱。村庄内部村委会等公共服务设施布局在村东部。

**道路交通：** 托留拜克孜勒村对外交通便捷。村庄是赴可可托海 5A 级景区必经

---

1　新疆维吾尔自治区住房和城乡建设厅.自治区小城镇环境整治示范样板——阿勒泰地区富蕴县可可托海镇.http://zjt.xinjiang.gov.cn/xjzjt/c113536/202202/1eebef6796ea4be6b68b7df75d16050c.shtml.

图 4-31　托留拜克孜勒村航拍（上）、实景（下，图源：自摄）

之路，X858 旅游公路穿村而过，既是村庄对外交流的主要通道也是村庄内部主要道路，其连接着 S226 和 Z842 公路，可以直接到达富蕴县、可可托海等重要地点。聚落团块状和条带状道路各成结构，团块状道路系统中有一条主路连接 X858 公路，形成了日字形道路空间结构，村庄条带状部分则由 X858 主路延伸出一些支路，作为村庄内部联系的通道。

　　景观环境：村庄自然景观优美，背靠石头山，面朝候鸟迁徙湿地——可可苏里湿地公园，村庄修建了彩虹滑道、网红喷泉、秋千公园等游乐设施，花海上修建了蜿蜒曲折的木栈道，旨在全力打造一个田园花海休闲观光园。每到夏秋季节，湖光山色的草原美景，已成为游客赏花留影的重要打卡地。相较于田园花海休闲观光园的定位，乡村整体道路两侧景观设施、村庄内部公共空间及村庄整体风貌等仍需要妥善提升。

### 4. 乔山拜村

乔山拜村位于新疆阿勒泰富蕴县恰库尔图镇，距离镇政府所在地大约 5 km 处，现总户数约为 138 户，人口约为 521 人。村内耕地面积为 1358 亩，草场 420 亩（图 4-32～图 4-34）。

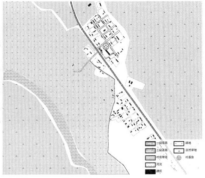

图 4-32　恰库尔图乔山拜村卫星图（左，图源：bigemap）、肌理图（右，图源：自绘）

**空间肌理：** 乔山拜村整体形态沿 S324 省道呈条带状布局，村域空间按照管理进行了网格式划分，分为三个网格。同时按照功能布局，乔山拜村在空间布局上可分为聚落生活区、蔬菜种植区、牲畜养殖区等不同功能的空间区域，聚落生活区呈现组团布局，内部建筑布局整齐，功能分区合理。

**道路交通：** 乔山拜村的对外交通便利，其中通过该村内部的主要道路是省道 S324。该道为该村的主要道路骨架，也是村庄对外联系的主要道路，连接着 G216 和 S11 公路，向北可到达富裕县，向南可以直往乌鲁木齐方向，对外交通便捷，具有发展蔬菜种植运输、乡村旅游的优越区位交通环境。

**景观环境：** 乔山拜村所在区域属乌伦古湖河流域，村庄整体景观生态以 S324 道路为界在绿化程度、整体植物景观等方面对比明显，乔山拜村靠近乌伦古湖恰福线左侧的聚落部分受其乌伦古河河水的滋养，其聚落整体景观绿化优于恰福线右侧的聚落部分。村庄街道除恰福县种植有行道树外，村庄内部其他道路植被缺乏，街巷整体环境有待进一步地提升。村庄内部部分街道鹅卵石路铺设，打造了 3D 手绘墙，丰富了街巷空间景观。

图 4-33　恰库尔图乔山拜村航拍

图 4-34　恰库尔图乔山拜村实景

　　**产业发展：**产业兴旺是实现乡村振兴的基础，乔山拜村在发展规模化种植、养殖的同时，庭院经济的发展也是乔山拜村实施乡村振兴的主要措施。党员带动庭院经济发展的模式，以及缝纫机入户家庭与工厂都为产业发展注入了新鲜血液。2021 年 2 月，为充分利用村闲置土地，当地多方筹措资金对废弃多年的 12 座蔬菜大棚进行修缮，建立"教、学、做"三合一的示范种植实训基地。[1] 2021 年初以来，驻村工作队和村"两委"利用乔山拜村旅游资源好、人文氛围浓等优势引导村民发展旅游业，推动乡村振兴。并通过自筹、争取项目资金等方式筹措资金 190 余万元，精心打造了集红色宣传、休闲娱乐、停车休息、观光赏景等多功能于一体的泊车驿站。

---

1　"四驾齐驱"成就乡村振兴"加速跑".https://baijiahao.baidu.com/s?id=1710656172538303077&wfr=spider&for=pc.

#### 4.1.5 额尔齐斯河、乌伦古河流域——福海县

福海县，隶属新疆维吾尔自治区阿勒泰地区，直辖 5 乡 1 镇，下辖 65 个行政村，6 个居民委员会。该县位于新疆北部、阿勒泰地区中部，旧称布伦托海县，"布伦托海"源自哈萨克语，意为"五彩丛林"；福海县地势北高南低，依次为山地、丘陵、戈壁、平原、沙漠地貌，最低海拔 386 m，位于南戈壁哲拉沟，最高海拔 3 332 m，位于中蒙边界最高峰辉腾阿恰山，县城平均海拔 500 m。福海县属中温带大陆性干旱气候，年均气温 4.7 ℃（图 4-35）[1]。

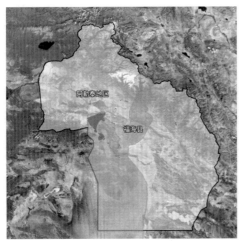

图 4-35　福海县区位分析图（左，图源：bigemap）、村落分布图（右，图源：bigemap）

额尔齐斯大断裂地形整体将县境分为北部山区和南部平原两个地貌单元。山区地貌分为高山带、中山带、低山带，山前冲积—洪积平原丘陵，平原分为两河间平原、河谷平原和沙漠。

##### 1. 阿克乌提克勒村

阿克乌提克勒村是新疆阿勒泰地区福海县阔克阿尕什乡。地处乌伦古河河谷的阿克乌提克勒村，距离福海县海上魔鬼城景区 11 km。[2] 村子周边奇特的雅丹地貌

1　走进福海. 福海县人民政府网.https://www.xjfhx.gov.cn/zjfh/welcome.html#page2.

2　福海有这么多场活动：总有一款适合你！https://baijiahao.baidu.com/s?id=1653412141550614895&wfr=spider&for=pc.

和胡杨林景观成为独特的旅游资源（图 4-36～图 4-38）。近年来，依托脱贫攻坚行动，沐浴着美丽乡村、生态文化旅游等项目建设的春风，贫困村华丽变身为旅游村，村民在家门口便能享受到旅游业带来的红利。作为通往海上魔鬼城景区的必经之路，阿克乌提克勒村从 2018 年开始大力发展乡村民俗旅游，凭借其优美的风景、热情好客的村民、民族特色的风味美食，该村成了网红打卡点，过往的游客络绎不绝。[1] 福海县阔克阿尕什乡将以打造"中国·哈萨克民俗第一村"为目标，依托自身特色资源，在以往的基础上，打造适合自驾、徒步、骑行等精品的旅游线路。

 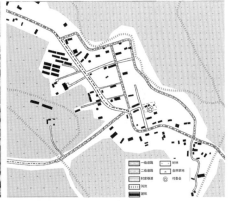

图 4-36　阿克乌提克勒村卫星图（左，图源：bigemap）、肌理图（右，图源：自绘）

**空间肌理**：村庄位于乌伦古河流域，周边天然草地铺展，自然环境绿化覆盖率高，树木点缀村庄空间肌理，村庄形态以 X874 这条主要对外道路与村内主路为骨架，呈现条带状布局形态，层次有序地排列布局院落建筑。村委会等公共服务设施位于村庄中部且交通便捷的干道旁，民俗博物馆、美食休闲广场等公共服务设施位于村庄中部，有效带动村庄的发展。

**道路交通**：阿克乌提克勒村经由 X874 公路向西北 8.5 km 便可到达福海县，G3014 公路从村庄东侧穿过，S21 阿乌公路位于村庄西南侧，由村庄中部道路往西南方向 5 km，即可与国道和省道相连，X874 公路和村庄内部的另一条道路也构成了村庄的外围道路，与村庄内部的十字路共同构成了村庄的田字道路骨架。村庄道

---

1　中新网视频. 新疆阿勒泰贫困村华丽变身旅游村：村民年人均收入过万元.https://www.chinanews.com/cj/shipin/cns/2019/01-15/news799666.shtml.

图 4-37　阿克乌提克勒村航拍

图 4-38　阿克乌提克勒村实景

路交通便捷，具有发展旅游的交通区位优势。

　　**景观环境：**阿克乌提克勒村以乌伦古湖流域为依托，展现出一幅美丽的自然画卷。村庄内部绿树成荫，道路景观界面以木制围栏构成。牧民定居房在绿树的掩映下错落有致，红顶、蓝顶、黑顶的房屋各具特色，精心修饰的栅栏和藤架，以及充满民俗文化元素的壁画，共同营造出别样的景致。此外，村庄内的民俗博物馆、广场及景观小品等经统一规划设计，形式多样，具有强烈的吸引力，为游客提供了丰富的文化体验。整个村庄既体现了自然之美，又彰显了人文之韵。

　　**产业发展：**阿克乌提克勒村党支部推行"党建+农业+旅游""党建+旅游+

民俗文化"等模式，旨在以第一产业和第三产业为村庄乡村振兴注入新活力，同时在当地政府的支持下村庄发展起了庭院经济，农家乐所需的鸡、鸭、鹅和瓜果蔬菜大部分都是村民自家的健康绿色土产品。截至 2021 年 11 月，阿克乌提克勒村利用乌伦古湖冬捕节、冬羔文化旅游节、赛牛节等活动契机，举办特色民俗文化旅游活动、篝火晚会等 35 场次，累计接待游客 13 万余人次，实现旅游收入 66 万元，农牧民人均年收入 22 384 元，拓宽了农牧民增收致富的渠道。同时，打造村广场夜市，提供 10 个摊位鼓励村民售卖自制酸奶、烤肉等特色食品；成立哈萨克民俗刺绣合作社、纺织合作社等，鼓励家庭妇女制作刺绣制品、手工艺品等，进一步拓宽增收渠道，走上致富路。

## 2. 齐干吉迭村

齐干吉迭村位于福海县齐干吉迭乡，距离乡政府 8 km、县城 35 km。齐干吉迭村属于牧业村，村行政区域面积 34 km²，耕地 9800 亩，其中集体土地 1320 亩，草场 26 000 亩，牲畜 23 000 头（只），现全村 243 户 914 人，常住户数约为 235 户，人口约为 837 人，以哈萨克族为主。全村划分四个片区：中心片区、小牧三片区、米那提片区、阿克陶克片区，村委会所在片区为中心片区（图 4-39、图 4-40）。

图 4-39　齐干吉迭村卫星图（左，图源：bigemap）、肌理图（右，图源：自绘）

**空间肌理：**齐干吉迭村所在区域地形平坦，绿草成茵，水流沿道路穿过村庄中部，构成了村庄的蓝绿空间肌理。村庄整体形态呈团块状，建筑沿道路错落有致布局，村落内部生产空间和生活空间分区明显，村委会等公共服务设施沿主要道路村

图 4-40　齐干吉迭村航拍（上）、实景（下，图源：自摄）

庄中心式布置，服务通达性高。

道路交通：省道 324 公路从村庄西部经过，向北 30 km 可达福海县，向南 6 km 即可到达齐干吉迭乡。Y042 公路穿过村庄中部，与 S324 公路相连，是对外联系的主要道路，村庄道路交通便利。村庄采用人畜分离的道路模式，两条纵向人行道和三条纵向牧道构成村庄纵向道路网，Y042 公路和村庄内部的两条横向道路共同组成了格网式的村庄道路交通系统，其中人行道道路经过硬化，路面质量及环境较没有硬化处理的牧道更为优越。

景观环境：村庄周边植被覆盖率低，自然环境相对较为严峻。村庄内部人行道道路两旁沿路种植行道树，道路边缘到院落之间有大约 5 m 长的绿化区，里面种植各类树木并覆盖草地，景观环境优势突出，村庄生产生活空间院落式分离，结合承担其不同功能的道路，村庄绿化景观从生活区向生产区，整体呈现植被覆盖率降低的趋势，这种情况在新疆实现人畜村落式分离的村庄普遍存在。牲畜养殖区作为村庄整体环境的组成部分，其舒适、自然的外部环境不仅有利于牲畜的饲养，更有利于村庄整体环境的提升，因此，要改变以往只关注生活区不关注生产区偏见，村庄人居环境才能在整体上得到长久的发展。

## 4.1.6　乌伦古河流域——青河县

青河，蒙古语"青格里"，意为"美丽清澈的河流"。青河县隶属阿勒泰地区，下辖 3 乡 5 镇，51 个行政村，总人口 6.3 万人。[1]青河县地处准噶尔盆地东北边缘的阿尔泰山东南麓，西邻富蕴县，南连昌吉州奇台县，东北与蒙古国接壤，边境线长 259.4 km（图 4-41）。青河县地势自北向南逐渐降低并向西倾斜，依次分为高山、中山、低山、丘陵、戈壁、沙漠等地带。

境内平均海拔 1300 m，县城海拔为 1218 m，境内最高点海拔 3659 m，最低处

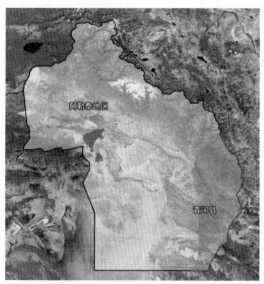

图 4-41　青河县区位分析图、村落分布图（图源：bigemap 改绘）

---

1　青河县政府. 走进青河.http://www.xjqh.gov.cn/zjqh/wakInto.html.

900 m。青河县属大陆性北温带干旱气候，高山高寒，四季变化不明显，空气干燥，冬季漫长而寒冷，风势较大，夏季凉爽，年降雨量小，蒸发量大。

### 1. 布鲁克村

布鲁克村是新疆阿勒泰地区青河县阿热勒镇下辖的行政村，布鲁克村距青河县城 20 km，距阿勒热镇 13 km，从青河县出发沿着 X877 公路一路北上就可以到达布鲁克村（图 4-42、图 4-43）。其地理位置得天独厚，周边环绕着诸多旅游景点，如塔克什肯口岸景区、众安寺、套查干郭勒湖、北塔山战地遗址、布尔根河狸保护区等点，此外，该村庄还以青河阿魏菇、宝石级玫瑰色绿柱石等特产闻名。布鲁克村四周被阿尔泰山环绕，大青河从村庄蜿蜒穿过，冬季的布鲁克村白雪皑皑、白桦婷

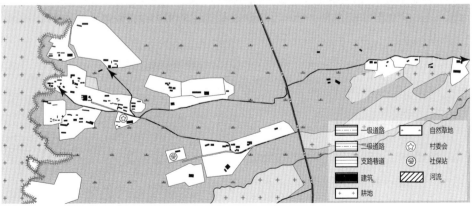

图 4-42　布鲁克村卫星图（上，图源：bigemap）、肌理图（下，图源：自绘）

图 4-43　布鲁克村实景

婷，犹如童话般的冰雪世界[1]。

　　布鲁克村位于游客去往大青河国家森林公园的必经之路，其游客服务中心位于村庄一侧，村庄建设了猎鹰广场、创越马道等游玩项目。

　　**空间肌理**：村落的空间布局顺应自然地形，呈现出东西向的整体形态。建筑的布局以道路为轴线，呈散状分布。村庄山水空间肌理分明，左侧毗邻乌伦古河的重要支流——大青河，河水两岸的自然生态环境明显优于村落内部。此外，布鲁克渠顺着村落的走势注入大青河，为村落提供了丰富的水资源。村落的北侧则是雄伟的阿尔泰山，使得村落的山水空间景观尤为丰富多样。整个村落的空间布局与自然环境相和谐，形成了独特而美丽的景观。

　　**道路交通**：X877 公路作为村落与外部联系的主要通道，向北可到达大青河森林公园景区，向南 20 km 可直达青河县，村落内部道路连接 X877 公路向两侧发散式展开，成为村落空间形态的骨架。村内道路按照所发生功能活动属性的不同，主要有人行道和马道两种道路形式。布鲁克村马道连接 X877 公路并沿着大青河两侧衍生，用来发展乡村旅游，并在 X877 公路的连接下已成为大青河旅游景区的第一站。村落内部干道均硬化，支路及巷道局部硬化，整体质量仍有待提升，此外，村落内尚未设置集中停车场。

　　**景观环境**：布鲁克村紧靠大青河，村落周边生态环境优越，河流穿过田野，丛林依偎在山谷，阿尔泰山环抱整个村落，优美的自然生态环境成为村落发展的生态资源。但村落内部树木绿化、道路两侧景观设施等并不完善，如村落内部马道属于

---

1　新疆阿勒泰地区行政公署.青格里雪后的白桦林.http://wap.xjalt.gov.cn/005/005001/005001002/20211201/ d23bfb68-2dfb-400a-a3dc-40344e8538ac.html.

原生态自然道路，没有进行路面铺装处理，逢大风天气，沙土弥漫，对村落整体人居环境造成一定干扰。村落没有集中停车场，随着旅游业的发展，外来车辆进入村落的情况越来越多，村落内占用巷道等随意停车现象突出，破坏了村落风貌，妨碍了居民生活，也有一定的安全隐患。除此以外，富民安居房落地村落，宜就地取材、适应当地自然环境，避免村落新旧建筑对比产生不协调之感。

### 2. 阿克加尔村

阿克加尔村是新疆阿勒泰地区青河县阿尕什敖包乡下辖的行政村。位于阿尕什敖包乡政府以东 12 km 处，距离县城 72 km，辖区面积 45 km²，全村 237 户 862 人属于牧业村。2021 年人均纯收入达到 1.47 万元，集体经济收入 26.2 万元（图 4-44～图 4-46）。村域面积 1 200 m²，草场面积 8 000 亩，耕地面积 6 000 亩，牲畜最高饲养量 1.5 万头（只）。阿克加尔紧紧围绕乡村振兴战略，积极探索"以转变思想为先导，发展庭院经济、民俗特色旅游并重"的强村富民之路。该村积极组织群众参与庭院经济种养殖技术和乡村旅游等专题技能培训，以激发农牧民群众发展庭院经济的积极性和主动性。同时村落依托萨木特石人文化、途经口岸沿线优势，鼓励牧

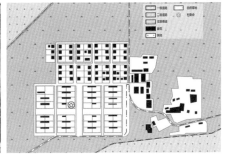

图 4-44　阿克加尔村卫星图（左，图源：bigemap）、肌理图（右，图源：自绘）

图 4-45　阿克加尔村航拍

图 4-46　阿克加尔村实景

民在庭院内开设具有哈萨克风情的乡村民宿和牧家乐等旅游服务点，打造集景观游览、特色美食品尝、传统民俗体验于一体的综合旅游平台，以旅游业的发展进一步推动庭院经济的繁荣。自 2021 年以来，阿克加尔村已成功争取项目资金及帮扶单位资金 65 万元，先后为 200 余户牧民家庭发放各类蔬菜种子近 300 袋，各种蔬菜苗 2 万棵，鸡苗 1 000 羽，累计平整土地 5 000 m²，更换改良土壤 100 余立方，为了继续对集中点 33 座蔬菜拱棚进行指导种植，该村在 2021 年继续聘请 1 名专业技术员对庭院蔬菜全程跟踪指导。

　　**空间肌理**：村庄整体形态呈团块状，方格网式的道路结构与整齐有致的建筑布局共同组成村庄的空间肌理。村庄的建设经过统一布局规划，采用三区分离的空间布局模式，村庄分为居住区、养殖区和穿插在居住区中的绿化区。

　　**道路交通**：阿克加尔村对外交通便捷，省道 320 塔喀线环绕村庄，向西通往青河县等周边县市，向东连接查干郭楞乡公路，村落设有两条不同方向的主要对外道路，成为阿克加尔村对外联系的主要通道。村内道路按照其所承担功能的不同，在生活区的道路主要以人、车通行为主；在养殖区的道路以牲畜出入为主。人车道和牧道分离的道路结构，减少了牲畜对居住区的干扰，提升了村落整体环境质量。

　　**景观环境**：乌伦古河支流查干郭楞河从村庄南侧流过，为周边生态环境提供了丰富的水源滋养，使得村落的外部自然景观优美。同时村内的人工景观也别具特色：阿克加尔村乡村主街道房屋墙面进行彩绘。按照"一墙一特色、一步一景点"的原则，集中打造了以农耕文化、传统民俗、现代乡村生活、产业发展等为内容的主题墙面 30 余幅，一幅幅具有乡土文化元素的墙体彩绘，不仅扮靓了乡村田野，也谱写了乡村振兴的美丽画卷，让阿克加尔村"颜值"与"气质"同步提升。村中道路整洁，两侧是木制或蓝白相间铁艺栏杆，房屋外立面有地域特色的装饰，道路两旁有垃圾箱，并有专人负责公共设施的维护和服务；道路景观得到提升的同时，三区分离模式使得养殖这一生产功能活动集中安置管理，村庄庭院主要承担绿化种植和村民生活的功能。这些举措使得村庄整体人居环境得到质的提升。

## 4.2 伊犁河流域

### 4.2.1 大西洋水气造就"塞上小江南"

伊犁河是亚洲中部内陆河，是跨越中国和哈萨克斯坦的国际河流。由于大西洋水蒸气穿越欧洲直达伊犁，在喇叭状的地貌单元中再次汇集，因此伊犁河流域拥有了丰富的水资源、肥沃的土壤和多样的生物资源。其自然条件优良，从平原到山地分布着多种类型植被的草地，包括荒漠、草原、草甸、灌丛和森林，为农牧业的发展提供了得天独厚的条件（图4-47）。

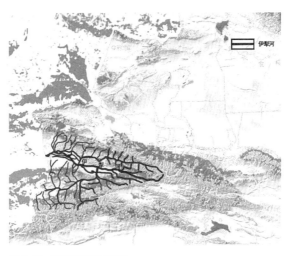

图 4-47　伊犁河流域示意图

伊犁得名于伊犁河，史称伊列、伊丽、伊里等名，清乾隆年间定名伊犁，其地缘优势突出。历史上是古丝绸之路北道要冲，今天是我国向西开放的桥头堡。伊犁河流域的地貌特征为两山夹一盆，使其整体呈现西宽东窄的态势，北可抵御寒风，东可抗拒干热气流，南可阻止风沙侵袭，造就了独特的"塞上小江南"。该地区年平均气温 10.4 ℃，谷地年降水量约 300 mm，山地年降水量 500～1000 mm，远高于自治区其他地区的年平均降水量，无霜期 112～177 天、日照时数 2776.3 h。

　　依照第一章研究范围的界定，根据伊犁河的干、支流的分布，将其细分为了伊犁河干流流域、巩乃斯河流域、特克斯河流域及喀什河流域。该三个支流是伊犁河谷典型的畜牧业发展较快的区域。下文结合文献资料的深入分析与实地田野调查，从流域流经的范围内共选择了 6 个县的 13 个具有典型草原乡村聚落特征的村落进行研究，范围涉及传统牧民定居村落、农牧业结合定居村落及发展旅游业的新型牧民形成定居点。

表 4-2　伊犁河流域村庄空间类型与特征

| 村落名称 | 空间类型 | 所在县 | 空间肌理 | 产业发展特征 |
|---|---|---|---|---|
| 阿克奇村 | 新建聚集型 | 昭苏县 | 内向型的牧民定居点布局 | 畜牧业 |
| 哈勒哈特村 | 新建聚集型 | 昭苏县 | 带状分布 | 旅游业 |
| 琼库什台村 | 传统风貌型 | 特克斯县 | 北侧呈棋盘状，南侧呈带状 | 旅游业 |
| 阔克苏村 | 传统风貌型 | 特克斯县 | 团块形和一字形 | 畜牧业 |
| 哈茵赛村 | 传统风貌型 | 新源县 | 村落顺应自然地形及道路现状 | 畜牧业 |
| 阿拉善村 | 保留改善型 | 新源县 | 放射型布局 | 旅游业 |
| 塔依阿苏村 | 保留改善型 | 新源县 | 沿中间的干道呈十字形布局 | 旅游业、畜牧业 |
| 阿热勒村 | 保留改善型 | 巩留县 | 院落组成多为一字形和 L 形 | 畜牧业、农业 |
| 克孜勒土木斯克村 | 保留改善型 | 尼勒克县 | 分布分散，又有一定的向心性 | 旅游业、畜牧业 |
| 阔克铁列克新村 | 新建聚集型 | 尼勒克县 | 村落 S315 省道一分为二 | 旅游业 |
| 种蜂场牧业队 | 保留改善型 | 尼勒克县 | 村落沿道路呈长梯形展开 | 旅游业、畜牧业 |
| 乌宗布拉克农村社区 | 新建聚集型 | 察布查尔县 | 民居建筑多为一字形和 L 形 | 旅游业 |
| 扎格斯台乡努拉洪新村 | 新建聚集型 | 察布查尔县 | 游牧民生活区和生产区分离 | 畜牧业、农业 |

### 4.2.2 特克斯河流域——昭苏县

昭苏县，隶属新疆伊犁哈萨克自治州，东邻特克斯县，南部则与阿克苏地区的拜城县、温宿县隔山相望，西与哈萨克斯坦交界，北与察布查尔县毗邻，下辖4乡6镇2场73个行政村22个队。地处伊犁河上游特克斯河流域，特克斯昭苏盆地西段，处于东经80°08′~81°30′，北纬43°09′~43°15′之间。昭苏县属于大陆性温带山区半干旱半湿润的冷凉气候类型。特点是冬长夏短，没有明显的四季之分，只有冷暖之别。春秋湿润、寒冷、多雾，盛夏多雷、多雨、多冰雹。年平均温度2.9 ℃，年极端最高温度33.5 ℃，最低温度−32 ℃。全年无霜期平均为98天。年均降雨量达511.8 mm，为全疆之冠。

特克斯—昭苏盆地是中亚内陆腹地的一个独特的高位山间盆地，四周被群山环绕，形成了一个特殊的自然生态环境。其海拔范围在1323 m至6995 m之间。南部为天山主脉，北部为乌孙山，构成了南、西、北三面高，东部略低的盆地地形。昭苏县的山地、丘陵与平原的比例为4∶1，全县耕地面积8.7万公顷（1公顷 = 1万 m²），草场面积54.2万公顷，林地14万公顷。同时受到发源于天山山脉第二大高峰、被誉为"天山之父"的汗腾格里峰受特克斯河滋养，使昭苏县成为新疆境内唯一一个没有荒漠的县份。

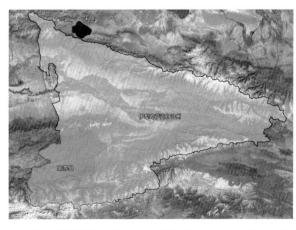

图4-48　昭苏县区位分析图（左，图源：bigemap）、村落分布图（右，图源：bigemap）

### 1.阿克奇村

阿克奇村位于伊犁哈萨克自治州昭苏县城西南部，距离县城 36 km，隶属于喀拉苏乡阿克萨依村牧业队。该村是一个以哈萨克族为主的自然村，现有 72 户牧民，共计 353 人，拥有草场面积 15890 亩。阿克奇村以其优良的草原品质和极高的观赏性，被誉为昭苏草原上最美丽的景观之一，同时也是展现丰富人文特色和民族风情的宝地（图 4-49～图 4-51）。随着牧民定居工程的逐步推进，阿克奇片区正经历从传统牧业村落向旅游民俗村的转型，高标准牧民定居点的建设为这一转变提供了有力支撑。

**空间肌理**：阿克奇村周边草场环绕，村庄西侧特克斯河支流卡拉苏河经此流过，村庄东侧临近伊木线公路，环境优美，区位优势突出。村庄内部布局规整，呈

图 4-49　阿克奇村卫星图（图源：bigemap）

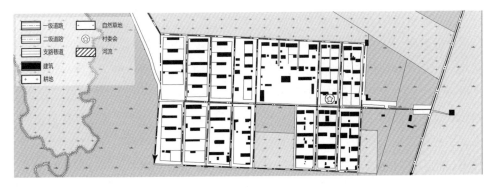

图 4-50　阿克奇村肌理图

图 4-51 阿克奇村实景（图源：新疆日报公众号）

现团块状的内向型的布局模式，建筑沿十字交叉形路网两侧整齐布置，属典型的牧民定居点布局模式。村庄公共管理与公共服务设施用地布置在中部核心位置，村落东侧靠近伊木线公路建设露营地，借此带动村庄旅游发展。

**道路交通：** 在对外交通方面，昭苏县喀拉苏镇阿克齐村的中心道路向东延伸与 G577 国道相接，沿 G577 国道向东北通向昭苏县城，对外交通条件便利。在内部道路组织方面，整体路网呈现规则的矩形格网形式，道路分布具有均质性。三条主路贯穿东西，多条南北向道路贯穿南北，与各条入户路相接，使得各院落都具有很高的可达性。

**景观环境：** 阿克齐村作为典型的统一规划的牧民定居点，在整体景观风貌上具有统一性、人工性，规模相近的院落沿整齐的矩形道路网排列，绿化景观的边界性明显，与整体风貌相得益彰。在全域发展旅游的背景下，阿克齐村向民俗村转型，相应地引入了部分与民俗村相适的人工景观和设施，如体验式毡房、遮阳伞、木栈道、生态停车场等，为阿克奇村向民俗村转型提供了人工景观上的基础条件。

**产业发展：** 从传统的畜牧产业方面看，当地整合资源，建设新疆褐牛种畜养殖基地，积极发展现代畜牧业，发挥褐牛养殖单元的示范带动作用，发展当地经济，助推第三产业的发展。从文化旅游产业方面看，当地挖掘原有的文化内涵，利用村落依托要道沿线区位优势和湿地公园、候鸟乐园风景、夏特景区驿站等优势资源，发展乡村旅游业，形成"赏自然风光、看人文景观、品民族特色、体富美乡村"的旅游结构。并组建骑乘马队、驼队、山羊拉车、姑娘追、叼羊、阿肯阿依特斯等，举行哈萨克族婚礼等传统民俗特色活动，提升乡村生活和民俗风情的文化内涵，旨在打造一种真实、可参观、可体验、可参与、全方位的民俗文化体验空间。[1]

### 2. 哈勒哈特村

哈勒哈特村位于伊犁哈萨克自治州昭苏县乌尊布拉克乡哈勒哈特村。地理位置优越，自然环境得天独厚，地处昭苏县城东部，毗邻连绵雪山和辽阔草原。作为牧业村落，该村具备优良的资源，成为进入昭苏地区的重要门户。近年来，哈勒哈特村依托援疆资金的支持，实现了牧民定居点的建设，并通过对人居环境的改善和草原景观的利用，积极发展乡村旅游，逐步转型为旅游村。[2] 此外，在相关优惠政策下，哈勒哈特村组建新疆褐牛、肉羊养殖专业合作社各 1 个，新建 1600 m² 百头奶牛养殖基地，目前，哈勒哈特村的主导产业包括养殖、种植、放牧和旅游等，为当地经济的持续发展注入了新的活力。

**空间肌理：** 哈勒哈特村村落呈带状分布，沿 S220 省道东西向伸展，布局紧密规整，公共管理与公共服务设施用地处于村落中部位置，南侧有阿西勒河穿过，属典型的牧民定居型村落布局模式。哈勒喀特村交通优势明显，村内多条道路与省道相连，便于发展村落旅游。

**道路交通：** 昭苏县哈勒哈特村在对外交通上占据优越地位，紧邻省道 220 线（伊昭线），沿道路呈长条状分布，与昭苏县"东大门"白马旅游接待区紧密相连，距离县城仅 36 km，为村庄发展提供了良好的区位优势。在内部道路组织上，村落的道路采用网格状布局，其中一条主路与省道平行，多条连接院落的巷道均匀分布，并与主路垂直交错，形成规整的路网结构，使各户都有较高的可达性，提高了

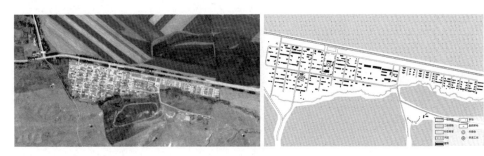

图 4-52　哈勒哈特村卫星图（左，图源：bigemap）、肌理图（右，图源：自绘）

---

1　新疆党建网.昭苏县阿克奇村建设乡村旅游融合发展盘活资源.https://www.xjkunlun.cn/P/C/2128.htm.

2　昭苏县人民政府网.乡村旅游让哈勒哈特村插上"振兴翅膀".https://www.zhaosu.gov.cn/zsx/c113806/202203/38925856c2584db8b9110f649ccf6f90.shtml.

图 4-53　哈勒哈特村实景

村民的出行便利度。同时，村庄的路面多数已经整修过，采用沥青材质，路面质量
较好。道路两侧还设置了景观行道树、太阳能路灯、展示牌等设施，进一步提升了
村庄的道路交通环境。

景观环境：村落周边自然景观生态优美，具有极高的观赏价值，不仅有阿腾套
草原、万亩油菜花等丰富的生态资源，而且是观看彩虹奇景的最佳地之一，又称
"彩虹村"。南侧的阿西勒河穿过，为其发展乡村旅游奠定了较好的自然资源基础。
哈勒哈特村内部的景观环境同样出色，无论是道路绿化、庭院绿化还是公共绿地的
建设，都体现了村落对生态环境的重视。通过种植行道树及草坪形成自然生态的道
路景观。居民们在庭院内种植蔬果、树木、花草等，营造出了优美的庭院景观。在
公共绿地方面，村落入口沿省道建设带状绿地，可作为居民日常休闲交流的场所，
同时吸引从省道经过的游客，成为村落的第一道景观。

产业发展：在全域旅游和乡村振兴的战略背景下，哈勒哈特村充分利用其区位
优势，大力发展旅游业和民宿产业。村落鼓励村民发挥地处山边、路边、草原边的

地缘优势，积极投身于产业的发展之中。当地以"彩虹村"为核心进行创意开发，逐步推进农业观光、休闲娱乐、民俗表演、度假等功能的拓展。结合哈勒哈特新村的地域特色，村落致力于打造昭苏东部旅游的"第一村"，将哈勒哈特村建设成为一个集休闲、娱乐、度假观光于一体的旅游度假村，为旅游产业的发展注入新的活力与亮点。

### 4.2.3　特克斯河流域——特克斯县

特克斯县隶属于伊犁哈萨克自治州，辖五镇三乡一场，共有 61 个行政村、15 个社区。特克斯县城是世界唯一建筑完整、保存完整的八卦城，2007 年获批国家历史文化名城，特克斯县下辖的琼库什台村 2010 年获批国家历史文化名村，并于 2012 年 12 月被列入第一批中国传统村落名录。其辖区内的喀拉峻草原 2013 年被列入世界自然遗产地并于 2016 年荣获国家 5A 级旅游景区，2020 年八卦城被评为国家 4A 级旅游景区。[1]

"特克斯"意为"野山羊"或"阴面、阴坡"之意；二说系蒙古语"特克协"之音变，意为平原旷野溪流纵横之意。特克斯县，地处伊犁河上游的特克斯河谷地东段，东、北与巩留县相邻、东与和静县为邻，西和昭苏县接壤，南同拜城县毗连，北与察布查尔县交界。特克斯县县域总面积 8352 km$^2$，矿产资源丰富，地势南北高，东西低，南部是南路天山，北部是中路天山，中间是特克斯河谷平地，自西向东倾斜，特克斯河自西向东横贯全境。特克斯县城距伊宁市 116 km，距乌鲁木齐 815 km（图 4-54）。

#### 1. 琼库什台村

琼库什台村是伊犁哈萨克自治州特克斯县喀拉达拉乡。位于该县域南部、喀拉达拉镇以南 90 km 处，东与喀拉托海乡为邻，西与阔克苏河临近，南与军马场、农四师 78 团接壤，北临巩留县，位于新疆天山世界自然遗产地缓冲地段边缘（图 4-55、图 4-56）。[2] 琼库什台村是以哈萨克族为主体的中国历史文化名村，是伊犁哈萨克自治州游牧民族中定居最早的、整体村落保存完整的牧业村，是新疆地区唯一的哈萨克族传统村落，很好地延续了哈萨克族传统的生产生活方式。

---

1　特克斯县人民政府.http://zgtks.gov.cn.
2　迪娜·努尔兰.基于历史文化传承的传统村落保护与更新策略 [D].乌鲁木齐：新疆大学，2018.

图 4-54　特克斯县区位分析图（左，图源：bigemap）、村落分布图（右，图源：bigemap）

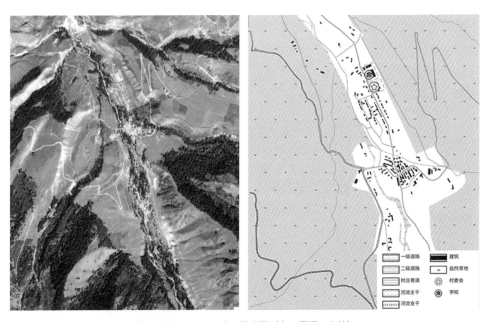

图 4-55　琼库什台村卫星图（左，图源：bigemap）、肌理图（右，图源：自绘）

　　琼库什台村位于特克斯县南侧的河谷阶地之上，海拔约为 1970 m，三面环山，河谷地势平坦，南北高，中间低，开口朝西，有利于来自大西洋的水汽顺地形深入河谷，随地势抬高，产生降水。年降雨量 500～600 mm，降雨集中在暖季（4～9 月），又以五六月最多，雨量大时容易山洪暴发，河水暴涨，年降雪量约为

图 4-56　琼库什台村实景

50 mm，以一二月为多。琼库什台河以南北向横穿整个村子，河谷较宽，常年有
水。村子附近有三处水源：村南的冰山融水形成的小溪汇入琼库什台河，是村子主
要的饮用、生产和生活的水源，溪上建有简易水力发电设施；村北侧和村西各有一
条溪流汇入琼库什台河。山泉、河流沿岸生长着繁茂的松树、杉树，树龄均在百年
以上，这些形成琼库什台村周边奇特的溪流森林景观。由于地形起伏较大，琼库什
台村周边自然景观的垂直尺度分异现象也十分典型。琼库什台村森林密布，牧草
丰茂。

　　空间肌理：琼库什台村三面环山，村落整体呈现条带状形态，以河流的流向为
村落的主要骨架与发展趋向，其道路也平行于河流建设，其北侧以顺河流分布形态
呈棋盘式格局，南侧沿道路呈带状自然分布的村落格局，建筑随地势高低略有错
落，整体村落形态较为自然、布局自由，与河沟紧密依存。村落地形由南向西呈阶
梯状渐高而成。公共建筑与传统民居相互交融，民居院落布局因地制宜、自由连

接、统一而富有变化，高低错落，空间环境要素众多，变化丰富、景观风貌特色明晰。琼库什台村历史悠久深远、生态环境独特、风貌保存完整、民族风情浓郁，是新疆天山世界自然遗产的重要组成部分，是新疆地区草原文化的活态延续。

**道路交通：** 琼库什台村坐落于特克斯河谷与天山南线的交会地带，自古便是伊犁河谷与南疆间最为便捷的交通要道上的重要节点。琼村的过境交通主要依靠通往特克斯县的道路和穿越村落内部的乌孙古道。乌孙古道北连喀拉峻大草原，南通南疆拜城，游客可以通过自驾和乘坐区间车等多种方式到达。在内部交通方面，琼库什台村可分为村内交通性道路（主要包括乌孙古道及环状路网）、村内生活性道路、宅间巷道及自然小径四大类。村落内部交通布局合理，交通流畅。村落内部道路占地面积为 2.42 公顷，占总用地的 6.97%。目前，道路宽度较大，线形曲折多变，路面采用石头铺设，两侧设有沟渠，并通过绿化美化。村内主要交通流量集中在两条主干道上，其他路段交通流量较小。此外，村落入口处和村委会附近设有公共停车场，而村落核心区域则禁止车辆驶入，以确保村落内部的宁静与安全。

**景观环境：** 琼库什台村，位于新疆天山自然与文化遗产地喀拉峻—库尔德宁片区的西侧缓冲边缘，地理位置独特。该村南倚天山北麓，特克斯河的三级支流库尔代河从西侧流淌而过，河畔绿意盎然，松树成林，河西则是一望无际的草场。在村落内，民居紧密相连；在草场上，则散落着牧民们的住所、马厩和草垛。琼库什台村与周围雪山、河流、森林、牧场和村落的完美结合，展现了天山脚下的典型游牧文化景观，是温带干旱区山地垂直自然景观格局的最突出代表。[1]

**产业发展：** 优越的自然资源条件和独一无二的历史文化底蕴给琼库什台村这个历史文化名村赋予了独特的生态文化旅游资源，依靠发展旅游产业来带动村域经济发展。在旅游业发展的背景下，这个原本以牧业为主要产业的传统村落的模式变得更加多元，租马点、民宿产业也如雨后春笋一般兴起，盘活了村落的经济。

### 2. 阔克苏村

阔克苏村是伊犁哈萨克自治州特克斯县阔克苏乡。位于该县东南方向，距县城 16 km，东南面与特克斯军马场接壤，西连农四师七十八团，北面为库克苏河（东经 81°56′，北纬 43°12′）。全乡总面积约 12 km²，辖 3 个行政村，居民点近 1220 亩，

---

1 迪娜·努尔兰，塞尔江·哈力克.古村落传统建筑特征与风貌保护探究——以琼库什台村为例 [J]. 华中建筑，2017，35（12）：102-105.

（图4-57、图4-58）。现状阔克苏村分东西两片，村委会在东片区的中间位置。现有376户1459人，由维吾尔、哈萨克、回、汉、柯尔克孜等6个民族组成，其中维吾尔族人口占81%，全村现有耕地4668亩。该村主要以林果业、牲畜育肥、特色养殖为主导产业，2011年人均收入5738元。

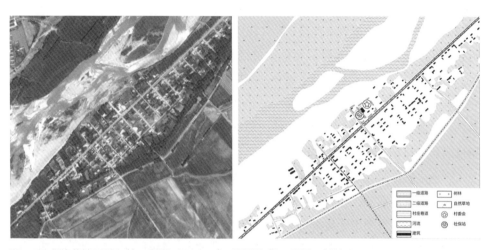

图4-57　阔克苏村卫星图（左，图源：bigemap）、肌理图（右，图源：自绘）

图4-58　阔克苏村实景（图源：特克斯零距离公众号）

**空间肌理：** 阔克苏村东片区和西片区分别呈两种布局形态。村庄毗邻库克苏河，因水资源的发展引导和自然制约，村落整体呈带状分布，具体西片区的布局更倾向于团块形，东片区的布局形态倾向一字形。村庄现状的分布，主要是沿着轴线两侧或单侧排列并发展。

　　**道路交通：**阔克苏村位于县域的东南部，以乡道联系特克斯县，交通条件便利，居民出行较为方便，村域内村民主要交通工具是摩托车、马车等。在村庄内部，街巷路面较差，基本为自然形成的砂石路面，村庄道路交通条件有待改善。

　　**景观环境：**从整个村域来看，村庄保持着原始的自然景观，与周围的绿色农林环境和谐相融，展现出了浓厚的田园风情。村庄现状道路两侧树木葱郁，行道树种植较宽，这为村庄发展农林经济产生了极大的推动作用，也为发展牧业和旅游业的发展提供了得天独厚的条件。在挖掘现状绿化特色的同时，村庄的宁静和原始的生态有机结合，通过不断改善交通和基础设施条件，以及庭院和村庄环境的绿化美化等综合治理措施，村庄的整体面貌得到了显著的提升。阔克苏村民居建筑地域风格，村庄景观由自然形成，缺乏空地广场及公共活动空间，整体的住宅庭院绿化和整体居民点绿化需结合自然进行提升。

　　**产业发展：**阔克苏村由于水资源比较丰富，农副产品比较发达，例如：农作物以小麦、油菜、甜菜，油葵为主；近年来，该区积极探索农业发展新模式，优化农业产业结构，充分利用优质水资源，积极培育壮大冷水鱼养殖优势产业，在科克苏镇实施年产值达 2000 万元的冷水鱼养殖基地，探索新的增收致富路径。畜牧业以饲养牛、羊为主。

## 4.2.4　巩乃斯河流域——新源县

　　新源县隶属新疆维吾尔自治区伊犁哈萨克自治州，辖 8 镇 3 乡 77 个村民委员会、4 个居民委员会、4 个国有农牧场[1]。该县坐落于新疆维吾尔自治区西部，天山腹地、伊犁河谷东部，东经 82°28′～84°57′，北纬 43°01′～43°40′，总面积 7580 km² （图 4-59）。新源县水资源丰富，有巩乃斯河、卡普河、吐尔根河等大小水系 17 条，年总径流量为 25.79 亿 m³。截至 2020 年 6 月，该县总人口达到 31.66 万人，且拥有乌勒肯吉尔尕郎自然保护区、那拉提、西域酒文化博物馆等景点。

### 1. 哈茵赛村

　　哈茵赛村位于新疆伊犁州哈萨克自治州新源县那拉提镇。该村位于新源县西南，坐落于那拉提 5A 级景区中，邻接那拉提河谷草原，距那拉提镇 4 km，距新源

---

1　新源县人民政府网. 走进新源.http://www.xinyuan.gov.cn/xinyuan/c113879/zjxy.shtml.

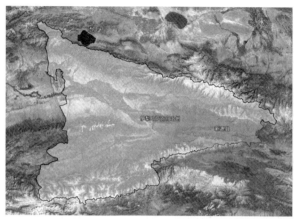

图 4-59　新源县区位分析图（左，图源：bigemap）、村落分布图（右，图源：bigemap）

县约 80 km。哈茵赛村所处位置属于天山山脉的延续，平均海拔 1440 m，村落地形平坦，东西、南北高差不超过 20 m，距巩乃斯河 750 m 左右。全村现有 103 户，现状以放牧业为主。哈茵赛村所处草原山地，景观资源得天独厚，自然环境优美，条件优越，旅游开发潜力巨大，是那拉提旅游风景区具有独特的哈萨克民俗风情的传统村落（图 4-60～图 4-62）。

图 4-60　哈茵赛村卫星图（左，图源：bigemap）、肌理图（右，图源：自绘）

**空间肌理：** 村落所在区域南侧有缓山，北侧地势平缓，哈茵赛河从村落的东南方向到西北方向流经，是村内的自然水流。村落顺应自然地形及道路现状，主要沿北边的干道向南延伸到哈因赛河。村落道路以南北方向的街道为主，民居沿各支路

图 4-61 哈茵赛村航拍

图 4-62 哈茵赛村实景

及巷道布局。村庄整体布局自然、规整，与外界的草原相对比具有较强的集中感。村庄南侧贴着那拉提空中草原所在的山体。

道路交通：哈茵赛村坐落于风景秀丽的那拉提 5A 级景区之内，距离景区游客服务中心仅有 2 km 之遥。游客服务中心毗邻重要的交通干线 218 国道，交通四通八达，极大地方便了游客的出行。此外，从游客服务中心通往哈茵赛村的道路状况良好，足以满足游客的通行需求。就村落内部交通而言，哈茵赛村沿东西向的主路延伸开来，八条与之平行的道路紧密相接，构成了村落的主要交通框架。然而，目前村落内缺乏东西向的支路，导致各巷道之间的连通性尚待提升。

景观环境：哈茵赛村拥有得天独厚的草原山地景观，自然环境优美，条件得天独厚。村落背靠壮观的空中草原，地形平坦开阔，以草原为基底，一条小溪贯穿整个村落，水流潺潺，别具一格。以自然风貌为主导，人工景观相对较少，展现出一种原始而自然的美。

产业发展：哈茵赛村目前产业相对集中，除了一户养蜂农户外，大部分居民以游牧业为生，部分居民在当地景区提供服务。该村凭借其独特的自然条件和地理位置优势，以及深厚的游牧人文资源，发展哈萨克民俗文化、休闲养生和娱乐度假旅游。并能够与自然景区互补，成为那拉提景区中重要的人文节点。

2. 阿拉善村——哈萨克第一村

阿拉善村位于新疆伊犁哈萨克自治州新源县那拉提镇，作为新源县那拉提镇下辖的行政村，享有"新疆哈萨克第一村"的美誉。该村不仅是那拉提镇安居富民示范定居点，还被伊犁州评为建设"美丽乡村"的示范村。全村总人口共计 4986 人，其中哈萨克族人口约 4503 人，是一个以哈萨克族为主体的多民族牧业村，也是新源县哈萨克民族最集中、人数最多的村（哈萨克居民＞90%）（图 4-63）。

"哈萨克第一村"位于镇政府东 20 km 处，北邻那拉提 5A 级景区河谷度假景区，距景区东门 2 km，景区西门 13 km，218 国道北面，交通便利，三面环山，风景宜人。总占地面积 700 亩。占据伊犁"东大门"的地理位置（图 4-64）。2013 年，阿拉善村作为新疆"哈萨克第一村"正式对外开放，积极发展民俗旅游业；2020 年7 月，该村入选第二批"全国乡村旅游重点村"。

空间肌理：该村落充分顺应自然地形及道路现状，主要街道沿南向北延伸至山脚。村落内的道路系统以南北走向为主，民居建筑主要分布在东部和北部，沿各支

图 4-63　阿拉善村卫星图（左，图源：bigemap）、肌理图（右，图源：自绘）

图 4-64　阿拉善村实景

路及巷道有序布局。西南部的毡房组团则围绕中心建筑为核心呈放射形布局，每个小组团包含 6 至 7 个毡房建筑，整体布局自然流畅，与周围的草原景观形成鲜明对比，展现出一种强烈的集中感。

　　景观环境：村落坐落于开阔的草原上，自然景观具有鲜明的草原特征。虽然村落为新建的牧民定居点，但在风貌上与地域文化相契合，建筑、景观小品等要素极具民族特色。从远处眺望，整个村落如同草原上自由散落的毡房，与周围的环境和谐相融，构成一幅美丽的画卷。

　　产业发展：在政府的大力支持下，当地牧民充分利用了丰富的天然草原资源，围绕"草原零距离 哈萨心连心"的主题，结合 5A 级旅游景区——那拉提大草原和肖尔布拉克镇酒文化博物馆，开办了"佳艺乐歌舞剧场""巴哈提家园""阿拉善马队""克赛部落""别克民俗活动展示"等一系列独具哈萨克风情的体验项目。

此外，还特设了哈萨克厨艺和手工刺绣等手工艺品制作的学习体验场所，使游客能够亲身感受哈萨克民俗文化的独特魅力。这些举措不仅有效地展示了哈萨克传统文化的深厚底蕴，提升了哈萨克民族风情的知名度，更有利于当地牧民的脱贫致富。

### 3. 塔依阿苏村

塔依阿苏村位于新疆伊犁哈萨克自治州新源县那拉提镇。该村是我国 5A 级景区那拉提旅游产业的西大门，也曾是国家级山区特困村。该村附近汇聚了古岩画、新源县人民广场、那拉提旅游风景区、白沟风景区、肖尔布拉克西域酒文化博物馆等众多旅游景点，还有喀拉布拉苹果、那拉提黑蜂蜂蜜、喀拉布拉桃子、伊犁酒、天山乌梅等丰富特产（图 4-65、图 4-66）。

图 4-65　塔依阿苏村卫星图（图源：bigemap）、肌理图（右，图源：自绘）

塔依阿苏村是中国哈萨克族聚居最集中的行政村，受到巩乃斯河及塔依阿苏大桥的阻隔，交通相对不便，从而形成了相对封闭的自然生活环境。这一特殊环境为该村保留了丰富的哈萨克族民俗文化。2012 年，塔依阿苏村被确立为新源哈萨克族文化生态保护实验区，这是自治区文化和旅游厅批准设立的首批四个自治区级文化

图 4-66　塔依阿苏村实景

生态保护实验区之一[1]。

**空间肌理：** 巩乃斯河从村落北侧流过，南侧是绵延的山脉，村落顺应自然地形及道路现状，整体为团块状形态，主要沿中间的干道向南北方向延伸呈十字形布局。村内道路大多由南北方向的街道组成，民居主要沿各支路及巷道布局，被道路分隔为一个一个的小单元。村庄整体格局规整，以村委会为中心集中布局，与其他的草原聚落对比有很强的向心性与聚集感。

**道路交通：** 对外交通方面，塔依阿苏村的主路向北延伸与 218 国道相接，交通便利。内部交通方面，道路呈规则的方格网状分布，具有均质性的特点。

**景观环境：** 村落依托那拉提景区，具有典型的草原景观特征，景观要素包含树林、草场、山体，具有典型的山地草原风光。

**产业发展：** 该村是典型的牧业村，近年来在政府的扶持下，通过技术支持和资金支持，逐渐提升了村落养殖的科学质量。此外，村落结合马产业的优势，推进"马产业 + 旅游 + 乡村振兴"的新格局[2]，第三产业中的民族手工艺品加工及农牧家乐正逐步兴起，给脱贫攻坚带来良机。

### 4.2.5　巩乃斯河流域——巩留县

巩留县，隶属新疆维吾尔自治区伊犁哈萨克自治州，位居伊犁河谷中部，中心位置约为东经 81°34′~83°35′、北纬 42°54′~43°38′，全县总面积 4528 km²。巩

---

1　新浪新闻.4 个新疆自治区级文化生态保护实验区名单公布.https://news.sina.com.cn/c/2012-12-19/021925841974.shtml.

2　新源县. 马产业助力农牧民"马上"致富.https://baijiahao.baidu.com/s?id=1783686811532279801&wfr=spider&for=pc.

留地处伊犁河谷中部，伊犁河上游南侧，天山支脉那拉提山北麓，位居伊犁河谷中部，东南与巴音郭楞蒙古自治州的静县接壤，东北与新源县毗邻，北部同尼勒克县和伊宁县隔河相望，西部与察布查尔县相邻，南部与特克斯县相依。

巩留县辖 6 个镇、2 个乡，另辖 6 个乡级单位。全县总面积 4528 km²，地貌由山地、丘陵、平原三大单元所组成，三者分别占巩留县总土地面积的 67.05%、9.46% 和 21.93%。巩留县在气候上属北温带大陆性半干旱气候类型，年均气温 7.4 ℃，最高气温 37～39 ℃，无霜期约 145 天，昼夜温差平均在 13～16 ℃。春迟秋早，冬长夏短，四季分明，日照充足（图 4-67）。

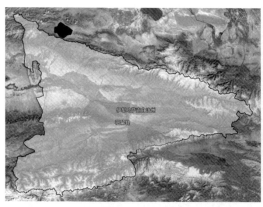 

图 4-67　巩留县区位分析图（左，图源：bigemap）、村落分布图（右，图源：bigemap）

### 1. 阿热勒村

阿热勒村位于新疆维吾尔自治区巩留县库尔德宁镇。阿热勒村距县城 57 km，距离库尔德宁国家森林直线距离约 20 km（图 4-68、图 4-69），是新疆伊犁州巩留县库尔德宁镇下辖的行政村。阿热勒村土地广袤肥沃，气候凉爽湿润。全村共有耕地面积 10770 亩，草场面积 126639 亩，林地面积 1360 余亩，是一个哈萨克族为主的多民族的农牧业结合村，牧民都住在原始森林中，农民则在山地周边种植贝母、小麦和玉米。

**空间肌理：** 村落整体顺延山势与河流呈条带状分布，由发源于南部山脉的莫乎尔河将村落一分为二，北部村落依傍山脉，南部村落以道路为骨架紧贴河流生长。莫乎尔河作为滋养村落的重要水源，一支从村落中央沿山脉走向穿过村落，另一支从村落南侧流经，随后再次汇合，环绕整个村落。小莫合尔公路从南侧穿过村庄，

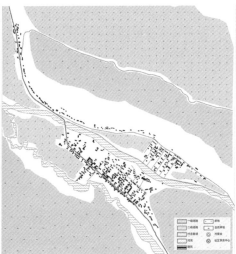

图 4-68　阿热勒村卫星图（左，图源：bigemap）、肌理图（右，图源：自绘）

图 4-69　阿热勒村实景

村内道路近似于方格网状；有四条南北向主要道路，平行排列；东西向道路较少。建筑主要沿各支路及巷道布局，院落布局多为一字形和 L 形。村庄整体布局比较松散，但是跟周边开阔的田野对比，该村又有较强的集中感。

　　**道路交通：**对外交通方面，村内主路小莫合尔公路与库尔德宁镇的喀班巴依街相接。内部交通方面，道路布局呈现鱼骨状，一条主路贯穿村落东西，各条支路与主路相接，连接各户建筑，具有延伸性。

　　**景观环境：**村落整体具有山地草原景观的特征，景观要素包含山体、松林及溪涧，村庄自然环境优美。村落内部道路绿化丰富，植被树木葱郁。

**产业发展：**该村为农牧结合型村落，在稳固畜牧产业的同时，积极推动特色种植业的发展。村落充分利用当地资源优势，选定贝母种植作为推动经济发展、增加农民收入的关键手段。经过努力，已建成占地 4500 亩的贝母种植基地，并与本地中药有限公司建立了稳定的收购合作关系，为村民开辟了新的增收途径。因此，阿热勒村在全县范围内享有"贝母村"的美誉，不仅拉动了当地就业，也显著促进了农民收入的增长。

### 4.2.6　喀什河流域——尼勒克县

尼勒克，系蒙古语，意为"婴儿"。尼勒克县位于新疆维吾尔自治区西北部，西与伊宁县接壤，西南与巩留县隔河相望，东南与新源县毗邻，东与和静县为界，北与精河县为界。全县辖 6 乡 5 镇 1 场 1 兵团，县境由东向西延伸，呈长条形，似柳叶状，总面积 10053 km² （图 4–70）[1]。

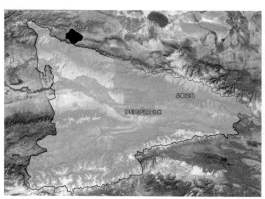

图 4-70　尼勒克县区位分析图（左，图源：bigemap）、村落分布图（右，图源：bigemap）

尼勒克县四周环绕高山，峡谷分布广泛，地势由东北向西南逐渐倾斜。北部包括科古尔琴山、博乐科努山和依连哈比尕山，南部则是阿布热勒山。这四座山形成了一个峡谷，地势东高西低，北高南低，整体由东北向西南倾斜。喀什河和巩乃斯河自东向西相间流淌。尼勒克县的旅游资源丰富多样，涵盖了地文景观、水域风

---

1　尼勒克县政府网. 走进尼勒克.http://www.xjnlk.gov.cn/xjnlk/c112910/zjnlk.shtml.

光、生物景观、古迹与建筑以及休闲求知健身五大类，共计 17 个基本类型。根据其特点和分布，可划分为三大风景区：东部唐布拉百里风景旅游区、中部吉仁台峡谷风景区和西部喀什河谷风景区。

### 1. 克孜勒土木斯克村

克孜勒土木斯克村是新疆维吾尔自治区伊犁哈萨克自治州尼勒克县克令乡下辖村。2017 年，克孜勒土木斯克村入选第二批中国少数民族特色村寨，也是牧民的定居点。毗邻湿地古杨景区，[1] 位于 776 县道旁边，距尼勒克县仅 2 km（图 4-71、图 4-72）。

图 4-71　克孜勒土木斯克村卫星图（左，图源：bigemap）、肌理图（右，图源：自绘）

克孜勒土木斯克村紧靠克令乡湿地胡杨林。湿地胡杨景区是中国西部面积最大、保护最完整、生态效益发挥最好的湿地胡杨林之一[2]，素有"南疆沙漠胡杨、北疆湿地古杨"之称，古树参天、空气清新、野生动植物种类丰富、被誉为"天然氧吧"，是集生态观光、疗养度假、运动休闲、乡村体验、特种旅游等多种功能于一体的四季皆宜的综合型旅游区。其中的哈萨克族民俗风情园占地 120 亩，建设 26 户高标准定居兴牧院落，每户建设 143 m² 二层楼 1 栋，35 m² 毡房建筑 2 座，100 m² 高标准棚圈 2 座，是一个集休闲娱乐、餐饮、民族文化、旅游观光为一体的生态"牧家乐"小区。村路紧邻景区条件便利，环境优美，风景宜人。

**空间肌理：** 村落西北侧毗邻 4A 级湿地古杨景区，喀什河蜿蜒流过东北侧，巧

---

1　新疆新闻门户. 伊犁：湿地公园带动农牧民旅游增收.http://news.ts.cn/system/2020/10/27/036479567.shtml.

2　尼勒克县政府网. 湿地古杨风景区.http://www.xjnlk.gov.cn/xjnlk/c112919/202305/217e3277a1584ce79f260a5c78ab0d61.shtml.

图 4-72　克孜勒土木斯克村实景

妙地将村落与镇区分隔，营造出独特而优美的自然景观。在村落空间规划中，虽表
现出向心性特征，但整体布局仍保持适度的分散性，三块公共绿地均匀镶嵌其中，
凸显出草原聚落的典型风貌。

　　**道路交通**：村落的交通体系以一条环绕景区并穿越村落的主干道为核心，次要
道路则负责连接主干道与各户院落，形成了层次分明的道路等级结构。村落的街巷
风貌整洁有序，道路景观协调统一，独特的道路街面风格与整体风貌相得益彰。

　　**产业发展**：依托尼勒克县湿地古杨风景区的整体规划，村落深入挖掘并大力弘
扬哈萨克族独特的民俗文化，致力于打造生态环保的星级牧家乐，以推动尼勒克县
旅游业的快速发展。民俗风情园距县城仅 2 km，紧密结合湿地古杨林景区的资源优
势，设计和建设具有哈萨克族民族特色的园区，并建设园区内水、电、路、绿化等
各项基础设施。

　　在 2017 年新疆·尼勒克"十佳农家乐、十大特色美食"中，该村采购绿色生
态的哈萨克族特色食品，有能充分体验原始哈萨克族生活的克令乡哈萨克人家和哈

萨克毡房及包间供客人选择。农家乐保留了原有的哈萨克族人家特色，著名的白宫农家乐入选十佳农家乐。

2. 阔克铁列克新村

阔克铁列克村位于新疆伊犁哈萨克自治州尼勒克县尼勒克镇，距离乌拉斯台镇37 km 左右，距离唐布拉景区约 10 km（图 4-73），是去往唐布拉景区的必经之地。原村位于地质灾害易发区，于 2017 年进行整村搬迁。经过整村搬迁后，村落周围雪山巍峨，喀什河自东往西流去，环境宜人，阔克铁列克新村成为一个哈萨克族民俗特色村寨，旅游业蓬勃发展（图 4-74）。

 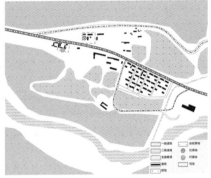

图 4-73　阔克铁列克新村卫星图（左，图源：bigemap）、肌理图（右，图源：自绘）

图 4-74　阔克铁列克新村实景

**空间肌理：**村落背靠群山，南面喀什河，呈团状分布，乔尔玛-巴依托海线（S315 省道）沿东西向穿过将村落一分为二。空间主要分为居住空间与牧草地空间，村落有村委会、水厂等公共设施，民居分布在南侧，布局规整。

　　**道路交通：** 在对外交通方面，村落沿 S315 省道展开。村落内部的支路呈现南北向，与主路垂直。各条巷道分布均匀，院落分布在巷道的两边，连续的院墙成为道路的两侧的主要界面。

　　**产业发展：** 阔克铁列克村过去是个连电都不通的困难村，现在通过发展褐牛养殖及相关旅游产业，已成为远近闻名的旅游村。

　　**3. 种蜂场牧业队**

　　种蜂场牧业队隶属新疆伊犁哈萨克自治州尼勒克县种蜂场下辖的行政村，位于距离种蜂场核心区 4 km 的传统村落和牧民定居点，同时亦是中国少数民族特色村寨之一。种蜂场，作为全疆种蜂繁育基地，坐落于唐布拉草原的核心地带，并承担着新疆黑蜂养殖繁育保护的重要任务（图 4-75、图 4-76）。

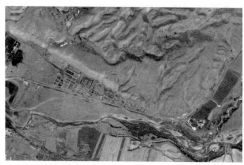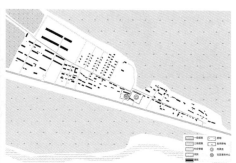

图 4-75　种蜂场牧业队卫星图（左，图源：bigemap）、建筑肌理图（右，图源：自绘）

　　尼勒克县种蜂场牧业队，从 2017 年开始，根据哈萨克族特色村寨项目的建设要求及美丽乡村的构想，积极开展农村危旧房改造工作，这是改善农村人居环境、加快农村危旧房改造步伐、推进美丽乡村建设、实施乡村建设的重要举措。

　　**空间肌理：** 村落整体受北侧山势和南侧河流的限制形成楔形形态，西侧宽、东侧窄，村落中心的公共绿地把整个村庄分为东西两个部分，新区在西侧，集中连片、规整有序，老区主要分布在东侧和南侧，分散布置。村庄中央设置村委会、民俗酒店、畜牧养殖场、赛马中心及村民的居住地，牧草地主要分布在村落周边。

　　**道路交通：** 种蜂场牧业队位于乔尔玛—巴依托海线（315 省道）北侧，位置优越，交通便利。村落沿道路呈长梯形展开，各条平行的巷道与主路相连，巷道两侧

图 4-76　种蜂场牧业队实景

连接各院落。

景观环境：该村庄荣获第二批"中国少数民族特色村寨"的荣誉称号，通过累计投资 624 万元，成功打造了具有哈萨克族特色的村寨，村落整体风貌改善，展现了浓郁的地域特色，村落绿化景观优美、村庄干净整洁有序，村内增设了公共广场和文化长廊，同时也完善了基础设施和公共服务设施。

产业发展：该村庄以畜牧养殖与旅游产业（特别是赛马活动）为主导产业，同时部分家庭涉足黑蜂养殖领域，村内设有专业的畜牧养殖合作社。在 2017 年，该村庄荣获第二批"中国少数民族特色村寨"的荣誉称号，通过累计投资 624 万元，成功打造了具有哈萨克族特色的村寨，其基础设施如水电路渠等已相当完善。为了充分利用地缘优势，该村实施了"一场、一园、一村落"的惠民工程，成功培育了 5 个少数民族毛、骨、皮、乳等生产加工专业合作组织，并创建了 1 个民生就业创业孵化基地。此外，该村还积极利用牧业队的阿尤勒赛马协会，组织开展了姑娘追、叼羊和摔跤等具有民族特色的传统体育活动，有效拓宽了村民的增收渠道。通过哈萨克族特色村寨项目的推动，不仅提升了农牧民的居住环境，带动了他们的经济增收，还使得集中、独具特色的哈萨克族传统建筑群落得以传承和保护。

### 4.2.7  伊犁河干流流域——察布查尔县

察布查尔锡伯自治县，位于中国新疆伊犁哈萨克自治州原伊犁地区板块的西部，具体地理位置为伊犁河以南、天山支脉乌孙山北麓。该县与伊犁州首府伊宁市隔河相望，其西侧与可克达拉市及哈萨克斯坦接壤。截至 2019 年，察布查尔县下辖 13 个乡镇，是中国境内唯一一个以锡伯族为主体的多民族聚居的自治县（图 4-77）。

图 4-77  察布查尔锡伯自治县区位分析图、村落分布图（左，图源：bigemap）

察布查尔锡伯自治县的自然风光优美，人文景观丰富。县内包含一山（乌孙山白石峰景区）、一水（伊犁河清水湾风景区）、一边（口岸边境旅游）、一园（锡伯族民俗风情园，被评为国家 4A 级景区）等多处旅游景点。此外，还有靖远寺、图公祠、乌孙古墓、海努克古城、银顶寺遗址等名胜古迹，吸引了大量游客前来观光游览。

从地势上来看，察布查尔锡伯自治县自南向北形成多级阶梯，整体呈现出东窄西宽、南高北低的特点。自东向西，地势逐渐开阔；自南向北，地势逐渐平坦，整个县境形状犹如一面展开的旗帜。根据地形特征，该县可分为南部山区、山麓、丘陵、中部倾斜平原、北部河流阶地和河漫滩五个不同的地貌类型。

在气候方面，察布查尔锡伯自治县属于大陆性北温带温和干旱气候区。这里热量丰富，光照充足，四季分明。据统计，全年有效光照时数达到 2846 小时，无霜期长达 177 天。年平均降水量为 222 mm，主要集中在夏季。由于地处高纬度地区，

冬春季节较长，冬季寒冷；夏秋季节较短，夏季炎热，降水较少。年平均气温为
7.9 ℃。这些气候条件为当地的农业生产和生态环境提供了有利的基础。

### 1. 乌宗布拉克农村社区

察布查尔锡伯自治县乌宗布拉克农村社区成立于 2012 年。其名"乌宗布拉
克"在哈萨克语的意思是"长长的泉水"。[1]察布查尔镇乌宗布拉克农村社区位于
县城以南 8.5 km 处，是一个以哈萨克族农牧民为主的农村社区，辖区有 662 户
2439 人，包含哈萨克、汉、维吾尔、柯尔克孜、回、锡伯等多民族村落（图 4-78、
图 4-79）。

图 4-78　乌宗布拉克农村社区卫星图（左，图源：bigemap）、肌理图（右，图源：自绘）

**空间肌理：** 村庄整体布局较为规整，呈团块状主要分布于道路一侧，呈现自然
发展的态势。建筑沿十字交叉形路网整齐布置，多为一字形和 L 形，布局紧凑。于
功能布局方面，村落内有两处集中布置的养殖基地，分别位于村落的西北部及东
部；东部养殖基地的北侧布置有一游乐园。夜市东部及村落内有两个区域的集中花
海，村落西侧沿南北主要道路侧结合花海布置公园景观；村委会西侧设有巴扎夜
市，发展村落夜市经济；村内有村委会、卫生院、学校、培训基地及广场，大多分
布在村落南部区域，为村庄的公共设施区域。整体来看，村落内功能布局较为规
整，业态较为丰富，为居民生活及游客游览观光提供服务。

**道路交通：** 在对外交通层面，村落主要依赖西侧 S313 察布查尔县-多浪图公

---

1　建画里乡村 留梦里乡愁！ https://www.sohu.com/a/716008501_121126637.

图 4-79　乌宗布拉克农村社区实景

路，此路向北直达察布查尔锡伯自治县县城，向南延伸至昭苏方向。整条路面均为优质沥青路面，确保了对外交通的便捷与顺畅。在内部交通上，村内道路以方格网状布局为主，连接各家宅院门前，但路面质量存在一定差异。社区内设有观光车，且提供至县城的公交服务。此外，乌宗布拉克农村社区精心打造了 3 条美丽乡村示范巷道，包括景观路线、民宿、巴扎和广场线路，为游客提供了丰富的观光体验。

　　景观环境：村落内分布有多处集中绿地景观：文化广场、休闲公园、花海等。村落西侧，结合 313 省道与花海，设计了一条带状公园，旨在吸引过往车辆，进一步推动村落旅游产业的发展。同时，道路两侧种植的行道树为村落增添了绿色元素，美化了村庄环境。文化广场和公园不仅为居民和游客提供了休憩和娱乐的场所，还成功激发了村庄的活力。

　　产业发展：乌宗布拉克农村社区位于县工业园区附近，通过实施创业孵化、订单培训、就业推介和劳务输出等多元化策略，有效解决了居民的就业问题。去年，伊宁卫校与社区紧密合作，共同建设了一个面积为 2 100 m² 的农贸市场，积极引导建档立卡贫困户和社区困难居民参与创业活动。此外，社区致力于打造成距离县城最近的哈萨克民俗文化村，社区东边已有旅游公司正在开发集垂钓、餐饮、民宿于一体的旅游景点，预计将为居民提供更多的就业机会和增收途径[1]。

### 2. 努拉洪新村

努拉洪新村是伊犁哈萨克自治州察布查尔县扎格斯台乡下辖村，位于察布查尔县城南部，距县城 35 km，东与海努克乡相邻，南隔乌孙山与昭苏县接壤，西与州奶牛场乌库尔齐为界，北与纳达齐乡毗邻（图 4-80）。努拉洪新村东临 237 省道，南接努拉洪布拉克村，该村是以维吾尔族为主的多民族聚集村。

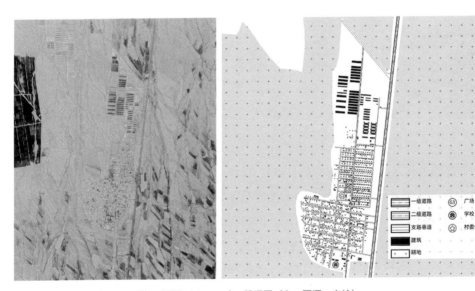

图 4-80　努拉洪新村卫星图（左，图源：bigemap）、肌理图（右，图源：自绘）

努拉洪新村是该县实施定居兴牧工程后，通过整村推进形成的新农村[2]。新村是 2006 年开始建设的，是江苏盐城市建设的"交钥匙"项目。该村已有 210 户入住，在建 27 户。最终入住将达到 469 户。为了让牧民们住得长久并提高居民的经济收入，乡政府给每户 100 亩草场发展畜牧业，同时，还引进了草地红花、薰衣草等经济作物种植，政府还在新村附近修了一座水库，可同时发展牧家乐、乌孙山上的滑

---

1　天山网. 乌宗布拉克农村致富有道.https://www.ts.cn/zxpd/dz/202303/t20230301_11939014.shtml.

2　新闻台. 察布查尔县定居兴牧工程得民心.http://news.cntv.cn/20120611/106904.shtml.

雪等旅游项目[1]。

**空间肌理：** 村落依傍在道路一侧呈团状布局，西部 2 km 处是给牧民划分的饲草料地，北部是正在规划建设的伊南工业园区和 110 千伏输变电站。由于南接努拉洪布拉克村、卫生室、哈语学校、双语幼儿园，因此该选址不但在交通、电力、人畜饮水、养殖等方面具有优越的条件，而且行政、医疗、教育等公共配套设施齐全，保障了广大游牧民的生产、生活。该定居点以规模适度、错落有致、特色鲜明、明亮清新、功能齐全、具有民俗特色及科学合理布置。游牧民生活区和生产区分离。

**道路交通：** 在对外交通方面，村落主要依靠位于东部的交通型干道与外部连接。这条干道北起察布查尔锡伯自治县县城，南至昭苏县，采用优质的沥青路面，确保了良好的通行质量。在内部交通布局上，村落采取了方格网状的路网结构，建筑物沿道路有序排列，使得整个村落呈现出规整而有序的面貌。宅间巷道直达各家院落门口，不仅便利了居民的出行，也促进了邻里之间的交流。尽管路面质量存在一定的差异，但部分道路已经实现了硬化处理。此外，生活区道路与生产养殖道路得到了有效分离，基本形成了"人走人行道、畜走畜牧道"的交通格局（图 4-81）。

**景观环境：** 在景观环境方面，村落的景观规划主要涵盖了入口景观、集中公园广场以及道路景观三个方面。村落入口处设置了特色大门，既划定了村落的边界，

图 4-81　努拉洪新村实景

---

1　中国财经新闻网. 天山南北"俱欢颜"——新疆各级财政全力保障民生纪实·"三房"建设篇.http://www.prcfe.com/web/meyw/2012-09/15/content_907010.htm.

也构成了村落的标志性景观。在部分公共空间和节点位置，精心布置了景观小品，如石头、雕塑等，这些元素不仅凸显了村落的特色，也丰富了整体的景观环境。道路两侧种植了行道树和草地，形成了独特的道路景观，为居民和游客提供了宜人的视觉享受。

**产业发展：**努拉洪新村是该县实施定居兴牧工程典范村，该村的绝大数人口是定居的牧民，根据该村的生产特点和劳动力技能特点，圈养式的畜牧养殖业比较发达，尤其，骆驼养殖业有一定的规模，在养殖区内建设了24栋棚圈和附属建筑，基本满足了上千只骆驼的养殖，为该村的产业发展注入了新的活力。

# 4.3 额敏河流域

## 4.3.1 蓝色的"冰河世纪"额敏河

额敏河古称也迷里河，是一条内陆河，发源于天山山脉，横贯额敏全境，流经裕民县、塔城市，注入哈萨克斯坦的阿拉湖，是塔城盆地最大的水系。[1] 额敏河流域的地理位置特殊，是连接天山和阿尔泰山的桥梁，也是植物区系迁移的通道，植物区系成分丰富，植物种类繁多，生态系统类型多样。额敏河流域属中温带干旱和半干旱气候，地处中纬，气候凉爽，降水量差异较大、年际变化大。天山北麓冰川水资源较丰富，北部无高山冰川，水资源时空分布不均衡（图4-82）。

下文根据村庄建设发展，从额敏河流域选取了额敏县两个聚落对其空间特征进行研究（表4-3）。

表4-3 额敏河流域村庄空间类型与特征

| 村落名称 | 空间类型 | 所在县 | 空间肌理 | 产业发展特征 |
|---|---|---|---|---|
| 甘泉村 | 新建聚集型 | 额敏县 | 民居建筑多为一字形和L形 | 旅游业和农业 |
| 上杰勒阿尔什村 | 新建聚集型 | 额敏县 | 民居建筑多为一字形和L形 | 旅游业、畜牧业、农业 |

1 阿依夏，辛俊. 额敏河流域水文特性 [J]. 水文，2002，(2)：51-53.

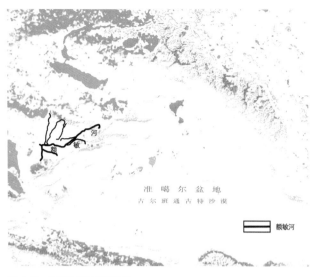

图 4-82　额敏河流域示意图

## 4.3.2　额敏河流域——额敏县

额敏县位于新疆塔城地区的西北部，准噶尔盆地西北边缘，北面与边境相邻，南接托里县和油城克拉玛依市，东邻和布克赛尔蒙古自治县，西接塔城市和裕民县。[1] 县辖 4 镇 7 乡 6 个农牧场，境内驻有新疆生产建设兵团第九师师部及所属 7 个农牧团场。该县东北高西南低，被群山环抱，向西开口，北面有塔尔巴哈台山，东南有齐吾尔喀叶尔山，中部是额敏河冲积平原。额敏县属于大陆性温带气候，四季分明。春季升温快但不稳定，夏季炎热而短促，秋季降温迅速，冬季寒冷而漫长，冷空气活动频繁（图 4-83）。

### 1. 甘泉村

甘泉村是塔城地区额敏县郊区乡下辖村。地处额敏县精品旅游线路的核心位置，交通便捷，郊土路穿村而过，距 219 国道 166 团入口 20 km，距额敏县火车站不足 1 km，距离物流园区 800 m（图 4-84、图 4-85）。全村共有 345 户 925 人，其中有常住户 134 户，共 365 人。村里常住有汉族、回族、东乡族、蒙古族等多民

<hr />

1　额敏县人民政府网站. 额敏县概况.http://www.xjem.gov.cn/xjem/gsp/202306/c998ff5468b54c3eb8ef928d9f6dead4.shtml.

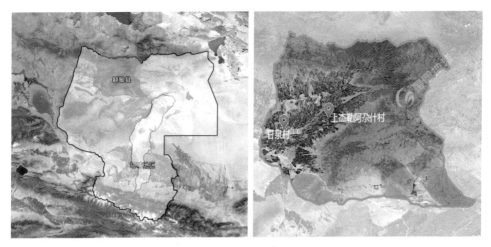

图 4-83 额敏县区位分析图（左，图源：bigemap）、村落分布图（右，图源：bigemap）

图 4-84 甘泉村卫星图（左，图源：bigemap）、肌理图（右，图源：自绘）

图 4-85 甘泉村实景

族，其中回族、东乡族占 48%。

全村共有土地 8848 亩，种植作物主要有玉米、小麦和打瓜。草场面积 1500 亩，林地面积 900 亩，人均口粮地 8.5 亩。2021 年村集体收入 32 万元，人均收入 21 500 元。2021 年以来该村荣获"自治区美丽乡村""自治区文明村镇""自治区乡村旅游重点村""自治区新时代美丽宜居村庄"等称号。

**空间肌理：**村落呈团状形态，村周边为连片农田，西南侧为火车站，民居呈单元状几户一组，自然分布，组与组之间形成道路，民居建筑多为一字形及 L 形布局，规整有序，道路延伸至各家庭院门前。

**道路交通：**村庄北邻 Y132 乡道，南邻 G335 国道，左邻 Y138 乡道通往额敏站。连接县城的乡路从村庄东侧经过，其中一段沿东西向从村子中间穿过，连接村庄西侧清泉村。村落内道路网格局基本为方格状布局，几户一组成为一个方格，内部交通系统较为完善，有停车场等设施，道路均为硬化道路，整洁有序。

**景观环境：**村落自然环境优美，生态景观环境良好。村庄内部从 2020 年开始整村提升改造，现状道路两侧树木葱郁，极大改善了其景观条件，为村庄发展全域旅游夯实了基础。由于村民主体为各地迁入，并无统一的建筑形式与风貌，因此对已有的民居建筑进行风貌统一，主体朝着简约的徽派建筑风格打造，目前初步统一为白墙灰瓦。新建的美食产业园更成为村庄的亮点，对村庄绿色农业空间的挖掘也是村庄风貌提升的重要一环，为了配合打造全域旅游，一些集体用地将来作为花海，挖掘现状绿化特色，将村庄的宁静和原始的生态有机结合，通过改善交通和基础设施条件以及庭院绿化和村庄环境绿化美化等方面的综合整治，使村庄的整体面貌焕然一新。

**产业发展：**甘泉村属于农业村，产业发展以"东游西养、南宿北食、一池烟火、红色典藏"为主要思路布局，基于全域发展旅游的大基调，依托美食优势、区位优势、生态优势，村庄发展餐饮产业、旅游产业、鸽产业，建设餐饮广场、鸽园、实训基地及红色信念教育基地和绿色农产品基地、初心广场（毛主席语录塔）、"郊区往事"村史馆、千亩天然氧吧、甘泉特色民宿、甘泉水街、小型滑雪场等点位，形成了以"观光、休闲、绿色、科普、参与、体验、生产"为主题的现代乡村特色休闲观光旅游产业基地[1]。

### 2.上杰勒阿尕什村

上杰勒阿尕什村新疆塔城地区额敏县杰勒阿尕什镇下辖村。位于额敏县东北方向直线距离约28 km处，是一个自然村落，环境优美，生态景观环境较好。目前村庄居民以哈萨克族为主，占村庄总人口的85%，是一个典型的哈萨克族村落。原村庄拥有丰富的水域资源和泉眼，然而，受缺水问题影响，这些资源已出现一定程度的退化。为了充分利用原有的水域资源，吸引更多游客，村庄决定在原有水域范围内，采取架空建设方式，打造一系列旅游建筑设施。这些建筑不仅具有观赏价值，还能为游客提供舒适的休闲空间，进一步推动村庄旅游业的发展。（图4-86、图4-87）。

图4-86 上杰勒阿尕什村卫星图（左，图源：bigemap）、肌理图（右，图源：自绘）

**空间肌理：** 村庄西侧有一条溪流，村落周边自然环境优美，生态景观环境较好。村落整体布局较为分散，向心性较弱，民居建筑多为一字形及L形布局，规整有序，道路延伸至各家庭院门前，村内交通较为便利。

**道路交通：** 上杰勒阿尕什村北邻G219国道，南邻G3015国道，交通便利，可达性高。村内道路路面质量不均，部分道路未硬化，街巷路面较差，基本为自然形成的砂石路面，道路交通条件有待提高。

**景观环境：** 村庄周边山坡环绕，自然环境优美，生态自然，为村庄创造了宜人的周边环境。村入口街道两旁有木构篱笆和以马为主题的景观小品，村内景观主要

1 额敏县人民政府网站.也迷里冰雪风情之旅.http://www.xjem.gov.cn/xjem/tpxw/202212/f8e4cc69ee044e0bacb26b09cf7572fa.shtml.

图 4-87　上杰勒阿尔什村实景

由街巷景观、庭院景观及建设的公共景观等构成。其中，街巷景观主要由行道树及外围的木构篱笆构成，庭院景观主要是通过村民对自家庭院的精心营造，种植花草、蔬果等营造休闲、优美、惬意的庭院环境，同时还设有毡房、小木屋等景观。

　　**产业发展：** 目前村庄除了农业、畜牧业以外，着力发展旅游业，村庄的旅游规划基于村庄的传统文化与习俗，布局细致、设计精美，村庄内规划有林中小道、露营区、经营区，引导村民在自家设民宿。目前村庄村民收入种植业占 60%，牧业占 20%，外出务工占 20%，村庄旅游规划落实完成后将会引起村庄村民收入结构的变革。

# 4.4　玛纳斯河与木垒河流域

## 4.4.1　贯穿山地—绿洲—荒漠系统的碧玉河玛纳斯河

　　玛纳斯河流域位于我国西北干旱内陆盆地准噶尔盆地南缘，自东向西由塔西河，玛纳斯河，宁家河，巴音沟河，金沟河形成的五大冲积平原组成，不仅是我国第三大农业灌溉区，也是新疆最大的农业灌溉区。玛纳斯河流域是典型的"山地—绿洲—荒漠"复合生态系统[1]，整体呈南高北低的趋势，地貌东西向呈条状分布。气候上，该流域主要属于温带大陆性气候和高山高原气候，年平均气温为6.1～7.5 ℃，年降水量为158～265 mm。流域内气候具有明显的地域差异，大部分地区属于温带大陆性气候，降水较少，气温的年较差和日较差均较大。玛纳斯河沿岸还建设了玛纳斯国家湿地公园和玛纳斯国家森林公园，对于玛纳斯河流域而言，具有重要的生态意义。

木垒河（图4-88），源自天山山脉博格达山的北坡，其河源区域并无现代冰川。其水源主要由降水和冰雪融水供给，其水流量呈现出季节性的周期变化[2]：夏季最为充沛，春季次之，而冬季则相对较少，这种不稳定的水流在一定程度上影响了木垒县的农业和牧业发展。木垒河流域的地形三面环山，呈现出东、南、北三面高、中部低的半壁槽状盆地特征。其按地形地貌大致可以分为山地、丘陵、平原和沙漠四个部分。气候上，该地区属于温带大陆性干旱气候，冬季寒冷漫长，夏季短暂凉爽，气温的年较差和日较差均较大。

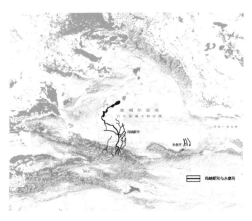

图4-88　木垒河与玛纳斯河流域示意图

玛纳斯河与木垒河流域同属于昌吉回族自治州，但水资源分布并不均匀。玛纳斯河四季都有水流，且水流丰沛，其下游形成了湿地公园，水资源对农业发展束缚不大；而木垒河有明显的丰水期、枯水期之分，枯水期经常断流，每年降水量的多少对农业发展影响很大，牧业发展也是依托于坎儿井工程才得以长久发展。

昌吉回族自治州被乌鲁木齐分隔，形成乌鲁木齐最大的飞地。玛纳斯河与木垒河分别处于自治州东西两侧，发源于天山北坡。下文在此范围中，从流域范围内共选择了2个县的5个草原乡村聚落进行研究。

---

1　杨会巾，李小玉，刘丽娟，等.基于耦合模型的干旱区植被净初级生产力估算[J].应用生态学报，2016，27（6）：1750-1758.

2　李军，姚秀华.新疆木垒河流域水文特性分析[J].地下水，2009，31（5）：56-58+97.

表 4-4　木垒河与玛纳斯河流域村庄空间类型与特征

| 村落名称 | 空间类型 | 所在县 | 空间肌理 | 产业发展特征 |
|---|---|---|---|---|
| 闽玛生态村 | 新建聚集型 | 玛纳斯县 | 院落沿南北方向道路两边布局 | 旅游业和农业 |
| 西凉州户村 | 保留改善型 | 玛纳斯县 | 地势平坦，形态规整 | 农业 |
| 下八家户村 | 保留改善型 | 玛纳斯县 | 规则的网格状布局 | 旅游业 |
| 大南沟乌孜别克族乡 | 新建聚集型 | 木垒县 | 整体规整的格网布局 | 旅游业 |
| 大石头村 | 保留改善型 | 木垒县 | 条带状 | 畜牧业 |

## 4.4.2　玛纳斯河流域——玛纳斯县

玛纳斯县坐落于昌吉回族自治州的最西部，具体位于天山山脉北坡的中段以及准噶尔盆地的西南边缘，紧邻玛纳斯河的东侧。[1] 其东面与呼图壁县相邻，而西面则与石河子市及塔城地区的沙湾县隔玛纳斯河相望。在南部，该县以天山分水线为界与巴音郭楞蒙古自治州的和静县相接，而在北部则与塔城地区的布克赛尔蒙古自治县为邻。截至 2021 年 10 月，玛纳斯县的行政区域划分包括 7 个镇、4 个乡、5 个团场，以及另外 3 个乡级单位。

玛纳斯县的地势自南向北逐渐升高，其地貌主要可划分为南部山区、山前冲积平原区和北部沙漠区三大部分。在气候上，玛纳斯县属于中温带大陆性干旱半干旱气候，其特点是冬季寒冷，夏季酷热，年降雨量较少且干燥，日照时间充足，蒸发量大（图 4-89）。

### 1. 闽玛生态村

闽玛生态村地处旱卡子滩乡政府附近，名称源自福建省和玛纳斯县，是福建省三明市对口援建的游牧民定居示范村，也是全疆首个高标准建成的牧民定居新村。[2]

村落经历了从定居兴牧到旅游兴村的转变，实现了由纯牧业村向生态畜牧业与文化旅游业相互促进发展的转变，也探索出了乡村旅游与畜牧业融合发展的致富之路（图 4-90～图 4-92）。

---

1　玛纳斯县人民政府.https://www.mns.gov.cn/zj.htm.

2　http://www.cjxww.cn/pdjx/xnc/mlxc/202206/t20220621_8686677.html.

图 4-89　玛纳斯县区位分析图（左，图源：bigemap）、村落分布图（右，图源：bigemap）

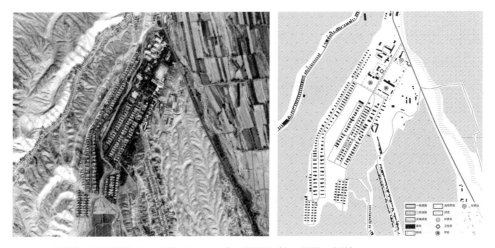

图 4-90　闽玛生态村卫星图（左，图源：bigemap）、肌理图（右，图源：自绘）

图 4-91　闽玛村航拍

图 4-92　闽玛村实景

**空间肌理：** 闽玛生态村位于天山北坡丘壑之间的平地内，受到地形的束缚，村庄呈现为南北长、东西窄的收缩形团状布局。村庄三面环绕丘陵，东侧为一片带状的田野，流水自南向北从村庄中心穿过。由于是统一规划的牧民定居村落，村庄布局规整，民居院落沿南北方向的道路两边布局，西侧长而窄，只有两列院落，东侧有三列，但分为两片，靠北侧更大，家家户户门前通路。村庄最靠北的位置是乡政府、医院等所在地。

**道路交通：** 闽玛生态村距玛纳斯县政府直线距离约 23 km，通过公路与县城相连，公路沿丘壑边缘从村庄外东北侧穿过，将村庄同农田分隔。村庄内部道路走势同河流一样，呈现为长条网格状，且共有三处桥跨过河流连接东西两岸。

**景观环境：** 村庄内部树木旺盛，绿地覆盖率高，院落在绿地环境的包围之中，这充分展现了其村庄名称所蕴含的生态特色。村庄院落内部为适应乡村旅游发展的需要，搭建了毡房，以打造特色民宿。此外村庄建筑外立面统一采用黄色调，与道路树木共同形成了村庄内部独特的景观环境。但目前村落内仍存在私搭乱建严重影响村庄整体风貌的行为，部分院落环境不仅在庭院空间的分布上显得杂糅交错，住户在空间使用上的随意性，影响了院落空间的舒适性。

**产业发展：** 近年来，玛纳斯县致力于解决定居牧民增收致富问题，主要围绕以下八个方面展开工作。第一，依托玛纳斯县千亩设施农业基地，积极鼓励并扶持定居牧民投身农业，以此增加收入。第二，为了进一步提升畜牧业发展水平，为有需要的定居牧民每户配套建设了 300 m² 暖圈，并鼓励组建牧业合作社。第三，通过旱卡子水库和团结干渠项目的推进，加大了农田水利基础设施的建设力度，有效缓解了农业用水紧张的问题。第四，鼓励定居牧民发展大规格苗木、花卉等特色经济林果业，目前这一领域的种植面积已近 2000 亩。第五，借助与政府毗邻的工业园区的优势，开展了职业技能培训，引导牧民进厂务工，其中闽玛生态村在晶鑫工业硅厂务工的人数已达到 232 人，总月工资收入约 100 万元。第六，大力发展牧家乐旅游，利用临近玛河的地缘优势，将闽玛生态村打造成为集旅游观光、餐饮休闲于一体的哈萨克牧家乐生态新村[1]，目前已有 15 户牧民参与牧家乐旅游。第七，每月 8 日举办阿肯弹唱、玉石奇石、农产品交易活动，吸引了本地和外地个体工商户的积极参与，形成了具有哈萨克特色的"大巴扎"，有效提升了旱卡子滩乡的商业氛围。第八，实行村社合一的社会化管理服务模式，引入物业管理的理念，推动牧民向居民的转变，进而通过生活方式的转变促进生产方式的升级。

### 2. 西凉州户村

西凉州户村位于县城西北方向 8 km 处，具体位置在凉州户镇以西 3 km 处。该村自 1954 年建立以来，依托其独特的地理位置和资源优势，逐渐发展成为了一个繁荣的村落。它紧邻石河子市，连霍高速公路和兰新铁路贯穿其中，交通十分便利。此外，西凉州户村因其盛开的桃花而闻名，被誉为"桃花村"。

在政府和党委的领导下，西凉州户村在各个方面都取得了显著的成绩。2020年，该村被评为"昌吉州民族团结进步示范单位"和"昌吉州人居环境整治示范村"，这充分展现了其在民族团结和环境保护方面的努力。2021 年，它更是被确定为自治区乡村振兴示范村，这标志着该村在乡村振兴战略中迈出了坚实的步伐。

在人口构成方面，西凉州户村共有户籍人口 362 户 981 人，其中包括汉族、维吾尔族、回族、哈萨克族和侗族 5 个民族。汉族人口占据主体，共有 280 户 736 人，而少数民族人口为 82 户 245 人。在少数民族中，维吾尔族人口最多，为 53 户161 人，其次是回族 25 户 69 人、哈萨克族 4 户 14 人，以及侗族 1 人。

在经济发展方面，西凉州户村拥有广阔的耕地资源，总面积达到 7.96 km²，其中耕地面积为 8239 亩。村集体机动地达到 1718.5 亩，人均耕地面积为 7 亩。该村主要种植桃树、棉花、玉米和冬小麦四大类农作物，这些作物为村民提供了稳定的

---

1　天山网. 山村有活力，小康有底气.http://news.ts.cn/system/2021/04/30/036623473.shtml.

经济来源。

　　此外，西凉州户村的基础设施建设也十分完善。全村实现了通路、通水、通电、通网、通广播的目标，为村民的生活提供了极大的便利。同时，该村还建有村级卫生室和文化广场，满足了村民在医疗和文化娱乐方面的需求。在特色产业方面，西凉州户村还积极发掘和发展具有地方特色的产业，为村民提供了更多的就业机会和收入来源。

　　近年来，在县、镇党委的坚强领导下，西凉州户村党支部全面推进乡村振兴战略，稳步发展仙桃产业。如今的西凉州户村已经融入城乡交融的美景之中，在桃花盛开的季节，如火如荼的桃花成为了该村的一大特色。同时，朴实厚道、热情好客的西凉州户人也在不断努力突破自己，像凤凰涅槃、浴火重生一样，用勤劳的双手和辛勤的汗水创造出一个又一个的奇迹。他们的奋斗精神和对美好生活的追求，使得西凉州户村焕发出勃勃生机（图 4-93）。

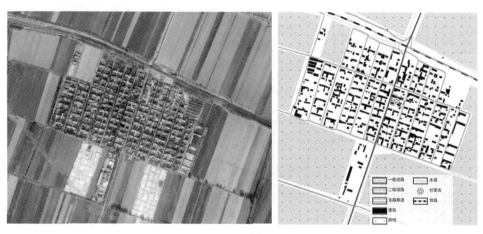

图 4-93　西凉州户村卫星图（图源：bigemap）、肌理图（图源：自绘）

　　**空间肌理：**村庄所处环境地势平坦，形态规整，呈团状，向心性较强。村庄入口处为党群服务中心，右侧分布有游客服务中心、餐饮、停车场、观景台以及桃种植园，在村庄空间布局上，服务中心将游客区和居民住区分开，减少了游客活动对村庄居民的生活的影响。

　　**道路交通：**村庄位于凉州户镇以西 3 km 处，距离县城 8 km。村周围有兰新铁路、G312 连霍高速公路及 X894 玛红线公路，区位交通优势明显，到达县城、乡镇的可达性高。村内部道路为规整的方格网布局形式，两条十字交叉道路构成村庄内部的主要骨架，方格网式的道路布局增强了村内居民出行的便捷性。

景观环境：西凉州户村是以种植为主的农业村，村周围种植园地中包括桃树、棉花、玉米、冬小麦等季节作物丰富了村庄的地景空间环境。西凉州户村主巷道墙景绘制关于"桃子和桃花"为主题的文化墙[1]（图4-94）。巷道两侧墙壁上绘出的仙桃个个令人垂涎欲滴，似乎伸手可摘。彩绘墙不仅提升了美丽乡村的颜值，也让村民在潜移默化中学习乡村振兴的精神[2]。

图4-94 西凉州户村实景

产业发展：西凉州户村，素有"桃花村"之美誉，曾一度面临经济薄弱的困境。然而，自21世纪初起，在政府的有力引导下，村民们于2003年积极投身于桃树种

---

1 中新网. 玛纳斯县西凉州户村"三生"有花.http://www.xj.chinanews.com.cn/dizhou/2022-03-16/detail-ihawqrpf1211712.shtml.

2 中新网. 玛纳斯县乡村振兴打"生态牌"让乡村更美农民生活更富.http://www.xj.chinanews.com.cn/dizhou/2022-01-10/detail-ihausqcy0629910.shtml.

植，并迅速实现了经济收益。经过多年的努力，该村已实现了显著的转变。

2013 年 6 月，在村委会主任李海山的积极推动下，村内正式成立了"金色田园农业专业合作社"，并成功注册了"西凉州户仙桃"商标，为该村的桃产业奠定了坚实的基础。合作社于 2016 年 4 月荣获"国家绿色食品证书"[1]，并于 2019 年再次成功申报。自成立以来，合作社不断完善生活电路及相关配套设施，为桃农的生产生活及销售提供了极大的便利。

2019 年 5 月，该合作社成功晋升为区级合作社，进一步提升了其在当地的影响力。2020 年 11 月，西凉州户村荣获昌吉州科学技术局、农业农村局、人力资源社会保障局联合颁发的"昌吉州第二批农村创业园"称号，充分展示了其在农村创业领域的卓越成就。

2021 年，西凉州户村在继续壮大桃产业的同时，还大力开展农村人居环境整治、乡村风貌提升和文化公共设施配套等项目。新建排污主管网、修建村组道路、新建公厕、对村居外立面及屋顶进行修饰、粉刷、改造，以及对院落围墙进行整治等措施，使西凉州户村的人居环境焕然一新，成为了一张亮丽的"明信片"，吸引了众多游客前来观赏桃花、领略村景、采摘仙桃。[2] 如今，西凉州户村的桃产业已发展成为一项具有强大竞争力的产业，昔日陶渊明笔下的桃花源已成为现实生活中的一处令人向往的胜地。

### 3. 下八家户村

下八家户村位于兰州湾镇域中部，距离镇政府 8 km，县城 17 km，且地处玛纳斯国家湿地公园核心区、世界候鸟迁徙 3 号线，[3] 是乌昌石地区观天鹅最佳地点。全村户籍人口 397 户，1074 人，辖区有汉族，回族，哈萨克族等 4 个民族（图 4-95、图 4-96）。村现有耕地 15660 亩，主要种植棉花、玉米、加工番茄等农作物。2016 年该村创建为自治区级文明村，于 2019 年 12 月被评为"中国美丽休闲乡村"和"全国乡村治理示范村"，2021 年村集体经济收入 130 万元，农牧民人均收入 24450 元。

---

1　呼图壁县人民政府网. https://www.htb.gov.cn/xwdt/cjzyw/877197.htm.

2　新疆玛纳斯县."老房"有"新喜"乡村展新颜.https://baijiahao.baidu.com/s?id=1721032602747661899&wfr=spider&for=pc.

3　新疆维吾尔自治区人民政府网. 产业兴 乡村美 农民富.https://www.xinjiang.gov.cn/xinjiang/xjyw/202112/7d96473fb20749a9a3703bf0fb618333.shtml.

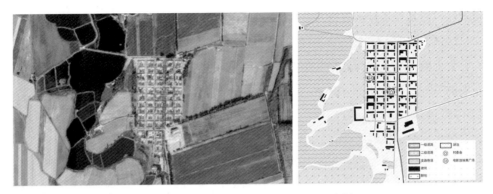

图 4-95 下八家户村卫星图（左，图源：bigemap）、肌理图（右，图源：自绘）

图 4-96 下八家户村实景

　　近年来，八家户村致力于提升乡村基础设施建设，总计投入超过 5 500 万元用于全村房屋风格的统一规划，重点推广徽派建筑风格，同时加强了对景观水系的改造和修建工作。此外，该村还积极实施道路电采暖项目，并大力推进乡村风貌改造等基础设施项目。在环境绿化方面，八家户村投入大量资金，栽种了各类苗木花卉，使得村庄绿化率达到了 35% 以上。同时，为了解决生活污水排放问题，该村还投入 430 万元完成了全村上下水管网的改造，并配套建设了微生物土壤覆盖式污水处理终端，实现了生活污水排放的有管网、可排放、可处理、安全化的计划。这些举措不仅改善了村民的生活条件，也提升了八家户村的整体形象和发展水平。

空间肌理：下八家户村展现出一种规则有序的形态，整个村落呈现出长方形团状结构，四周环绕着耕地。南北方向上的六条纵向内部道路将村庄划分得井井有条，居民的院落则沿着道路两侧整齐排列。在建筑形式上，以一字形和 L 形为主，形成了规则的网格状布局。

道路交通：下八家户村距离玛纳斯县县城约 17 km，车程仅需 30 分钟。村落位于玛纳斯湿地的南侧，地理位置优越。村内有 307 乡道南北贯穿，连接下八家户村和夹河子村。村庄内部的交通主要依靠六条纵向主要道路和一条中部横向的文化长廊。

景观环境：村落环境优美，整洁有序，街道两旁修建有景观水系，并配有小桥从上方穿过。各类苗木花卉，形成林带花海和相互交错的立体景观，村庄绿化率达到 35% 以上。在村落的横向轴线上，还设置有文化长廊以展示村落的农耕文化与新时代思想。村落内布置有休息座椅供人们使用，路灯配备齐全，并设置有太阳能光伏板的景观灯。

产业发展：依托湿地公园的生态和旅游资源优势，积极引入社会各界力量参与旅游开发建设。目前，村内已建成了乔家大院、河南老街、巴蜀人家、青岛渔港等 14 家商户和特色农家乐。此外，还引进了新疆金城明珠文化有限公司与村集体经济合作社共同成立新疆双源农业旅游开发有限公司，致力于打造硒地水乡——田园综合体，进一步促进各类资源要素向农村集聚。

### 4.4.3　木垒河流域——木垒县

木垒哈萨克自治县，作为昌吉州的东大门和全国三个哈萨克自治县之一，下辖 3 个镇、7 个乡、1 个民族乡，地理位置重要且独特。自治县位于天山北麓、准噶尔盆地东南缘，与奇台县和巴里坤县相邻。在自治县内，河坝沿村、水磨沟村、屯庄子村、街街子村、马场窝子村、英格堡村、月亮地村、果树园子村、庙尔沟村等村落，因其深厚的历史文化底蕴，分别被列入第三批和第六批中国传统村落名单。

木垒县地处北疆温带荒漠，干旱大陆性气候明显，年平均气温 5.7 ℃，日温差大，年降水量平均为 344 mm，降水变化显著。降水主要集中在冬春季，夏季作物生长期常遭遇严重干旱。冬季偏暖且漫长，夏季偏凉且短暂，气候特点对当地农业生产和生态环境产生深远影响（图 4-97）。

自治县在交通方面具有显著优势，县城距首府约 278 km，境内有多条公路干线穿过，包括木鄯公路、奇木高速公路和 S303 线，未来还将有 G7 高速公路贯通。这些交通干线为自治县的经济社会发展提供了有力支撑，使其逐渐成为环东天山旅游黄金线和北疆地区通往内地的重要交通枢纽。

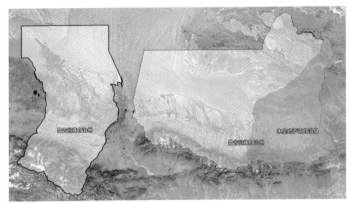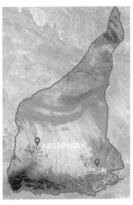

图 4-97　木垒县区位分析图（左，图源：bigemap）、村落分布图（右，图源：bigemap）

### 1. 大南沟乌孜别克族乡

木垒县大南沟乌孜别克族乡，是全国范围内唯一的乌孜别克族聚居地，下辖阿克喀巴克、南沟、东沟三个行政村。这里民族构成多元，涵盖乌孜别克、哈萨克、塔塔尔、维吾尔、汉、回 6 个民族。居民居住分散，主要从事畜牧业，辅以农业，是一个典型的牧农结合型牧业乡。2001 年，大南沟乌孜别克族乡被国家民委列为人口较少民族的重点扶持乡镇。

大南沟村，位于木垒县城西南 13 km 处，目前共有 349 户 1554 人，耕地面积 2400 亩，草场面积广阔，达到 45.36 万亩。近年来，在县党委的领导下，凭借各级政府的关心和支持，大南沟村已从传统的纯牧业村落转型为以牧业为主，畜牧业与旅游业并行发展的新村。同时，劳动力转移和刺绣产业的兴起也为村民提供了更多的增收途径。2015 年，该村人均收入达到了 12 168 元，展现了显著的经济增长势头（图 4-98、图 4-99）。

**空间肌理：** 大南沟乌兹别克乡南北长、东西较窄，村庄以南为农田，以北生态条件差，从天空俯视，村庄根据牧民定居的先后顺序形成的七大片区，肌理十分鲜

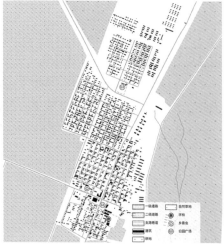

图 4-98 大南沟乌孜别克乡卫星图（左，图源：bigemap）、肌理图（右，图源：自绘）

图 4-99 大南沟乌孜别克乡实景

明。由于建成时间晚、用地条件好，村庄整体布局规整的，各个片区院落、道路分别各自形成方格网。

道路交通：大南沟乌兹别克乡位于木垒哈萨克自治县县城以北 13 km 处，行政区域横跨南北 180 km、东西 110 km 的范围，部分草场与蒙古国接壤。南边与鄯善县相邻，西边与奇台县相连，东边与巴里坤交界。192 县道在村庄内以丁字形相交，村庄内部道路按片区分布明显，沿院落形成方格网状。

景观环境：村庄街巷布置整齐，每家每户院落都由小栅栏进行划分，精致美观。村落内街道整洁，绿植排布井然有序，街道上有垃圾桶安置。院落内设置有花池，并通过栅栏划分，丰富了院落的同时也提升了景观环境。

　　**产业发展：** 自2008年起，乡党委、政府依托南山资源优势，将"牧民定居新村"作为重点建设项目。2013年，木垒县委县政府在多方支持下，以"生态发展、建民俗村寨"为主题，抢抓西域古道"千里黄金旅游线"的机遇，将牧民新村打造成为特色民俗村寨，使乌兹别克乡牧民得以顺利定居新村。依托南山资源，当地引导农牧民通过房屋改造发展家庭式旅游业，形成"一村一主题""一户一特色"的发展格局，让游客住在农牧家屋、吃农牧家饭、喝农牧家茶，为游客提供独特的农牧家体验。

### 2. 大石头村

　　大石头村位于大石头乡政府以东50 km的地方，距离县城75 km，离S303省道只有1 km的距离。全村共有395户1994人，其中有103户315人集中定居，绝大多数是哈萨克族，以牧业生产为主要经济活动。整个村庄拥有面积为43.3万亩的自然草场，已开垦的草料地达到1万亩，人均耕种草料地面积为5亩，人均拥有自然草场面积为217亩（图4-100、图4-101）。

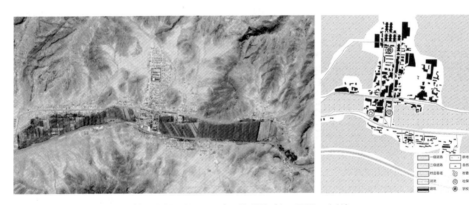

图4-100　大石头村卫星图（左，图源：bigemap）、肌理图（右，图源：自绘）

图4-101　大石头村实景

空间肌理：村庄所在区域干旱缺水、无霜期短、土地贫瘠雪灾旱灾易灾天气较多，村庄植被覆盖率低。大石头村南靠大石头河，聚落布局沿着两条十字交叉道路展开，呈现条带状布局的形态，村庄内部建筑布局较为散乱。

道路交通：大石头村距离木垒县约 80 km，十字交叉道路架构起村庄的道路骨架，村庄除了两条十字路路面硬化较好，其他道路路面仍为砂石土路，人居环境还需进一步提升。

景观环境：该村植物分布较为零散，缺乏规模性和连片性，因此其景观资源质量有待提高。然而，大石头村充分利用本地丰富的石材资源，巧妙地构建石头院墙，形成了别具一格的景观特色。此外，该村还规划建设了面积为 550 m$^2$ 的文化小游园，通过巧妙利用地形地貌，划分为健身运动区、休闲区和文化区三个功能区，旨在提升村民的文化生活质量和休闲体验。整个游园的建设既注重资源的合理利用，又充分考虑村民的实际需求，体现了稳重、理性的规划理念。

产业发展：大石头乡 99% 为哈萨克族牧民，以畜牧业为主导产业，为了提升牧民土地的经济效益，增加其收入，依据法律法规，按照自愿有偿的原则，大石头乡积极指导牧民进行农村土地流转工作。大石头村已有很多牧民参与土地流转，整合土地，并种植油葵。

# 4.5　草原乡村聚落空间类型特征

## 4.5.1　传统风貌乡村聚落

这类草原乡村聚落历史相对悠久，基本都有上百年的历史，因为该聚落地理位置偏僻、传统的习俗和布局形式保留得比较完整、大众的维护意识也较好，因此，村落得以相对完整地保存。传统乡村聚落从聚落布局、肌理特征到街巷风貌、建筑单体都维系着传统地域特点，具有重大的研究价值。但目前传统风貌聚落数量极为稀少，在北疆调研区域中，归纳为齐巴尔希力克村、白哈巴村、喀纳斯村、禾木村、琼库什台村、月亮地村、屯庄子村等属于此类聚落。

传统风貌的草原乡村聚落，村民习惯在水源丰富、生态良好的环境中定居，如禾木村、白哈巴村。聚落的衍生与发展自然而然地受到河谷本身空间体系的影响，如河谷空间规模、长短距离等。由于河谷狭长，限定了聚落横向生长空间，因此聚落多呈现沿河谷线性生长的趋势。聚落整体布局依河流走向而定，具体表现为聚落早期沿河一侧确定一条与河流相平行的主干道，然后民居院落紧邻主干道排列。随着时间的推移，聚落或沿河谷方向两端延伸，或沿河流和主干道平行方向选择合适位置另起轴线重新形成一个线性聚落。另外随着聚落的延伸，在线性主体布局的边缘区域会发生局部基因异化现象，呈现散点分布的形态，这种形态多由于地形限制、种族关系所致，遂非主体基因。因此在聚落布局方面，总体呈现出"沿河鱼骨式生长"的特征[1]（图4-102）。

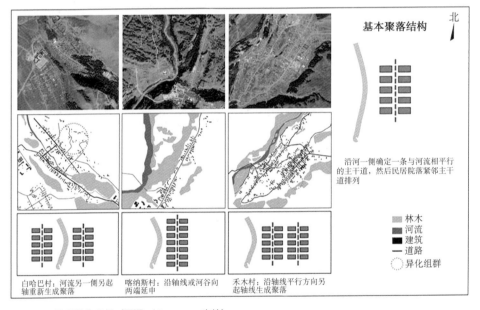

图 4-102　聚落结构分析（图源：bigemap、自绘）

具有传统风貌的乡村聚落，聚落选址在土地资源与土壤条件、水资源较好的地区，而这类地区一般位于山前平原区。月亮地村、屯庄子村位于天山北坡，河流自高山发源，山地到荒漠土壤、植被垂直分布明显，城乡聚落分布在规模较大的绿洲，而乡村聚落分布在山前的零星绿洲之上。在特定的自然环境下，乡村聚落对于

1　王珂，塞尔江·哈力克，周一欢.阿勒泰图瓦人草原聚落景观基因识别、解译及变异诊断研究 [J].古建园林技术，2023，（2）：28-34.

水资源的依赖性很强，聚落通常也是在水系旁形成与发展。聚落整体布局依河流走向（天山北坡一般自北向南）而定，具体表现为聚落早期沿河一侧依照地势或沿与河流相平行的主干道布局民居。月亮地村地处英格堡河河谷中，整体位于河东侧，县道、水库干渠自北向南穿村而过，聚落的生长呈南北向线性发展的模式。屯庄子村同样沿着水磨沟河线性生长，早期在此定居的居民占据河的一侧，后期慢慢占据了另一侧（图 4–103）。

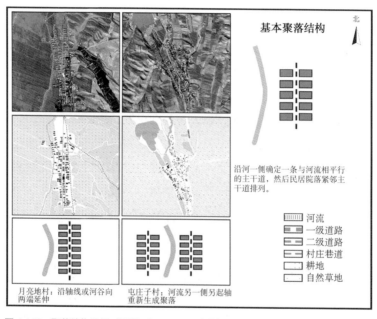

图 4–103　聚落结构分析（图源：bigemap、自绘）

对于传统乡村聚落，其本身历史底蕴丰厚，拥有值得保护利用的自然或文化资源。村庄聚落空间优化，必须落实对传统建筑，传统民居等的保护要求。如果有扩建的需要，原则上要保留村庄文脉，传承建筑文化，彰显村庄历史文化底蕴，实现永续利用。

## 4.5.2　新建聚集乡村聚落

与前述的草原传统乡村聚落类型不同，此类草原聚落主要是在 20 世纪后期至 21 世纪初，受到政府政策的推动而新建的一系列牧民定居点。由于这些聚落是近期形成的，并且是在政府的统一规划和实施下，在适当的空地上建立起来的，因此在结构上呈现出规整的布局和明显的功能分区，街道的风貌也相对统一整洁。在建筑风格上，尽管部分建筑采用了具有地域特色的符号造型、花纹装饰，但在整体上仍略显缺乏对传统风貌的传承。其中，波尔托别村、合孜勒哈因村、角沙特村和阿克加尔村等调研的村落均属于这种类型。

由于此类聚落的形成受到了政府的大力推动和顶层设计的指导，因此它们的布局形态规整，村落边界清晰。道路网主要采用方格网形式，使得村落与外部的联系紧密，道路可达性较高。然而，在功能分区的规划理念上存在差异，导致这类聚落的布局主要呈现为三种形式。一是人畜共居的形式，这种布局在早期的聚落规划中较为常见。其特点是虽然在院落内进行了人畜分离，但由于人畜的出入口位于同一交通体系下，导致分离并不彻底，仍然会对牧民的正常生活产生干扰，如波尔托别村等。二是人畜仍然在同一院落中，但人畜分别设置了不同的出入口，不同的道路出进，并在规划层面上设计了专门的牧道与人行道相区分，如角沙特村北部的聚落等。三是人畜完全分类，规划模式更为清晰，即在聚落生活区外另选一块空间，通常位于生活区的下风向区域，设置专门的牲畜集中养殖区，以彻底隔绝牲畜对人们生活的影响，例如合孜勒哈因村和阿克加尔村等（图4-104）。

图4-104　角沙特村、波尔托别村、阿克加尔村聚落布局（图源：bigemap）

对于完全新建的村庄（新建的牧民定居点），选址原则上要基于乡村资源评价，水土资源较好、适宜居住、交通区位好，便于村民就业、发展其他产业的区域。

通常鼓励以下两种选址方式：①是就地分散定居模式。这种模式主张在遵循大分散、小集中的原则下，于当地附近建立小型定居点。定居点的大小应根据水源位置、饲草地状况、放牧半径及牧民间的互助合作关系等因素进行合理规划。参考西藏地区的经验，每个定居点建议容纳10户左右牧民。定居点的位置应优先选择公路沿线、电网覆盖区域，并确保水草源充足且水质良好，以满足牧民的生产和生活需求。②整体搬迁集中定居选址。对于生态功能核心区的游牧户，可实行整体搬迁，集中安置。定居规模根据当地的资源环境承载能力确定，原则上不超过 200户。定居点应选择在靠近城镇、交通便利、无地质灾害隐患的地区，且与当地土地利用、村镇布局，以及相关基础设施规划做好衔接。[1]

### 4.5.3　保留改善型乡村聚落

此类草原乡村聚落在早期维持了传统的风貌特色。如今，由于其地理位置的优越性，与外部环境的联系紧密，使得这些聚落迅速受到城市建筑风格和现代生活方式的影响，从而推动了聚落的快速更新。在更新过程中，尽管大多数聚落都尝试在原有基础上进行改造，但缺乏统一的规划和管理措施。虽然能够维持原有的聚落布局特点，但村庄的地域性特色多数受到一定程度的缺失。许多传统建筑被现代建筑所取代，导致村庄的风貌呈现出混合不均的现象，新旧建筑并存，风格混杂。在调研村落中，阿克乌提克勒村、海孜口村、乔山拜村、布鲁克村、塔拉特村等村落皆属于此种类型。

该类乡村聚落空间特征介于传统风貌聚落与完全新建聚落之间，因此在空间特征方面与前二者有一定的相似性，具体表现呈现以下特点：首先在聚落布局与院落空间特征方面与传统风貌聚落相似，空间肌理多传承原有的村落结构，受到道路走向和地形环境的影响，呈自然生长状态。其次地块局部存在建筑肌理的更新现象，但从整个村落肌理来看并未引起大的变化，如阿克乌提克勒村在村庄中心新建民俗馆、展示馆等公共建筑引起的局部更新现象，对村庄整体肌理的影响不大。

对于这类聚落，由于其本身已具备一定的建设规模，因此在未来的发展中，应妥善处理新旧村落之间的建设关系。应尽量避免同质化的风貌特征，保持和延续乡村文化和特色。对现有建筑进行质量评估，实施改造和提升工程，完善乡村基础与公共服务设施。同时，在社会网络道路系统、空间形态等方面与旧村落做好衔接，以确保村落的整体和谐的人居环境建设。

---

1　国家发展和改革委员会.全国游牧定居工程建设"十二五"规划.https://www.ndrc.gov.cn/xxgk/zcfb/ghwb/201402/P020190905497695502021.pdf.

# 4.6 草原乡村聚落的生态适应性

新疆草原乡村聚落，位于北疆地带的特定序列中，即从山区到山前区，再至平原区，随后是过渡带，最终延伸至荒漠区。这一布局凸显了该地区农牧交错的鲜明特色。游牧民族自古以来"逐水草而居"，水草丰美、自然环境宜人之处易形成牧民定居点，而水土资源较好、地势平坦之处易形成农业聚落。因而对于传统聚落，自然因素是影响其选址、建设的最重要的原因，故聚落所需的生态环境特征则包含地质灾害少、气候适宜、阳光充足、水源可靠、土地肥沃／草原肥美、广袤等，以下对这几点作详解。

（1）稳定、安全、适宜的地质条件：草原乡村聚落选址应避开地质断裂带，避免频繁地震与山石破碎形成的滑坡、崩塌的风险；选择工程地质较好的地区，尽可能增加建筑物安全、耐久能力。

（2）稳定、丰富的水文条件：草原乡村聚落选址一般选择水文条件较好的地区，如靠近河、泉水小溪等丰富的淡水资源（各个流域靠近河流的乡村）。后期随着技术（草原坎儿井、干渠）的发展及河、湖附近的聚落范围进一步扩大，拥有利用的地下水系的地区聚落也进一步增多。

（3）地形地貌的塑造：草原乡村聚落本身大多数处于山前区的散点式地形中，聚落的选址会受到地形地貌的影响：地面起伏程度过大的地区、相对地势过高的地区，不利于生活生产往往不受欢迎，而这些条件也会限制乡村聚落的发展与建设。

（4）较为优良的气候环境：在"山区-山前区-平原区-过渡带-荒漠区"的地势分布条件下，相较于气温常年较低的山区和昼夜温差大、水土资源劣势的荒漠区，草原乡村聚落的气候环境本身具有一定的优势。太阳辐射足，北疆冬季气候寒冷，充足的太阳辐射有利于冬季室内热环境，春夏季节又有利于植物的生长。

对于近些年新建的聚落，其生态环境特征包含以上内容，同时也依据风向避开污染区，避开水源保护区、生态保护区、文物保护区，进而促进乡村聚落的可持续发展。

# 4.7　本章小结

　　本章聚焦于各流域草原乡村聚落的人居环境特征，具体论述额尔齐斯河与乌伦古河流域、伊犁河流域、额敏河流域及玛纳斯河与木垒河流域等各县市乡镇村的基本概况与主要特征。对于乡村聚落空间的分析主要围绕聚落空间肌理、道路交通、建筑风貌、景观环境、产业特征等方面展开，并将草原乡村聚落总体分为传统风貌乡村聚落、新建聚集乡村聚落、保留改善型乡村聚落等三种类型。通过对草原聚落的人居环境深入调研，分析其优势及不足，希望为今后乡村聚落的规划、建设及研究提供借鉴和参与，同时更好地促进乡村聚落人居环境的稳步提升，为牧民提供更加舒适宜居的人居环境。

# 第5章　北疆草原乡村民居的空间特征与建构方式

## 5.1　草原乡村民居的空间特征

新疆地处内陆深处，远离海洋，气候干燥，降雨稀少，新疆北部地区的草原乡村聚落的水资源分布不均匀。天山山脉、阿尔泰山脉等山区有稳定的降雨量和雪水供应，而北疆准噶尔盆地周边相对降雨量较少，主要靠融化冰川水来供给。北疆大小河流沿线水源供应和适宜的居住环境，为草原乡村民居的发展提供了基本的资源保障，是影响草原乡村民居选址的主要因素。因此，草原乡村民居的选址大多位于各个河流流域的沿线，并且地势平坦，水土资源丰富的区域。这种地理特征对于草原乡村民居的发展起着至关重要的作用，也是草原乡村民居布局的重要考量因素。本书以额尔齐斯河与乌伦古河流域、伊犁河流域、额敏河流域、玛纳斯河与木垒河流域等作为研究范围，对该区域乡村民居的研究也由此展开。

### 5.1.1　额尔齐斯河与乌伦古河流域

#### 1. 白哈巴村

白哈巴村村落保留着原始的建筑风貌，阿克哈巴河在村落西侧流过，村庄整体位于沟壑之中。白哈巴村的民居建筑结构形式为井干式，建筑主体体量为立方体，屋顶形式为坡屋顶，坡度为30°～60°。坡屋顶在夏季有利于排水，冬季则用于防止大雪堆积。民居多数带有檐廊，从建筑的正立面延伸出来，形成灰空间。建筑整体材料以原木结构为主，不加雕饰，与周边环境融为一体。

白哈巴村的建筑结构构件主要分为梁、柱、墙、门、窗、屋顶等。当地民居的屋顶形式为坡屋顶，附加在建筑主体结构的平屋顶上，骨架用木棍搭建，然后铺设木板。屋顶排雨雪靠屋顶材料的自身坡度来解决，在雨水冲刷严重的地方，一般会铺一层油毡，防止屋面渗水，部分民居也会采用钢板进行简单处理。屋顶的山墙一般不封闭，与建筑的内部空间相互独立，可用于储物（图 5-1）。

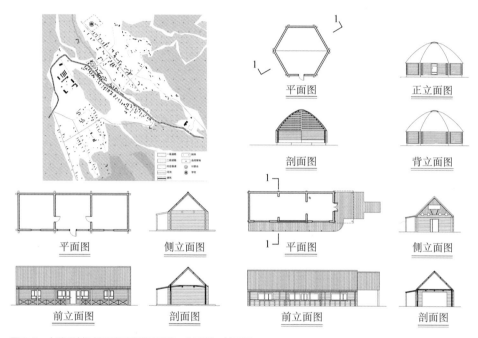

图 5-1　白哈巴村平面图及民居平面图、立面图、剖面图

## 2. 喀纳斯村

喀纳斯村位于喀纳斯景区内，村子形状为长条形，在阿尔泰山中段的河谷地区的两侧，喀纳斯河从村内流过。由于喀纳斯村重点发展旅游经济，当地居民已不再从事牧业活动，所以当地的民居大多被改造成了民宿。喀纳斯村与禾木村均为木结构民居，与其他地方不同的是，喀纳斯村建筑的屋顶"夏特尔"一般山墙两侧为开敞式，有时也有将开敞部分封闭起来用作房间使用。一些有创意的民宿将"夏特尔"用作星空房，吸引年轻人前来体验，在旅游旺季，这种房间常常出现供不应求的情况。喀纳斯图瓦村形状为长条状，位于喀纳斯湖畔公路两侧。聚落中村民居住

的传统建筑及院落都是由原木搭建而成，由尖角坡屋顶构建的木屋特征鲜明，使整个村落看上去也显得很有特色，充满自然气息。村落中的街巷空间随地形及建筑布局分布，延伸至村落周围的山林中（图5-2）。

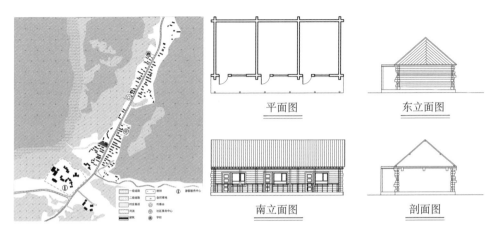

平面图　　　　　东立面图

南立面图　　　　　剖面图

图 5-2　喀纳斯村平面图及民居平面图、立面图、剖面图

### 3. 禾木村

禾木村位于禾木哈纳斯蒙古民族乡内，地处阿勒泰山脉中麓、准格尔盆地北缘，村内有禾木河和布尔津河流过。禾木村的房屋采用"井干式"木结构，木结构房屋具有良好的保温性能，可以应对寒冷的气候。同时，房屋的外墙使用夯土墙或石块砌筑，增加了结构的稳定性。禾木村的房屋采用坡屋顶设计，有助于排水和防止积雪。屋顶常覆盖着木瓦或石板，不仅美观，还能增加屋顶的耐久性。房屋布局通常为多进深院落，前部用于起居，后部用于厨房和储藏。房屋内部装饰非常讲究，常可以看到精美的木雕、彩绘和编织品装饰，这些装饰物反映了当地民族的文化特色。由于该地区气候寒冷，房屋的建造重视保温性能，所以会使用特殊的保温材料，同时在窗户和门的设计上也会注意保温隔热，确保居民在冬季能够有舒适的室内环境（图5-3）。

### 4. 齐巴尔希力克村

齐巴尔希力克村位于哈巴河县铁热克提乡内，村内有哈巴河流过，村落的建筑多以柏树为材料。因为柏树自重轻、韧性好、耐腐蚀，取材方便，所以村中建筑都是以井干式木结构为主。村中的坡屋顶的坡度比其他村落建筑的坡屋顶坡度

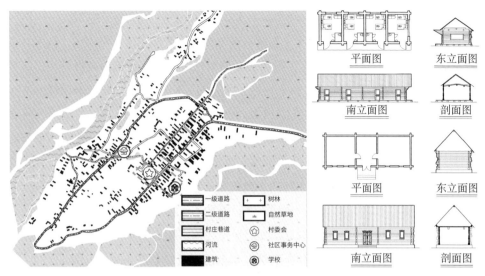

图 5-3　禾木村平面图及民居平面图、立面图、剖面图

大，这是冬夏季降雪雨量大的原因。坡屋顶下的开敞空间一般用作储物空间。村中的建筑都是由当地人建造，无设计图纸，根据村民实际需要，建三开间或四开间的房屋。现如今村中出现砖混结构的房屋，为了村风貌的整体性，这些建筑在外表面贴挂木条，恢复村落的传统建筑风貌特色。木结构建筑中木头的寿命在15～20 年，若房屋底部的木头经过风吹雨打被腐蚀，当地村民会将木头标号，把底部的木头抽换成新的，整个过程不影响房屋结构，施工也较快。由于木结构为榫卯结构，故建筑的整体抗震性较好，不容易倒塌。近年来由于开始践行环保理念，尽量少用木材，建房的木材都是从倒塌的老房子中抽取的，或用人造木材进行建造（图 5-4）。

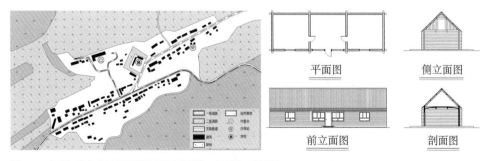

图 5-4　齐巴尔希力克村平面图及民居平面图、立面图、剖面图

### 5. 波尔托别村

波尔托别村位于布尔津县冲乎尔镇东南，布尔津河从村落西侧流过，波尔托别村民居的单栋建筑面积约 60 m²，村落民居建筑尺度较小。建筑为砖混结构、四坡屋顶平房。这种民居形式在阿勒泰地区较为常见，空间灵活、施工难度低、能满足日常防晒和通风需求，波尔托别村中的民居也多采用这种形式。冬季严寒且漫长，降雪量较大，当地建筑以坡屋顶为主。该村属于牧业村，村民主要从事牧业生产，定居点的院落较大，该村将羊圈、牛棚置于主干道后方，在中间设置畜牧道，分开人流并保持街道的干净整洁。建筑内部装饰极富民族特色，平面布局也符合牧民的生活习惯，兼具毡房的布局形式，有向心性的特点。该村遵循牧民定居点的基本布局，以厨房为中心布置起居室与卧室。为了便于御寒，建筑外墙体的厚度可达约 500 mm，村民家里都有土锅炉，室内温暖舒适，冬季室温最高可达 24 ℃（图 5-5）。

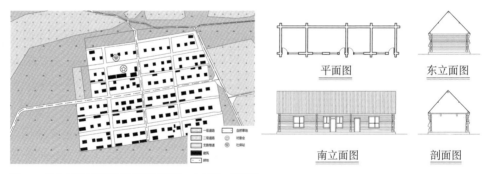

图 5-5　波尔托别村平面图及民居平面图、立面图、剖面图

## 5.1.2 伊犁河流域

### 1. 琼库什台村

琼库什台村位于伊犁哈萨克自治州特克斯县南部，是国家级历史文化名村，琼库什台河南北贯穿整个村子。琼库什台村民居建筑属典型的木楞房，建造年代久远，建筑结构为井干式，用原木交替垒砌而成，结构的特殊性使民居更加坚固、耐久、抗震。村落位于喀拉峻大草原之上，地理位置偏僻，物资运送困难，当地居民就地取材，选用木材作为主要材料建造房屋，奠定了村落风貌建筑材料的主基调。民居

的屋顶采用了坡屋顶的形式，坡度在 20°～25°，利于排水。在屋顶上覆盖草皮，可以减少夏季太阳直射进入室内的热量，这种做法成为当地民居适应环境的主要策略（图 5-6）。

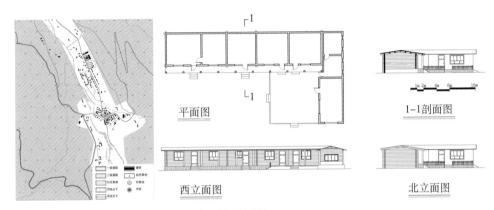

图 5-6　琼库什台村平面图和民居平面图、立面图、剖面图

### 2. 阿热勒村

阿热勒村位于新疆伊犁州巩留县库尔德宁镇内，村落沿着山脉形成的谷地生长，在南部山脉的莫乎尔河分为两支，其中一支从村落中央沿山脉走向穿过村落，另一支从村落南侧流过，随后再次汇合。阿热勒村民居因地制宜，就地取材，其建造做法、技术均来自传统匠人不断积累的经验和智慧。它独特鲜明的建筑风貌，主要体现在檐廊、柱式、檐口、门窗等建筑细部，表现出独有的建筑特色。建筑立面整体为白色抹灰墙面，在壁柱、檐口及基础部分使用砖红色抹灰处理，丰富立面色彩。屋顶为坡屋顶，连接处设檐廊，采用蓝绿色木制廊柱，柱头及柱身均做雕刻；屋顶及檐口为木板与红砖交替铺筑。窗户采用绿色木制窗框，门为木板门。台阶及基础采用红砖和毛石砌筑，取材方便的同时丰富立面层次。建筑整体特色鲜明突出，具有典型的地域文化特色风貌（图 5-7）。

### 3. 哈茵赛村

哈茵赛村位于新源县西南，坐落于那拉提 5A 级景区中，哈茵赛所处位置属于天山山脉的延续，村落所在区域南侧有缓山，北侧地势平缓。哈茵赛河在村落东南方向和西北方向流过，哈茵赛村民居建筑周边自然生态环境优美，位于草原之上，建筑风貌体现了当地的地域文化特色。民居立面色彩主要为白色，底部漆蓝色，平面

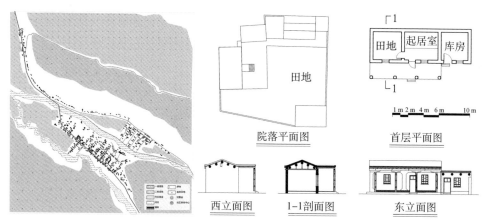

图 5-7　阿热勒村平面图、院落总平面图和民居平面图、立面图、剖面图

呈 U 形布局。屋顶为覆土式坡屋顶，设羊毛毡作为防水材料。建筑中部设有檐廊，通过廊柱围合。立柱为蓝色木制柱式，檐口、柱头、柱身及柱础等处均有雕刻精美、细致的特色图案、精美的木雕体现出当地匠人精湛的技艺。门窗采用蓝色木质材料，但部分窗户质量较差，单层玻璃也不利于保温，出现冷风渗透的现象。建筑基础材料就地取材，采用毛石、水泥砂浆等材料混合砌筑，与周边草场自然融合（图 5-8）。

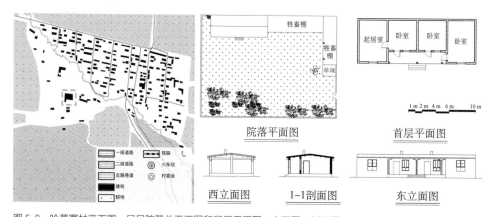

图 5-8　哈茵赛村平面图、民居院落总平面图和民居平面图、立面图、剖面图

## 5.1.3　额敏河流域

### 1. 喀拉墩村

喀拉墩村位于新疆维吾尔自治区阿勒泰地区布尔津县阔斯特克乡内，布尔津河

从村落的西北侧流过。当地的传统民居是以庭院为中心的"花园式"住宅,院落为前院式,庭院直接对着巷道开门,葡萄架常搭设于房屋前,院中种植各种果树和花木。村内民居以户为单位自成庭院,院内建筑多为底层砖木结构,屋顶为坡顶,红砖或青砖常在房檐下被用作装饰,窗框雕有各种美丽的花卉图案,多数民居设有檐廊,并通过明亮的色彩粉刷院落内、外墙壁。院内还配有休息凉亭、库房、厨房、果园、浴室、畜圈(图5-9)。

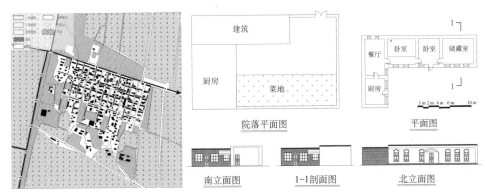

图 5-9　喀拉墩村平面图、民居院落总平面图和民居平面图、立面图、剖面图

### 2. 纳仁恰汗库勒村

纳仁恰汗库勒村位于新疆塔城地区额敏县杰勒阿尕什镇内,额敏河从村庄的北侧流过。村落内的院落多为"一"字形和"回"字形布局,在满足功能的前提下,合理分配和利用各类空间,当地居民按照生活习惯及习俗,对院落内各功能空间进行布局。民居建筑为砖石结构,屋顶为双坡屋顶,立面简洁做黄色抹灰处理,部分砖砌外露。门窗采用白色铝合金,室内家电齐全,配套卫生间、浴室、厨房、卧室、客厅,提高了村民的居住水平(图5-10)。

### 5.1.4　玛纳斯河与木垒河流域

#### 1. 月亮地村

月亮地村位于木垒县英格堡乡内,坐落于东天山北麓的山脚下,背山面水,以丘陵地貌为主。月亮地村传统民居形式为拔廊房,清末民国从中原迁徙到木垒县定居的居民为了防止土墙、木门和窗棂被雨水侵蚀,将房屋廊檐向外延伸所形成的传统民

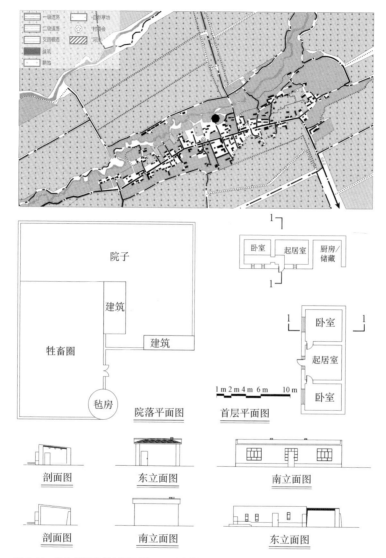

图 5-10　纳仁恰汗库勒村平面图、民居院落总平面图和民居平面图、立面图、剖面图

居。村落民居是受陕甘宁民居和新疆特殊的气候影响下而产生的一种民居类型，院落形状主要是方正的，包括主体建筑、棚圈、菜地和附属建筑（厕所、厨房等）。屋顶为坡屋顶，建筑结构为砖木结构，以木材搭框架，再用砖进行建造。门窗均为木质，窗户样式采用棋盘式，建筑底部没有台基，建筑主色调为土黄色，房屋廊檐向外延伸1.5 m 左右，檐下有 4～5 个柱子支撑，每个柱子间有一个排风口。屋檐处有雕花的檐

板，以木材作为梁和柱，覆以瓦片或干草，民居中所有的构件连接处均采用榫卯结构（图 5-11）。

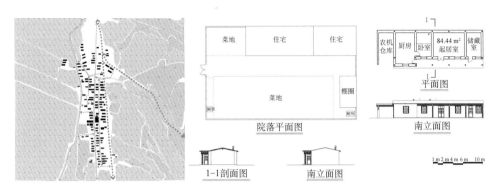

图 5-11　月亮地村平面图、民居院落总平面图和民居平面图、立面图、剖面图

### 2. 大南沟乌孜别克族乡

大南沟乌孜别克族乡位于新疆维吾尔自治区昌吉回族自治州木垒哈萨克自治县内，地处木垒哈萨克自治县西南部，是全国唯一的乌孜别克族民族乡。居住在乌孜别克乡的乌孜别克族人，已经有 150 多年的历史。全乡辖阿克喀巴克、南沟、东沟 3 个行政村，由乌孜别克、哈萨克、塔塔尔、维吾尔、汉、回等多个民族构成，是一个居住分散，以牧业为主，牧农结合的牧业乡。大南沟乌孜别克族乡村民大部分已定居在政府统一修建的新村中，新村中的民居为砖木结构，屋顶为平屋顶，立面为土黄色带有纹样雕刻，室内由一间大客厅，一间大卧室，一间小卧室，一间厨房组成，面积 90 m² 左右，民居配套设施齐全，功能分区明确。新建民居厕所位于室内，院落方正，包括民居、储藏空间、厕所和菜地。在牧区居住的乌兹别克族牧民在春季、夏季和秋季会住在高度在 3 m 左右，面积在 20～30 m² 毡房中，冬季住在定居点的房屋中（图 5-12。）

### 3. 江布拉克村

江布拉克村位于新疆维吾尔自治区昌吉回族自治州的江布拉克景区内，地处天山北麓，准噶尔盆地东南缘。江布拉克村民居建筑形式为井干式的砖木结构。屋顶为坡屋顶，没有明显的院落界限，一些房间中没有厨房和厕所。民居布局分散，没有形成集中连片的村落，基础设施不完善。主要建筑面积不大，没有过多分隔，开窗少，在主要建筑周围有牛棚、牲畜棚、夏季厨房和厕所（图 5-13）。

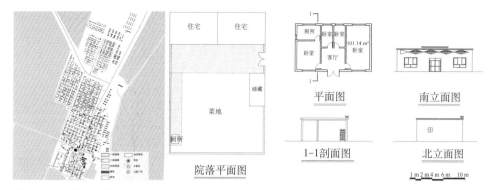

图 5-12　大南沟乌孜别克族乡平面图、民居院落总平面图和民居平面图、立面图、剖面图

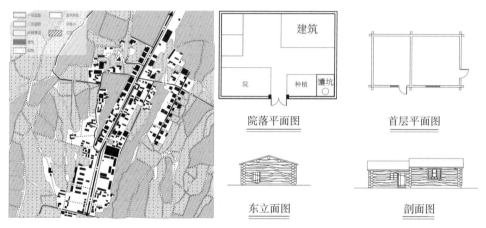

图 5-13　江布拉克村平面图、民居院落总平面图和民居平面图和立面图、剖面图

## 5.1.5　北疆其他河流的定居点

### 1. 小拐村

该村位于新疆维吾尔自治区克拉玛依市克拉玛依区，地处克拉玛依区南部，天山北麓、准噶尔盆地西北缘、古尔班通古特沙漠腹地，东与塔城地区沙湾市四道河子乡相邻，南与前山涝坝接壤，西与克拉玛依市农业综合开发区相连，北与克拉玛依市白碱滩区毗邻。该村主要聚居着哈萨克族牧民定居点，属于少数民族特色村寨。在政府政策的引导下，实施了富民安居工程，现村庄民居为政府统一修建，为平房或两层楼房，民居立面为浅黄色且带有装饰。新建民居配套厕所和厨房，各种功能齐全，院落中还保留有夏季厨房。院落方正，中间是主要建筑，后面有毡房，

两侧是菜地，厨房在院子的西南角。建筑功能空间由客厅、卧室、书房、厨房、卫生间组成（图 5-14）。

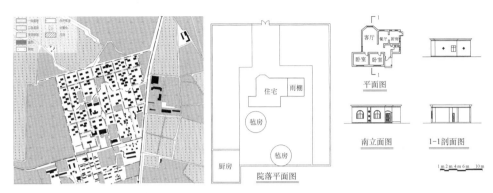

图 5-14　小拐村平面图、民居院落总平面图和民居平面图、立面图、剖面图

### 5.1.6　各流域民居建筑提升策略

#### 1. 额尔齐斯河与乌伦古河流域

（1）民居建筑

该流域民居建筑在对民居优化时保留长条形的平面布局，不改变当地居民生活方式的前提下，对民居的功能布局重新划分。调整入户门的位置，优化室内的交通流线，减少空间之间的相互穿插和干扰，使每个空间相互独立且保证空间之间的联系，使民居的功能更加完善、合理。在平面布置上，将夏季厨房和卫生间都搬至室内，将入户门正对客厅，把辅助空间厨房和卫生间放置在客厅的左侧，左右两侧都是卧室。在民居的北面和南面都开窗，保证室内的通风和采光。

（2）院落设计

原额尔齐斯河和乌伦古河流域的民居没有明显的院落围合，仅用木栅栏或铁丝随意圈出院落的范围，有些民居甚至没有圈出院落范围。根据原民居与自然形成的街巷空间的梳理，对民居建筑使用的空间范围进行功能分区，以民居为基础划分院落的范围，建立院墙，重新划分功能区域并对地面进行物理划分（保持自然状态为主）。院落中由两栋相对的主体民居组成，一栋民居紧靠院墙，靠近大门的一侧有个菜园子，在菜园子的对面是放置杂物的空间，它的后方是牲畜棚，牲畜棚单独开门，不影响居民前院的正常生活（图 5-15）。

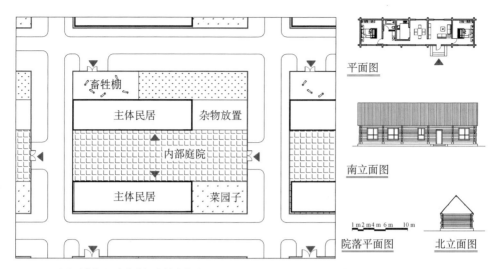

图 5-15 额尔齐斯河与乌伦古河流域院落总平面图和民居平面图、立面图设计

## 2. 伊犁河流域

### （1）民居建筑

伊犁河流域的民居在改造时，保留原有的平面布局，对功能布局重新布置，将对不明确的空间重新进行功能分区，民居内布置卫生间与淋浴。也保留原夏季厨房位置，增加满足现代生活不可缺少的空间，考虑家庭结构可能会发生变化，在满足当地居民正常生活的情况下，对室内空间进行一定的扩建，增加一些满足不同人群需求的空间。在平面布置上，入户门与起居室相连，一条走廊连接起室内的所有房间，厨房与餐厅靠近，根据卧室使用用途，其中主人使用的卧室位于西侧，大卧室在起居室的东侧，两个卧室可以南向采光，整个民居的东西侧都开窗，利于通风，提高房屋的采光通风，提升房屋的舒适度。

### （2）院落设计

伊犁河流域的院落在更新时，首先保留其原本方正的院落布局，将院落中不同功能用地进行重新划分，优化院落的交通流线。院落的入口设在东侧，院落中有菜地、畜棚等。由于目前大部分居民在院落中还保留了畜棚，为保证人畜分流，将靠近畜棚的位置开了门，方便通行且不影响院中的正常生活和环境。其次将菜地布置在建筑的北侧，方便北侧的菜地种植，避免与院前的生活流线交叉，也不影响院中的环境。同时院前的菜地可以种植一些植物，起到美化院落的作用，在夏天还可以种植一些遮阳的植物，营造舒适的廊下空间，既可以为建筑遮阳，院前也可作为堆放杂物的空间（图 5-16）。

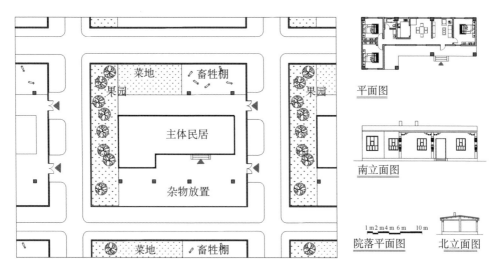

图 5-16　伊犁河流域院落总平面图和民居平面图、立面图设计

### 3. 额敏河流域

（1）民居建筑

额敏河流域在民居改造时，保留当地传统民居的形制和生活方式不改变，将所有的房间功能重新划分和梳理，优化室内功能区，将夏季厨房和室外旱厕都布置在室内。考虑两代或三代人生活在一起，将整体建筑的生活单元划分为两个部分，并相互有联系。因此建筑分为两部分：一部分由一间卧室、厨房、餐厅、卫生间和起居室组成，另一部分由一间客厅、一个卫生间和两个卧室组成。两部分相互独立，但联系紧密。这两个生活单元紧靠在一起，通过院落相互联通，卧室都有南侧开窗，保证采光。靠近厨房的一侧单独开设独立门，动静分开，相互不干扰，方便出入。

（2）院落设计

对于额敏河流域的院落来说，宅基地由住宅、菜地、棚区、夏季厨房等空间构成。其中夏季厨房，到了冬季功能转换到室内。院落内部功能用地重新划分，减少流线交叉。院落形状整体保持不变，东侧开门，作为入口，住宅位于院落的北侧。

将菜园子布置在靠近门口的位置，靠近厨房，比较便利，在靠近南侧的中间位置设置堆放杂物的空间。院落西南侧的土地留作种植植物，美化环境的同时，也可搭棚架遮阳，提升人居环境（图 5-17）。

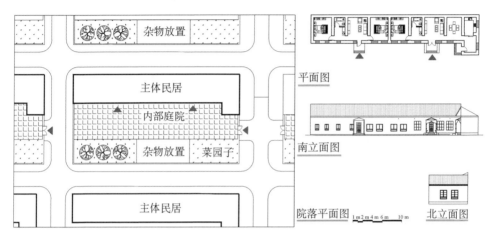

图 5-17  额敏河流域院落总平面图和民居平面图、立面图设计

### 4. 玛纳斯河与木垒河流域

（1）民居建筑

该流域的民居布局为长方形，内部功能为了满足现代生活需求，对原本的功能重新划分，优化室内的交通流线，减少对不同空间的干扰，同时增加室内的储物空间和室外的仓库。在平面布置上，入户门与起居室相连，右侧是卧室，左侧为餐厅和厨房，卫生间在厨房旁，采用干湿分离。卫生间一侧是另一间卧室，两个卧室与起居室均南向开窗，保证采光，同时与北侧窗户相对，利于通风。

（2）院落设计

该流域的院落在更新时，不改变原本的长条形院落布局，功能布置也遵循原来院落的布置模式，将户外厕所搬至室内，对菜地进行整合、畜棚更换位置，为牲畜单独开设小门。院落入口在西侧，进入院落后右侧是果园和菜地，前方左侧是主要建筑、右侧是畜棚，院落东南角开小门，实现人畜分流，对进入菜地的道路重新划分，优化院落功能分区和交通组织（图 5-18）。

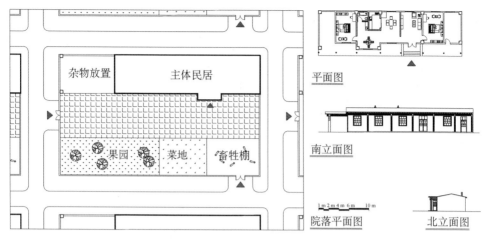

图 5-18　木垒河与玛纳斯河流域院落总平面图和民居平面图、立面图设计

# 5.2　草原乡村民居的建构

　　北疆草原乡村聚落是在适应当地自然地理条件的同时，因地制宜、就地取材、因材致用，所逐渐形成与发展起来的。为了建造出适宜居住的居所，各地的民居在建筑材料的选择、建筑结构的选型及建筑的平面布局上都有各自的特点。从民居的生产方式、建构特征和布局的分类看，主要分两大类，流动式民居和固定式民居，其中，流动式民居称为毡房，该房屋是适合游牧民族四季转场、并便于移动、搭建、装卸的房屋类型。该流动式居住模式从古到今在游牧民族中延续和继承，而固定式民居是游牧民族早期冬季牧场住所和当代牧民定居点的固定居住模式。一般固定住所的建筑结构类型以石、木、土、砖等建筑材料为主，到了近代开始应用混凝土结构等。至今，这些民居众多的分类及形式还保留在新疆草原乡村聚落。

## 5.2.1　固定式民居

### 1. 生土（土木）建筑

　　生土是应用最悠久、最广泛的传统建筑材料之一。生土建筑分布广泛，几乎遍及全球。新疆除沙漠和山区之外，生土建筑几乎随处可见。人们用未经焙烧，简单加工的原生土为材料营建房屋，并将这种适宜环境的建造体系延续数千年，生土建筑结构体系的发展大概包括三个阶段：掩土结构体系（穴居、窑洞）、夯土结构体系和土坯结构体系。从最开始原始社会的穴居发展至现今，土坯结构体系应用仍较为普遍，表现为数量庞大的土木建筑。土木建筑的主要建筑材料为木材与生土，以木材作为承重结构或屋架，以生土作为围护或承重加围护墙体，通常为夯土或土坯砖[1]。新疆的土壤是大部分都具有黏性且是大孔洞的土，在湿润时强度较低，在干燥时就表现得比较坚硬，如果用生土加水搅拌制成土块，在干燥后土块的强度会加强，因此，早期大多数区域用土块建造房屋，并延续至今（图5-19）。

图5-19　生土建筑实景

### 2. 石块建筑

在山峦起伏变化，连绵不绝的地区，人们还会用石头来垒砌房屋。在北疆石块比较丰富的草原山区，当地居民采用天然的石块砌筑房屋，简单的外形，同时呈现出石块坚硬而粗糙的质感（图5-20）。

石筑房屋常用的结构系统包括承重墙、砌体结构和拱圈结构，其中承重墙结构广泛用于石筑建筑物。石块砌筑的墙体将屋顶的载荷传递至地基，山谷内的石筑建筑多选用此结构类型拱圈结构则利用拱圈结构来承载压力，而此种结构在北疆草原地区利用较少。

河谷地区的居民通常使用鹅卵石或大石块来建造房子，传统的石屋先打好基础，后清理地面再施工，砌块上下错缝、平铺，再加拌好的泥浆。墙壁从下往上，一层层地向里收缩，墙体留有缺口，用主木梁和次木梁相互搭建，上有草泥覆盖。它的实际

---

1　Franz Volhard. Light Earth Building [M]. Basel：Birkhuser，2016.

图 5-20　石头房子实景

高度通常在 2.5～2.7 m 之间，墙壁厚度 50～80 cm，墙壁高度 1.5 m，上面铺着椽子，一头固定在墙壁上，另一头接在铺有芦苇或树枝的顶圈上，上涂草泥后铺设草皮。

通常情况下，大的石块间没有胶结物，人们会按照石料的形态来叠合，称为干砌，主要应用于石屋的墙壁、勒脚等重要位置。如果石块太小，无法完全咬入，就会用细碎的沙石填充，这种做法称为浆砌法，它的优势是沙石干燥后可以加固石块间的黏合，使房子变得更坚固。因此，在此技术的基础上，发明了一种包心砌的方式，即用大石子砌筑墙体，每一层都在大石块缝隙间填充一些细碎的鹅卵石，以增加石料的稳定，常用来砌院墙等。

### 3. 井干式建筑

北疆的山区有茂密的森林，早期人们就地取材，因地制宜，建造木屋。一般比较常见的建构方式为井干式木结构，例如阿勒泰地区的禾木村、白哈巴村，伊犁特克斯琼库什台村等都为井干式木结构房屋。

井干式木屋（图 5-21）一般为一层，主要材料为原木，由长方形、六边形的木材层层向上叠摞。墙角的木材端头相互交错，组成四面墙，然后在两边的墙壁上竖起低矮的立柱承接檩条。井干式房屋多建在湿润、雨量大的地区，为便于排水，屋顶的角度通常在 20°～45°之间。部分井干式木屋在斜坡顶部两边山墙上留一个三角形的开敞区域，以增加房屋内部的通风，并作为储物空间使用。

在白哈巴村还有一种用原木搭建墙体、屋顶通过木头搭接逐渐收缩而成的多边形建筑，当地人将其称为"To sha la（托夏拉）"，其体形较小，多用于厨房和储物空间（图 5-22）。

图 5-21　禾木井干式木屋实景

图 5-22　托夏拉建筑、托夏拉建筑内部实景

　　木屋在建造时，首先铲除地基上的植被，夯实地基，然后用石头做基础，使木板与地面隔绝，防止潮湿与发霉。石勒脚的高低视地势和住户要求而变化，把勒脚的顶部平整后，按照需要用预制好的条木搭接成墙体，接合处用树胶、泥浆、灰浆等材料拼接。门框和窗框作为与墙壁相连的部件，既是结构的支撑，也起到装饰作用。井干式木屋，很少会出现外壁上的凸起，这样可以减少木材的黏合难度，木材与墙壁的间隙用青苔填满，防止冬季寒风深入，起着保温隔热作用。

### 4. 砖木建筑

　　新疆传统砖木结构建筑，主要集中在河谷下游平原，与普通的土木结构建筑相比，砖木结构更具耐久性和防水防潮性。砖木结构不但有着精美的外观，还能更好地满足建筑安全性能，因此被普遍应用于传统住宅和公共建筑中。

　　砖与木、石、土等建筑材料相比，属于新型建筑材料，由于黏土烧制而成，它的各方面性能较好。砖木结构是指竖向承载的墙体、柱等结构采用砖块砌筑而成，横向承载的楼板、屋盖处采用木材作为支撑。同时，在受其性能和强度等因素的制约下，砖木结构建筑一般为1～2层，一般常用于小开间的建筑空间（图5-23）。

图5-23　北疆地区砖木建筑实景

### 5.砖混建筑

砖混结构属于比较新型结构形式，从20世纪中叶至今，北疆草原已普及砖混结构建筑，由于该结构耐久性和抗震安全性高，人们在建造和改造自家房屋时也经常采用这种形式，主要用于建筑结构的圈梁、构造柱、横梁、楼板、屋面板等处。砖混结构建筑的承重墙体不能随意改动，承重的墙体采用烧结砖和构造柱，屋顶采用钢筋混凝土现浇屋顶，适用于多层或低层建筑。由于砖混结构砖墙承重，建筑的门窗不能开设过大且要分布均匀有序，内墙之间的间距也不能太宽。根据房屋的各房间的使用功能调整开间和井深，最后达到灵活使用这一目标（图5-24）。

图5-24　北疆地区砖混建筑实景

## 5.2.2 流动式民居

流动式民居包括：依特阿尔卡、阔斯和毡房。

### 1. 依特阿尔卡（哈萨克语：yitarha，俗称帐篷）

依特阿尔卡主要用于转场途中零时用房使用。其结构简单，易于组装，不受季节、劳动力、地形的限制。它是用数十根方杆展开成菱锥体，上部打结后，方杆上面铺一层羊毛毡直接搭成的。

### 2. 阔斯（哈萨克语：kos）

阔斯是在依特阿尔卡的基础上发展起来的一种古流动式民居形式。它与依特阿尔卡的区别在于顶部增加了活动的木顶圈，既是房屋的屋顶，又是天窗，用三截弧形的木头加工做成圆形，木顶圈上钻很多洞，将方杆插进固定作用。接头处用牛皮包扎。木顶圈一般是圆形或正方形，木顶圈上覆盖活动毛毡，便于调节通风和采光，房杆周围用毛毡覆盖，以增强房屋的保温性和防水性，用皮绳将房杆捆绑连接成围带，加强防风性。阔斯虽利于采光、通风好，但其室内高度比较矮，在室内正常活动时有一定影响，一般多用于野外的临时放牧、远征、打猎、游览和备用房等用途。主要分布在里海西南部、蒙古大草原、西伯利亚南部到阿勒泰、昆仑山和天山山脉（图5-25）。

图 5-25 阔斯实景（图源：阿克塞县融媒体中心）

### 3. 毡房（哈萨克语：kiygez uy）

毡房，哈萨克语称"宇"，它不仅携带方便，而且坚固、耐用、舒适，并具有防寒、防震的特点。房内空气流通，光线充足，千百年来一直为游牧民族所喜爱，由于是用白色毡子做成，毡房里又布置得十分讲究，人们称之为"白色的宫殿"。

毡房由顶圈、房杆、房墙、房毡、门和装饰刺绣等组合而成，毡房一般分为上下两部分。毡房的上部为穹形、下部为圆柱形。首先解读毡房的上部结构，穹形的上部由顶圈和房杆组成，顶圈由封闭的木质圆环和两组垂直交叉呈抛物线状的木杆榫卯组成，圆形顶圈既是毡房的屋顶，又是天窗。顶圈圆环上凿有数量不一的洞眼（洞眼根据房墙房杆的数量有关），该眼用来固定房杆。顶圈除了固定斜撑杆的作用之外，还具有采光通风及排烟的功能，类似于现代建筑中的天窗。其次为下部圆柱形，四周是用横竖交错相连而成的红柳木栅栏构成的房墙。房墙一般可分为两种：一种是宽眼房墙栅栏，称为"风眼"，虽然较笨重，却经得起风吹雨打。这种房墙栅栏都是用方形的细红柳木杆横竖交错而成菱形。交错处用牛皮绳串进扎紧，搬家时可收拢。每块房墙栅栏宽 3.2～3.5 m，高 1.5～1.7 m，一般四面房墙栅栏的毡房，有房杆 65 根左右，顶圈有 65 个洞眼，8 块房墙的毡房则有房杆 90 根左右，房杆也由红柳木做成，长 3～3.2 m。房杆一头插在顶圈洞眼，另外一头绑扎在房墙栅栏，房杆绑扎在房墙栅栏一头为弯曲弓形，这是哈萨克毡房与蒙古族的蒙古包主要的不同之处。俗称"蒙古包"的房杆为直的，不是弓形。房墙栅栏外围上一层毛线编织的芨芨草帘。这种芨芨草都要长短粗细一致，每根都用红、黄、绿、白、黑等彩色毛线编成和谐的图案，使毡房室内美观漂亮。一座毡房几乎要用上千根芨芨草编织起来，然后在墙篱外面用毛绳拦腰扎紧，用主带（毛绳）是用染成黑、红、蓝、黄、绿色的毛绒编成的，既能保护房墙和房杆不受损坏，又能使毡房更加美观。最后将毡房骨架搭建好后，再围毡，撑杆上围篷毡，顶部中央开一直径约 0.33 m 的天窗，上安一活动毡盖，白天通风，接收阳光及排除屋内炊烟，夜间和雨雪天盖上。所有围毡、篷毡和顶毡都是用羊毛擀制成的，边上系有连结固定的绳索。最后用毛绳在外面拦腰扎紧。毡房门较小，是雕刻着花纹的双扇木板门，一般高 1.5 m、宽 0.8 m，离地面较高，以离积雪和严寒，门多开向东南，以避北风，毡房门外挂有用芨芨草编织的夹有一层花毡门帘，春夏秋冬季节放下门帘挡风雨雪，夏天卷起，通风凉爽。毡房内都备有长杆，用来顶木圈顶的顶毡（图 5-26）。当今大多数牧民定居后，毡房逐步离开了历史舞台，逐步服务于草原旅游业。在北疆草原景区满足旅游者和城市人的娱乐生活，在城乡和开发的旅游景区大量应用。毡房的实用性也是一个值得系统研究和提倡的课题。例如，用重量轻、坚固的工业材料代替目前盛行的钢骨架，用化纤及现代化物质或现代化建筑材料代替羊毛毡，或是充分利用保暖性、防腐蚀性强，防渗水、承重性强等具有多性能的材料，大大提高古时民族建筑的坚固性和耐用性。这样一来其造价固然会很高，但从使用起来，组装简单、容易，适用于军营、零时办公室、客栈等方面。体积小的毡房则可以适用于旅游野营，原因是轻便易带。也可以在城市里建成大型毡房，民族式或欧式装修可用于娱乐、餐饮，或者是商场等其他领域（图5-26、图5-27）。

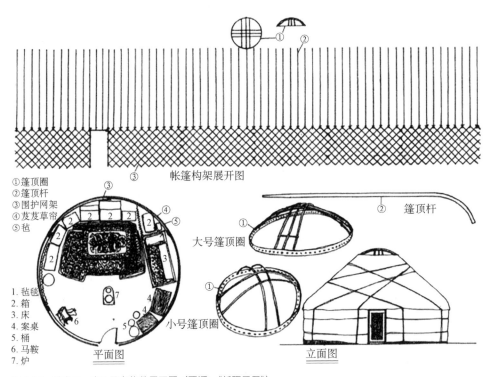

图 5-26　毡房平、立面及各构件展开图（图源：《新疆民居》）

图 5-27　北疆地区毡房实景

# 5.3　草原乡村民居建筑的构造与材料

## 5.3.1　屋面

北疆草原乡村地区，四季分明，气候宜人、环境较好，降水量比较丰富，湿度较好。在山区房屋多采用坡屋顶，而降水量较少的平原地区多采用平屋顶。屋顶分缓坡顶和四坡顶，传统房屋屋顶采用草屋顶或铺盖瓦片，当今部分地区采用彩钢板防水。在部分湿润多雨、树木繁茂的山区，常用木结构的井干式房屋，采用人字形屋面，便于排雨清雪。

### 1.密小梁屋顶

密小梁屋顶多见于乡村民居建筑，有坡顶和平顶之分。在屋盖部分紧密排列设置小梁，多数屋面由草泥制成，下面铺设麦草、苇席，并架在排布紧密的椽条上（图 5-28），房屋的柱梁灵活，受力得当。

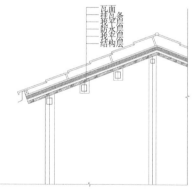

图 5-28　密小梁平屋顶

### 2.木质坡屋顶

木质屋顶是传统民居建筑中常见的一种建构方式，从古延续至今，施工方便、便于加工。在北疆降雨雪量不同，木质坡屋顶陡缓也不同。阿勒泰禾木地区的坡屋顶较陡，而伊犁河谷的琼库什台历史文化名村的屋顶为人字形，坡度较缓，部分附属建筑的屋顶几乎为平顶。屋顶坡度较缓是为了在屋顶上铺设草皮，这不仅可以固定土壤，还可以使屋顶具有防风、保温、隔热的作用（图 5-29）。

 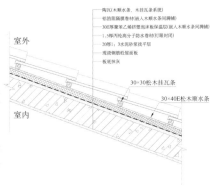

图 5-29　琼库什台井干式木屋、屋顶构造

## 5.3.2　墙体

### 1. 垒土墙

垒土墙是干旱地区常见的传统营造形式之一，在降水量较少的区域，采用垒土墙把挖取的黄土加工，然后堆垒成墙体，根据掺水量、使用材料和施工方法的不同分为干垒法和湿垒法（图 5-30）。干垒法是指用潮湿的黄土，在预先围好的夹板中分层夯实，墙厚 50 cm 左右，晾干后再凿出门窗洞口。湿垒法是指将黄土、沙子、少量麦草和一定比例的水混合至可塑状，堆砌时要等下层干硬后才能继续施工，它的厚度相较干垒法更厚，性能也更好。

 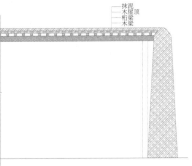

图 5-30　垒土墙

### 2. 石头墙

如今在北疆山区仍然沿用石垒住房。根据石材的材质可以分为三种：卵石构

筑、毛石构筑、块石构筑。砌筑时按照石料的形态来叠合，如果石块太小，无法完全咬合，则用细碎的砂石填充（图 5-31）。

图 5-31　石头墙

### 3. 砖墙

砖墙是用砖块和水泥砂浆砌筑而成的，具有良好的承重、保温、隔热、隔声、防火、耐久性能，多为低层和多层房屋所用。砖墙可作为承重墙、外围护墙和内分隔墙，在使用砌筑墙体时为了使墙体坚固稳定且能够形成整体，将上、下皮砖块之间的垂直砌缝有规律地错开，称为错缝，实砌墙的基本组砌方式为上下皮一顺一丁和多顺一丁等（图 5-32、图 5-33）。

图 5-32　砖墙

### 4. 木质墙体

木质墙体一般使用直径 30～40 cm 的单层原木，层层向上堆叠而成，也称之为"井干式"结构。所用原木坚固且直径较大，建成的木屋保暖、隔热、防潮等功能良

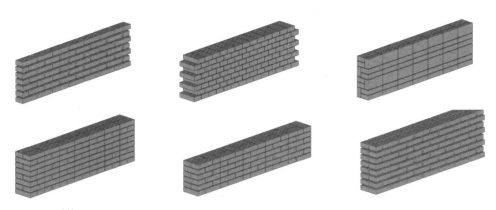

图 5-33 砖墙
第一行从左至右：全顺砌法　全丁砌法　两平一侧砌法
第二行从左至右：一顺一丁砌法　梅花砌法　三顺一丁砌法

好。搭建方式是将木头两端挖长度约 20 cm 的槽口，把木头相互嵌扣，压实黏合，再根根向上垒建而成（图 5-34）。

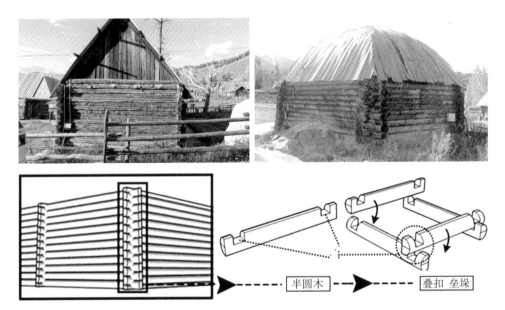

半圆木　叠扣 垒垛

图 5-34 井干式木屋（图源：自摄、基于《传承与交融——四川藏区乡土建筑与营造特征》中图片改绘）

## 5.3.3　基础

### 1. 石基

在多雨且地表潮湿的区域，为了防雨、防潮、防虫，每栋木屋的墙底部都有石材建造的基础。石基的高度一般不超过 50 cm，主要用当地的毛石、卵石不经加工直接堆砌而成。用生土加上草筋、泥土等填补石头之间的缝隙，使石基更加严密。在类似地区的土木、砖木结构房屋中，也有石基的做法（图 5-35）。

图 5-35　井干式木屋石基

## 2. 土基

北疆干旱平原地区的民居通常采取素土夯实制作地基，用木地梁来承载上部建筑的载荷。对土质条件薄弱的地区会采用换土、分层填实和铺设卵石层（干铺或是混合泥浆）等方法。为适应当地冬季寒冷，夏季多雨的气候，保护建筑主体不受潮，会将室内地坪抬至室外标高 0.5 m 以上（图 5-36）。

图 5-36　土木建筑土基

### 5.3.4 民居装饰与构配件

#### 1. 廊

廊在建筑中有内外之分，这里主要介绍民居建筑的外廊，这里的外廊指的是檐廊。"廊"可以分为明廊与檐廊两种：明廊是指靠近外墙有窗户封闭的单面走廊；檐廊是指建筑外侧开放，但却不封闭的单边走廊，是室内与庭院之间的过渡空间。最常见的形式是檐廊，既可以遮阳又可以避免阳光直射进屋内，廊下空间也是居民所喜爱的户外生活场所。室外的廊下空间连接室内的各个厅，使各个空间既连贯又富于变化（图5-37）。

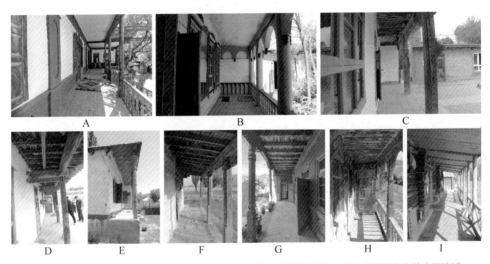

A、E、F、G、H伊犁河流域　B额敏河流域　C、D木垒河与玛纳斯河流域　I额尔齐斯河和乌伦古河流域
图5-37　北疆草原民居廊下空间

#### 2. 门

"门"是建筑的重要构成元素之一，作为建筑的出入口，门既可以连接室内和室外空间，也连接着不同的室内空间。在建筑中起到界定空间的作用，根据功能的不同，门也有宅门、房门、院门等多种形式。传统民居中的门多为木质材料，阿勒泰等地区的井干式木屋中大多为单扇门，只有少数是双扇门，门上没有装饰，使用木板拼接制造，木板自身的木纹形成天然的装饰。伊犁地区的门是建筑装饰的一部分，主门左右两边会设有梁上小窗，门框、门扇和门头上会带有三角形的木质装饰构件（图5-38）。

A、E 额尔齐斯河和乌伦古河流域　B、C、D、F 伊犁河流域

图 5-38　北疆草原民居木门

### 3. 窗

窗户，在建筑学上是指在墙或屋顶上建造的洞口，用以使光线或空气进入室内，起到采光、通风、分隔、维护以及装饰的作用。阿勒泰地区的传统木屋上多为点窗，且为矩形，形制单一，用木板装饰。伊犁、塔城地区虽也为木窗，更多是为了装饰，是墙面的装饰构件，窗户的形制多以三角形尖顶做装饰，两侧一般会有柱头，同门一样，窗户外侧会有窗户板，上面镶嵌多种花式纹样（图 5-39）。

A、B、D、H 伊犁河流域　C、E、F 额敏河流域　G、I、J 木垒河与玛纳斯河流域

图 5-39　北疆草原民居木窗

### 4. 柱子

柱子是建筑物中用以支承栋梁桁架的长条形构件，柱子的位置、材料和形式多样，在北疆传统民居中的外廊木柱，主要作用除承重外，作为装饰的作用更大。

檐廊的廊柱和风斗的门柱都是建筑装饰的重要构件，柱子从下往上可分为柱座，柱裙，柱身和柱头四部分。一般民居中的内柱形制简单并无过多装饰。而外廊柱截面会发生变化，主要有四角、圆形、六角形和八角形。粗细不等的纹路涂以主人喜好的色彩，形成柱头与柱托，有三角形、一字形、拱形等。柱托不仅能减轻柱头和柱身的压力，还可作为装饰构件，有些柱托表面上雕刻着繁复的装饰花纹（图5-40）。

A、B、D、E、F、G、H 伊犁河流域　C 额敏河流域
图 5-40　北疆草原民居廊柱

### 5. 檐口

檐口是指建筑构图中在顶部的典型地带线脚并凸出的水平部件，檐口分为出挑檐和硬檐，层次较多的檐口做成出挑檐，上层做3～5层的封檐砖，下层用木板做封口然后层层回退，形式简单的檐口用砖块压顶形成硬檐。檐口的花纹在封檐板上雕刻，也可将预制的花纹装订在封檐板上，封檐板、封檐砖的不同组合排列形成不同的线条。有的檐口在最顶上两顺砖排之间加一排角砖，砖石呈45°角，角对外。遇到排水口时去掉一块顺砖，把排水板置于其中，顶上再加一块顺砖（图5-41）。

A、B、D、F 伊犁河流域　C 额敏河流域　E 木垒河与玛纳斯河流域

图 5-41　北疆草原民居檐口

### 6. 木雕

木雕是雕塑的一种，在我们国家常常被称为"民间工艺"，木雕是民居中最基本的装饰手段。屋顶的檐口封板、柱头、柱裙、门楣和窗楣上能见到各式各样的木雕图案。图案以植物叶片和花朵构成，处理手法有透雕、贴雕以及组花等（图 5-42）。

A、B、C、D 伊犁河流域　E、F 木垒河与玛纳斯河流域

图 5-42　北疆草原民居木雕

### 7. 栏杆

栏杆是新疆民居装饰和装修的主要表现部位之一，是民居中的维护构件，主要使用的材料为木材、砖块、油漆和石膏，一般在檐廊、木扶梯、阳台等处使用。由于地域的不同，在图案的形式和排列上有所不同，地域的差异在装饰数量上的有所不同，栏杆的装饰重点在立柱和条状的凹槽上，与柱廊上的装饰相呼应（图5-43）。

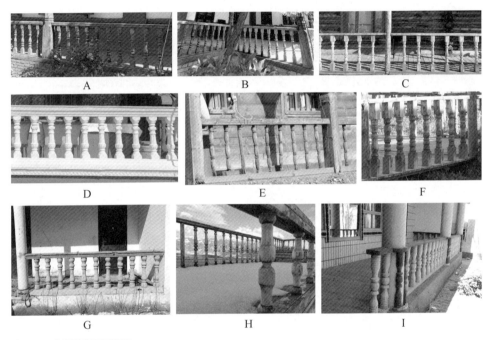

图 5-43　北疆草原民居栏杆

### 8. 门窗楣

北疆民居中的门窗楣因地域的不同而有差异，门窗楣是门窗上方的三角形装饰，起源于欧式建筑装饰风格，受到俄式建筑的影响。门窗楣上有装饰花纹，分为两种，一种是植物纹样，另一种是几何纹样。植物纹样以植物为原型进行抽象变形，在排列时注重对称和秩序，将欧式风格和当地特色相结合并进行创新发展。几何纹样常与植物纹样常常搭配装饰，采用矩形、菱形、连珠纹、锯齿纹和波浪纹等，常用在伊犁民居门窗顶部的三角楣饰边上，三角楣饰的装饰手法主要是贴雕手法装饰（图5-44）。

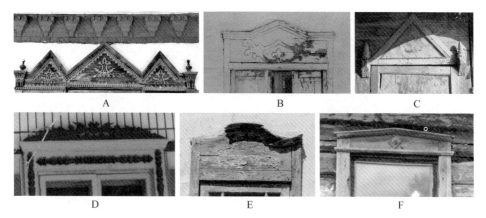

A、C 伊犁河流域　B、D、E 额敏河流域　F 额尔齐斯河和乌伦古河流域
图 5-44　北疆草原民居门窗楣

### 9. 室内装饰

　　北疆民居的室内装饰是根据区域、气候、文化的不同，形式呈现多种多样的类型。以哈萨克族为例，在建筑中，把传统毡房中的布置装饰移至房屋的室内，以房间中的土炕为基础进行装饰。在土炕上放置地毯，将挂毯挂在周边墙上，墙上留壁龛放置物品，土炕的一侧堆有被褥，被褥上方搭着精美图案的罩子（图 5-45）。

A、B、C、D 额尔齐斯河和乌伦古河流域　E、F、G 伊犁河流域　H、I、J 木垒河与玛纳斯河流域　K、L、M 额敏河流域

图 5-45　北疆草原民居室内装饰

## 5.4　本章小结

　　本章通过对草原乡村聚落实地调研，结合调研资料对北疆额尔齐斯河与乌伦古河流域、伊犁河流域、额敏河流域、玛纳斯河与木垒河流域的草原乡村聚落民居进行分析，包括院落营造、平面布局、民居风貌、民居建构、屋顶形式、建筑细部等。通过现状分析，对不同流域、不同类型的民居和院落进行梳理和总结，在不改变居民原本生活习惯、生产方式和日常要求的前提下，重新划分院落的功能分区，优化民居内部流线，完善民居的内部功能，满足居民的生活需要，提高居民的舒适性，提升草原乡村聚落的人居环境。在对北疆草原乡村民居的建构特征进一步分析中，归纳，其中对生土建筑、石块建筑、井干式建筑、砖木建筑、砖混建筑、阔斯和毡房建筑的特点和建构方式，分析不同流域民居中的屋面、墙体、基础，细部构配件和装饰，深入发掘北疆草原民居的地域文化特征。

# 第6章　草原乡村聚落建筑的绿色化发展启示

## 6.1　草原乡村聚落建筑绿色、生态智慧及启示

### 6.1.1　北疆草原乡村聚落绿色化发展概述

在全球变暖，自然资源过度消耗、环境破坏日益严峻的形势下，我国在党的"十八大"以来提出了"生态文明建设""双碳"等目标，旨在推动各行各业的环保减排工作。根据国际能源机构（IEA）全球建筑物跟踪报告数据，2021年，我国建筑物的运行消耗了全球最终能耗的30%，碳排放则占能源部门总排放量的27%，因此国家号召建筑行业应该承担起更多的责任来面对人类日益增长的能源消耗与环境污染。为促进建筑行业的绿色发展，开发和推广符合实际需求和环境友好的绿色建筑成为当下建筑发展的时代需求。

近年来，国内绿色建筑在探索和实践方面已取得一定成绩。如深圳建科大楼等项目，从节能、节地、节水、节材和环境保护各方面整体考虑，采用被动低成本和管理技术，成功地将绿色建筑理念应用于实际工程中。这种被动式设计、可持续建筑设计的探索，不仅为绿色建筑的设计和实践提供了新的思路和方向，还有助于推动绿色建筑的发展和应用，促进实现建筑行业的可持续发展。

改革开放40余年来，随着我国城市化进程的不断加快，地域文化在时代浪潮中逐渐丢失，传统聚落所形成的独特生态文化特色也没有受到重视，而在绿色建筑领域中表现为更加注重于"技术的应用"，对于传统营建智慧和地域化低碳设计方法的探索和创新相对不足。我国草原乡村主要以草类资源为主，生态类型较为单

一，生态系统相对脆弱，生态平衡容易受到各类自然灾害的影响[1]，而北疆草原乡村人民因其逐水草而生的生活属性，决定了其对自然环境资源存在重度依赖性，其传统民居营造则充分体现了对自然的尊重，创造了适应当地生态环境的营建模式。因此研究北疆草原地区乡村聚落的绿色发展对实现建筑行业绿色发展起着重要作用。但由于游牧区地理位置偏远、交通不便等原因，其乡村聚落建筑的绿色发展面临诸多挑战。总结北疆草原乡村聚落建筑在适应当地脆弱生态方面的经验，提炼传统聚落在适应脆弱生态环境方面的营造经验，深入挖掘当地传统营建智慧和地域化低碳设计方法，并结合新技术手段，探索适合北疆草原乡村聚落的绿色化发展路径，为绿色建筑地域化低碳设计提供思考与借鉴。

在北疆草原乡村宏观地域条件下，乡村聚落建筑长期以来都与自然环境紧密相连，数千年来游牧民族的生活方式、经济活动及文化观念都对自然有着深深的敬畏。这种敬畏使得他们在观察自然变化规律的同时，还掌握了适应和利用自然的生态智慧。生态智慧是游牧民族对自然环境的适应，更是对自然规律的尊重和理解。通过观察气候、季节、水源等因素对牧场和牲畜的影响，牧民掌握了一套适应自然、与自然和谐共生的方法。在过去，牧民们以自然为根，根据气候变化和季节交替来调整放牧策略，选择合适的牧场，以及合理安排放牧密度，以确保草原生态的平衡和可持续发展。牧民深知大自然的法则和资源的珍贵，保持着与自然和谐相处的态度，充分利用草原上的水源和草料来饲养和管理牲畜，以此实现资源的利用，从而确保草原生态环境的稳定与美好。草原聚落生态系统以牧民为核心，由人草畜等生物本身和聚落资源、自然环境、建筑及构筑物等非生物环境共同构成，作为草原牧区自然—经济—社会复合系统的区域空间载体，具有主体性、生态性、空间性和文化性的基本特征，是一种半人工半自然的系统。牧民作为草原聚落生态系统的创造者和执行者，发挥着能动调控作用。牧草为牲畜提供碳水化合物和植物蛋白等必要的营养物质，在生态系统的能量流动中牧草质量直接影响牲畜的量和质，体现着系统的自然生态性。选址布局、空间结构、建筑街巷决定了草原聚落生态系统的空间性。除了物质实体要素外，生活生产所蕴藏的文化内涵依附于聚落不断衍生创新。基于这种因地制宜的绿色生态发展观，有助于保护草原生态环境，更为草原生

---

1　张立，林楚阳.牧区乡村人居环境[M].上海：同济大学出版社，2020.6.

态系统的稳定性和抵抗外界干扰的能力提供了坚实的保障。[1]

然而，随着城市化的加速和现代化的推进，传统民居的绿色及生态智慧面临着许多挑战，尤其是新疆传统聚落民居独特的生态脆弱性、不可再生性等特点成为其保护发展过程中不容忽视的重点。伴随社会的发展及经济、政策、生态等因素的影响，牧区延续千年的传统生产方式已较难满足居民日益增长、变化的功能需求，愈来愈多的牧民开始由传统游牧走向定居生活，在定居化的转变过程中，依附于草原自然生态环境的草原聚落也随之演化。

由于前文提到的生活方式的转变以及经济的快速发展，当地大多数牧民忽视了草场的畜牧承载力，片面地将增加牲畜数量作为应对变化的手段，从而导致草原生态平衡系统失衡。并且随着草原生态系统的破坏，当地牧民由游牧转向定居的情况正在不断增加，进一步导致当地传统民居的建造技艺和传统材料正逐渐消失，传统民居生态智慧也严重流失；同时，伴随着现代建筑技术的不断传播和生产生活方式的快速发展，对草原乡村聚落建筑生态环境和自然资源造成了巨大的压力。大规模的城市扩张和工业化进程正在加速自然资源的消耗和环境的破坏。许多传统民居因为缺乏维护和更新，已经逐渐失去了其生态智慧的特点，无法继续为草原生态系统提供有效的支持。

因此，重新审视草原乡村聚落建筑的绿色化及生态智慧，通过策略研究保护和传承这些宝贵的资源的同时，唤醒当地牧民意识自觉，是实现北疆草原乡村聚落建筑绿色化的第一步。将牧民在草原生态系统中的主体性作用与定居草原聚落生态系统相融合，有助于保护和恢复草原环境与促进草原文化的传承和发展。在生态上，通过实施草畜平衡的制度，维护"人草畜"生态系统的稳定和平衡，实现草原聚落可持续发展；在空间上，尊重和保护草原生态系统的自然格局，合理规划草原聚落的空间结构，实现草原生态系统的稳定发展，避免过度开发和破坏；在文化上，传承和弘扬草原文化，提高牧民的文化自觉和文化自信，促进草原乡村聚落建筑文化的传承与发展；在聚落建筑营造上，加强对当地传统营建智慧的挖掘和传承，积极传承和探索适应当地气候特点的建筑设计方法。运用"因地制宜，就地取材"的策略，充分考虑聚落自然环境和气候条件，采用适合当地的建筑材料

---

1 王珂，塞尔江·哈力克.新疆草原游牧聚落的人居环境与聚落风貌整治设计研究——以牧民定居聚落典型民居为例[J].华中建筑，2023，41（3）：92-97.

和设计手法，使得建筑与环境相协调，注重建筑的实用性和经济性。新民居营造可借鉴传统民居的生态智慧和建筑技术等，融入现代设计和规划。如在现代民居设计中汲取传统民居的庭院布局、檐廊空间、捕风塔、高墙窄巷等适应性设计优点，融合到建筑全周期设计当中，则可能提高建筑的节能性能，实现自然通风和采光遮阳等低碳设计要求，以期恢复和维护草原生态环境的稳定，实现可持续绿色发展。

传统建筑的生态智慧在双碳和节能减排的背景下具有举足轻重的研究价值。其形成与发展的过程不仅体现了对自然环境的尊重，更蕴含着对未来建筑发展的深刻思考。它们以独特的方式，诠释了人与自然的和谐共生，展现了建筑与环境的完美融合。因此，我们应该深入挖掘传统民居生态智慧的价值，借鉴其因地制宜、就地取材的理念、生态智慧及适应性发展等优点，结合新技术和材料，推动传统建筑生态智慧在现代建筑中的应用，为实现"双碳"目标和节能减排作出贡献。

### 6.1.2 北疆传统草原乡村聚落建筑的生态智慧

北疆传统草原乡村聚落建筑是游牧民族生活方式在生态智慧上的具体体现，承载着丰富的历史和深邃的生态智慧。按照居住方式的不同，游牧民族的传统建筑主要分为移动式和固定式两大类。

**1. 移动式建筑**

移动式建筑主要以毡房为代表，当地牧民适应气候环境及游牧转场的需要所产生的智慧结晶，也是哈萨克族建筑史上的一个有代表意义的建筑类型。其适应季节环境变化移居的特点不仅体现了哈萨克族游牧生活的智慧，更深刻反映了一种独特的民族魅力；由于毡房结构简单，无须大量地砍伐树木，对环境的破坏较小，具有一定的可持续性；毡房保暖性强，能够抵御草原上昼夜温差大的气候条件，为牧民提供舒适的居住环境。

毡房一般由顶圈、撑杆、格栅、门、毛毡以及连接绳等组成，具有很高的实用性和稳固性，其外部空间可按[1]生产生活的特征分为生活空间、养牧空间、放牧空间三类；内部空间依据家庭成员的不同及功能需求分为对外服务空间、主要功能空

---

[1] 张耀春，塞尔江·哈力克，王珂，等.北疆草原聚落生态系统的特征分析与建构研究 [J].华中建筑，2023，41（7）：73-77.

间、对内服务空间。毡房也有多种类型：小型毡房、大型毡房，特大型毡房（也称为可汗毡房）。不同类型的毡房应对不同人群的生活生产需求，人们利用调整毡房的分隔墙来调整毡房建筑室内的大小，通过在空间布局上的灵活划分，展现出了毡房的灵活性和适应性。

毡房以木结构为主，其承重构件可分为房墙、方杆和顶圈，外维护构造为"毡毯"，组装与拆卸方便，整个架构不用一枚钉子、楔子等金属工具，以木骨架的榫卯、皮毛绳捆绑、毡毯覆盖整体毡房骨架，制作节点均为铰接，通体绑扎在一起，既保证了毡房整体性强，柔韧性好，又实现了快速搭建和拆卸的功能。

从平面上看，毡房的圆形形状能有效减弱了风阻，可应对游牧区的复杂气候，其建筑形体呈圆滑的流线型，倾斜的锥形屋顶有利于积雪滑落，避免暴雪对建筑的损害；屋顶上天窗自由开启和关闭，能加强自然采光与通风，使夏季室内外空气高效流通，创造舒适的热环境（见图 6-1）。

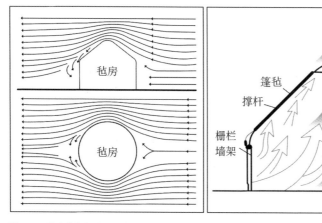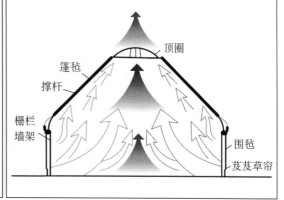

图 6-1　毡房外部气流、内部气流分析图

毡房是牧民在春夏秋三季转场放牧的过程中所用的"移动式建筑"，其传统建造过程中蕴含着宝贵的民间营造生态智慧和地方建造技术经验。

### 2. 固定式建筑

固定式建筑是游牧民族历史形成的聚落建筑，也是 20 世纪 80 年代的牧民定居点建筑。早期的牧民根据所处的气候地理环境和资源条件建设固定式建筑进行生产生活，也形成了冬窝子这种固定居住形式，并逐步发展成当今的聚落建筑。这种住宅形式通常是半地下半地上的，能够有效地抵御严寒。随着牧区生产生活条件的不断发展，牧民们对半地下半地上的固定住所进行了改良和调试，形成了木构建筑、石块建筑、生土建筑和砖木结构等住宅类型[1]。固定式民居环境舒适、使用便利，审美朴素，体现了游牧民族的生活智慧。

（1）木构建筑

草原乡村聚落的木构建筑集中分布于喀纳斯河谷与伊犁河谷草原山区，其中代表性聚落为如禾木、喀纳斯、白哈巴、阿克布拉克、琼库什台等草原村落，常见的是井干式木结构民居。为了与自然环境相适应，居民在营造过程中，因地制宜地选择木材，根据日常生活习性和周围环境的不同选择适宜的建筑形式，充分实现了与当地自然环境的有机融合，无须耗费过多的人力物力。其经济便利的建设方式，充分体现了游牧民族对生活资源的节约和对环境的深刻理解。

井干式木结构民居的墙体和屋顶都是采用木材构筑的。由原木或长方形、六边形的木材层层向上叠摞而成，墙角的木材端头相互交错，组成房子的四面墙。这样的结构不仅坚固耐用，而且能够抵抗地震的冲击。木材的细胞组织中含有空气，自身的隔热绝热性能大，有利于营造良好的热舒适性。

原木外墙还涂以草泥，既能密封墙体，又能保护墙体，减小冻融循环对墙体的损伤。或木材与墙壁的间隙用青苔填满，既能防风，又能替换室内和室外的新鲜空气。

由于河谷地区降雨多，地面潮湿，部分木结构房屋常建在 40～50 cm 高的石基上，以防止地面的潮湿和虫害。为便于排水，其屋顶的角度通常在 30°～45°之间。以上巧妙设计，既体现了游牧民族对自然环境的深刻理解，又展示了营造的生态智慧（表 6-1）。

表 6-1　木构建筑构造与生态智慧

| 构造位置 | 建筑构造图片 | 营建智慧体现 |
| --- | --- | --- |
| 地基与勒脚 | | 就地取材，石基建主要的作用是防雨、防潮、虫害 |

---

1　张耀春，塞尔江·哈力克，王珂，等.北疆草原聚落生态系统的特征分析与建构研究［J］.华中建筑，2023，41（7）：73-77.

（续表）

| 构造位置 | 建筑构造图片 | 营建智慧体现 |
|---|---|---|
| 墙体 | | 原木坚固耐用、保暖性较强，建造简单快速 |
| 屋顶 | | 屋顶多为坡屋顶，能有效防水与防雪灾，也可作为储物空间 |
| 窗门 | | 门窗木板竖向整齐排列，由中间的两根横木板上固定，外加木板防冷风[1] |

总体而言，草原乡村聚落建筑中的木构建筑，不仅是牧民们对生活的追求和生态营建智慧的体现，更是他们对自然资源的适应性利用和人居环境改善的生动写照。

（2）石块建筑

石块建筑是一种古老且独特的建筑形式，主要在山区或其他岩石丰富的地区使用，以石块作为主要建材，通过石块的堆叠形成稳定的结构。

石块建筑的种类多样，包括承重墙结构、砌体结构以及拱圈结构等。其中，承重墙结构是最常见的一种，其建筑外立面呈梯形，墙体下宽上窄，屋面采用木结构覆土建造。建筑一般为一层，平面布局上使用功能单独设置抑或多种功能共存。

河谷地区的人们通常使用鹅卵石块或大石块来建房，采用浆砌法（细碎砂石填充）将石块紧密地堆砌在一起，形成坚固的墙壁。墙壁的厚度在 50～85 cm，高度在 1.5 m 左右，上铺由芦苇或树枝构成的顶圈，再涂上草泥铺设草皮层。干砌石块建筑中大的石块之间没有胶结物。人们会根据石料的形态进行叠合，主要应用于石屋内墙壁、勒脚以及其他重要位置。

---

1　韦尼拉·沙依劳，塞尔江·哈力克.喀纳斯河谷传统聚落建筑的营造与环境适应性探究［J］.城市建筑，2021，18（16）：75-79.

在石块建筑的营造过程中，充分利用了当地丰富的石块和土壤资源，这不仅极大地降低了对外部资源的依赖程度，同时也显著减少了建筑活动对环境产生的负面影响。具体如下。

第一，石块建筑因其坚固耐用的特性，能够抵御各种极端气候条件的侵蚀，从而确保了其长久的使用寿命。

第二，石块建筑还具备良好的保温性能，能够有效降低能源消耗，维持室内环境的热舒适度，体现了其环保与节能的双重优势。

第三，草原生态环境往往面临着较为严酷的气候挑战，诸如强风以及降雨量稀少等不利条件。石块建筑不仅能够有效抵御强风的侵袭，还能在干旱条件下保持相对的稳定性，为草原地区的居民提供较为优质的居住环境。

第四，草原上的石块建筑，以其与自然环境和谐共生的特点，形成了独特的景观，增添了草原的魅力。当地居民采用天然石块构筑房屋，其简约的外观之下，展现出石块特有的坚硬而粗糙的质感，与周边自然环境形成了完美的融合。

作为一种地域特色的建筑形式，石块建筑巧妙地运用当地的自然资源，形成了独特的建筑风貌。虽然其建造技艺看似简单，但其结构稳定，能够适应复杂多变的地形与气候条件，通过与生态环境、草原景观的紧密结合，展现了出色的可持续性与耐久性。

（3）生土建筑

人们用未经焙烧做简单加工的原生土为材料营建房屋，这种适应环境的建筑形式已延续数千年。在北疆生土建筑几乎随处可见。生土建筑的结构类型有夯土墙、土坯砌筑洞穴式等的种类。其中夯土墙墙体较厚，屋面则采用木材、席子以及泥土结合来建造，砖块或石块搭建勒脚。建筑一般为一层，一字形平面中多半是一明两暗带储藏室的布置。

生土，作为一种原生态的建筑材料，在许多地区的传统建筑中扮演了重要的角色。我国各地域自然地理环境差异较大，但生土材料的应用遍及全国，尤其在我国北方地区，这充分证明生土材料地域适应性优异。生土建筑充分体现了因地制宜与科学性的生态智慧（图6-2）。

第一，生土建筑具有显著的地域适应性，其材料可就地取材，充分利用当地资源，尤其在干燥气候区域，黏土资源的丰富使得生土建筑在生态环境技术方面展现

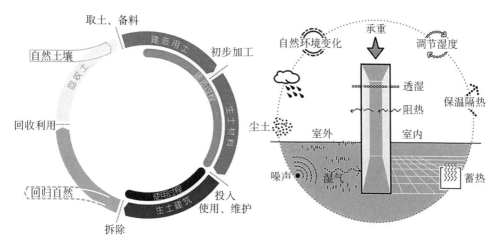

图 6-2　生土建筑全生命周期示意图（左）和生土材料生态智慧示意图（右）（图源：论文[1]）

出巨大的潜力。这不仅避免了远距离的材料运输，降低了人力和建设成本，同时也减少了能源消耗。

第二，相较于常规建筑材料，生土的导热系数小，热稳定性好，蓄热能力强，这些特点赋予了生土"冬暖夏凉"的调节功能。生土民居中厚重的夯土墙和土坯墙以其出色的阻热性能，有效隔绝外部热量，维持室内温度稳定。此外，生土材料还具有"呼吸"功能，透气性强，可有效调节室内湿度与空气质量，有效吸收室内污染颗粒与吸声降噪，保持良好的居住环境舒适度。

第三，生土材料具有低技术，易操作性的特点。生土材料的加工工艺相对简单，易于掌握，适合各种技术水平的工人操作，造价低廉，加工过程低能耗、无污染，据测算其加工能耗和碳排放量分别为黏土砖和混凝土的 3% 和 9%。体现了其环保与经济的双重优势。

第四，生土材料作为可再生资源，具有良好的循环利用性。在建造过程中，可以回收利用废弃的土壤、沙子等材料，实现资源的有效利用。

生土材料作为传统的建筑材料，在乡村聚落环境的构建中彰显了丰富的生态智慧。其"就地取材、因地制宜"的原则与当前生态文明建设的理念高度契合，有助于缓解干旱区内固有的人居矛盾，同时对我国资源匮乏的村镇建设有着深远的启示

---

1　叶雨辰.破土重生：多种乡村重建模式下的生土营造研究 [D].天津：天津大学，2017.

意义。

深入挖掘并充分发挥生土材料的潜力，是推动其在建筑领域绿色化发展的重要动力。这对于促进北疆草原乡村聚落的绿色化发展，以及为乡村振兴提供有力支持具有重要意义。

### 6.1.3 北疆草原乡村聚落建筑的绿色化启示

随着社会的进步和科技的发展，草原牧民的生活方式正在悄然发生改变。传统的游牧生活方式正逐渐被定居的生活方式所取代，传统民居具有深厚民族文化内涵的建筑形式也逐渐被现代建筑所取代。这种改变既是文化交融的结果，也体现了人们在选择传统建造方式与运用新的材料、技术之间的矛盾。

传统的建筑材料，如生土、木、石、砖等应用在广大的北疆乡村地区。尤其是生土材料在使用过程中，始终保持其原有生土特性的技术方法是绿色生态的。生土材料在应用中，始终维系其土壤本质的技术实践是符合绿色生态理念的。然而，传统生土建筑在墙体强度和耐久性方面存在一定的局限性，房屋开间尺寸也受到一定限制。为了提升生土建筑的实用性和舒适性，采用了改良生土技术，如灰土墙和水泥土墙的应用。可以显著增强墙体的承载力、整体性和抗震性能，同时还能提高房屋布局的灵活性，使生土建筑在保持生态友好的同时，也具备了更高的实用性和舒适性。

木材作为建筑资源，具有取材方便、生态友好、质地坚韧、耐弯曲和抗压性强等特点，因此适用于制作各种建筑构件。但存在着耐腐蚀、防火性能差等不足。北疆草原乡村聚落建筑具备技术低、成本低，与社会、自然环境条件相适应的优势，但是其整体环境品质比较差与现代生活、生产方式很难相适应。这一矛盾随着时代变化日益明显，进而造成缺乏地域文化特征的简易高能耗高污染砖混房大量涌现，进一步加剧了传统民居建造技艺和生态智慧的流失。

因此，我们应深入挖掘传统民居营造的生态智慧，重视传统建筑美学与功能需求优化设计。在因地制宜的原则下，充分发挥乡土材料在现代民居建设中的重要作用，进行深层次的研究与开发，充分发挥其绿色生态价值。

在乡村聚落建筑的取材过程中，应遵循就地取材、维持建筑与环境生态和谐融合为原则，对乡土资源保持可持续利用，构建出绿色、天然、低技术、低污染的民居建筑。同时，在建筑的维护和改造中，应关注建筑的可持续性和整体性，建筑营造应当以绿色化与生态智慧为出发点，在建筑活动中寻求建筑与自然环境的最优解，从而实现保护传统文化特色，推动农居低碳发展、实现可持续绿色化发展。

# 6.2　草原乡村聚落建筑绿色化应用

## 6.2.1　宏观层面的绿色化应用

### 1. 选址布局

北疆草原乡村聚落主要集中分布于各河谷区，具体位于哈纳斯和乌伦古、伊犁、额敏、玛纳斯、木垒等河谷及其周边山间盆地一带，具有草原、湖泊、森林、河流、平原等多样性生态要素。草原乡村聚落居民多位于山地草原之中，他们大多是游牧民族，遵循着"逐水草而居"的生活方式。这些地区拥有优良的生态环境和自然基础，而游牧民族的生产和生活方式大多紧密依赖于自然环境，其建设活动中充分体现出与草原环境和谐共生的生态理念，蕴含着深厚的生态智慧。新疆伊犁琼库什台村作为传统草原聚落的典型代表，其独特的地理位置和空间布局充分展示了人类与自然环境的和谐共生关系，下文以其作为典型传统聚落分析，探究其选址与空间布局中蕴涵的生态智慧。

琼库什台村辖于新疆伊犁特克斯县喀拉达拉乡，处于特克斯县南侧的河谷阶地上，海拔约 1970 m。受海拔高度和大陆气团影响，该地夏季凉爽多雨，冬季严寒多雪[1]。特克斯河谷南北高，中间低，开口朝西，利于水汽顺地形深入河谷，并随地势上升而凝结成降水，每年降水量为 500～600 mm，主要集中在 4 月到 9 月。

琼库什台村地理位置偏僻，距县城有 90 km，山路崎岖，物资运输困难。面对这样的地理环境，当地牧民展现出了卓越的智慧和适应性，巧妙地利用当地资源，以木材为主要材料，建造了独具特色的木楞房。由于该类民居具有生态适应性且当地居民对其精心维护而得以长久保存，这些保存下来的传统木屋，作为建村初期的历史见证，见证着牧民们由游牧走向定居的演变历程。正因如此，琼库什台村在

1　朱紫悦，塞尔江·哈力克，张朔.传统草原聚落空间营造及建构的生态智慧探究——以新疆特克斯县琼库什台村为例 [J].华中建筑，2022，40（11）：168-171.

2010 年荣获国家历史文化名村的殊荣。

总体来看，琼库什台村的选址与布局顺山水格局，利用自然资源，其核心理念可概括为"择地形、近资源、逐水草"，充分地体现了趋利避害、因地制宜的生态智慧。

在琼库什台村的选址过程中，其显著特点是对地形的选择（图 6-3、图 6-4）。这一点从其村名便可以看出："琼库什台"一词在哈萨克语中译为"大平台子"，这反映了当地居民对其地形特征的直观认知。聚落所处区域整体上有南高北低之势，三面环山，中部平坦。一方面，中部的平坦区域有利于开展聚落的营建活动，适宜人居；另一方面，三面的山体有效地起到了阻挡了冬季的寒流，营造了良好的气候环境。

图 6-3　琼库什台高程分析图　　　图 6-4　琼库什台坡度分析图[1]

琼库什台村作为游牧民族的定居聚落，其选址充分考虑了自然资源对建造活动和居民生活方式的影响。

第一，由于该地雨水丰富，植被资源丰富。环绕聚落的杉树和松树林不仅有助于保持水土、调节微气候，还为村落的建设提供了必要的原材料。

---

1　朱紫悦，塞尔江·哈力克，张朔. 传统草原聚落空间营造及建构的生态智慧探究——以新疆特克斯县琼库什台村为例 [J]. 华中建筑，2022，40（11）：168-171.

第二，当地雨水充沛的气候环境极适合牧草生长，易培育优良牧场。琼库什台村位于喀拉峻大草原（夏季牧场）与包扎地尔牧场（冬季牧场）之间，地势较低，位于河谷坡地，沿河区域水草丰盈，这一地理位置使其成为连接冬夏牧场并自身拥有丰富水草资源的游牧宝地。

第三，水资源是村落得以延续的重要元素，琼库什台河自南向北贯穿整个聚落，长年不断的河水充分满足了聚落居民的生活生产用水的需求[1]。

琼库什台村选址布局上以趋利避害为前提，充分重视所处地区的自然环境，遵从自然规律，洞悉地形地势及资源条件并通过与之相契合的空间布局来规避不利的自然条件，调节人居环境的微气候。基于传统聚落选址的生态智慧，北疆现代民居选址也应当充分考虑当地地形地貌特征，充分利用日照、遮阳、通风等有利因素，避开霜冻、不利风向、雨雪堆积等不利因素，以确保宜居的气候环境。在建筑布局上，综合考虑并权衡建筑并列式、错列式、斜列式、周边式和自由式等布局方式与各种有利及不利因素的关系，以实现最优的建筑布局。

在进行建筑选址时，应优先考虑向阳且避风的平地或山坡地带，以提高建筑的采暖效率并降低能耗。选址过程中还需注意建筑的通风问题，鉴于不同地域及季节对通风需求的变化，故应依据当地主导气候为基础调节微气候，组织自然通风。在严寒、寒冷地区，冬季的防风措施尤为重要，如设置风墙、风帽等，以减少冬季寒风对建筑室内热环境的影响。而在干热风沙地区，则应着眼于防风。通过合理的规划和设计，可以减少风对建筑的侵袭，维护室内热环境的稳定。

此外，湿度与降水也是选址过程中不可忽视的因素。在平原地区，降水是均匀梯度渐变的，而在山区，受地形起伏影响，降水量分布则呈现复杂多变的特点。其中最显著的特征表现为，随着海拔的升高，气温下降，降水增多，气候湿润迅速增加。这种变化不仅影响山区自然景观和土壤条件，也为建筑选址提供了重要参考。

### 2. 聚落空间

琼库什台在规划聚落空间布局时，严格遵循了地势走向和琼库什台河的自然流向，充分考虑到地形地貌的特点，以高效利用水资源和争取最佳营建环境的原则来布局各户建筑（图 6-5）。

---

1　朱紫悦，塞尔江·哈力克，张朔.传统草原聚落空间营造及建构的生态智慧探究——以新疆特克斯县琼库什台村为例 [J].华中建筑，2022，40（11）：168-171.

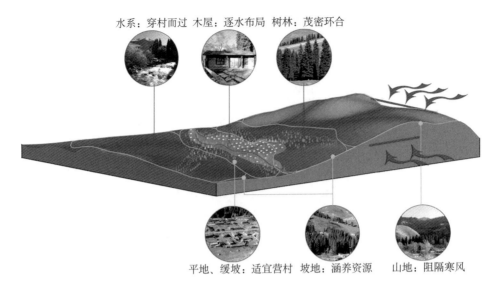

水系：穿村而过　木屋：逐水布局　树林：茂密环合

平地、缓坡：适宜营村　坡地：涵养资源　山地：阻隔寒风

图 6-5　琼库什台村落选址分析图 [1]

在聚落的建筑排布上，充分体现了村落与水的关系。建筑沿着琼库什台河呈带状分布，最大程度上能够便利地为各户提供充足的水源。在纵向布局方式上，依照东南高、西北低的地势条件，大多数建筑布置在地势较高一侧，与河沟间保持一定的距离。这种布局不仅有利于建筑的通风、采光和防潮，还能有效规避因河水可能带来的自然风险。

从建筑肌理来看，建筑主要沿河流与道路呈现近似棋盘式的布局方式。除一条较短的主街外，其他街巷皆呈西北—东南方向排布，使沿街两侧的建筑自然与冬季主导风向垂直，形成防风界面，有利于规避冬季寒风 [1]。

## 6.2.2　中观层面的绿色化应用

### 1. 街巷空间

在北疆地区，夏季气候炎热且日照强烈，为应对这一气候条件，当地在构建房屋与街巷时，充分考虑了遮阳和避光的需求，采用了高墙窄巷、半空楼等遮阳形式，有效抵御高温与强烈日照。

---

1　朱紫悦，塞尔江·哈力克，张朔.传统草原聚落空间营造及建构的生态智慧探究——以新疆特克斯县琼库什台村为例 [J].华中建筑，2022（11）：168-171.

　　街巷空间不仅是居民日常活动的重要场所，更是对当地生态环境与气候特征的适应性体现。在调节街巷微气候的同时，其与周边建筑的高宽比也会影响人的主观感受。同时，高宽比较大的街巷阴影面积较大，能够有效降低街巷对太阳辐射的影响。

　　据实地测量，聚落内道路多为支道或窄巷，具有良好的遮阳功能。聚落街巷高宽比一般为 2∶1～3∶1，形成典型的"高墙窄巷"村落形态。在炎热的夏季，高墙窄巷可以给街巷提供全天的阴影，而处于阴影中的街巷空间，则降低辐射对人体体温的影响，为居民的日常生活提供适宜的热舒适环境，从而形成"自然遮阳"的冷巷空间。

　　民居街巷空间的规划应充分考量太阳高度角与方位角的影响，以实现有效遮阳和降低热量吸收。太阳高度角影响街巷的高宽比，而方位角则决定了街巷的方向。街巷的高宽比影响了地面接收到的太阳辐射量。若高宽比大，街巷深，能遮挡大部分太阳辐射，从而降低地面受热，优化微气候环境。相反，当高宽比小，街巷宽，地面易长时间暴露于直射阳光下，且时间较长，导致热量累积，不利于微气候的调节。

　　街巷的通风效果取决于街巷的走向。巷道作为封闭的、狭长的带状空间，具有一定的乡村观赏价值，其形态类似于树枝的分叉，空间界面主要由乡土建筑的围墙和墙体构成，材质、空间范围及区域特征鲜明，空间韵律变化明显。维特鲁威曾经提出过，"街道应该是可以调节风向的"，为了满足每家每户的通风需求，部分村落的街道和小巷都呈现风车状，这种设计不仅有助于通风，还能引导气流在村落中循环，提高空气质量和温度舒适度（图 6-6）。

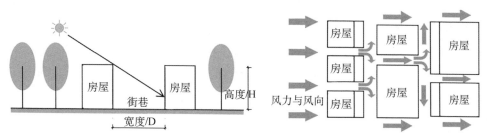

图 6-6　街巷空间原理示意图

街巷空间设计体现了居民对自然环境的深刻理解和尊重。他们充分考虑到遮阳、避光、通风等需求，通过科学的生态营造智慧，有效地应对了当地炎热的气候和强烈的日照。这不仅为人们提供了舒适的居住环境，更在细微之处彰显了人与自然和谐共生的理念，是人与自然相互适应、相互尊重的生动实践。

### 2. 院落空间

北疆河谷区的"井干式"木结构民居，展现了与自然环境的和谐共生。这些民居在历经岁月的洗礼中，形成了独特的院落形态和空间布局，这些特征均深受当地气候、生态环境及民间习俗的影响。

北疆河谷传统木结构民居的院落组织模式分为一合院式、二合院式、三合院式（图6-7）。

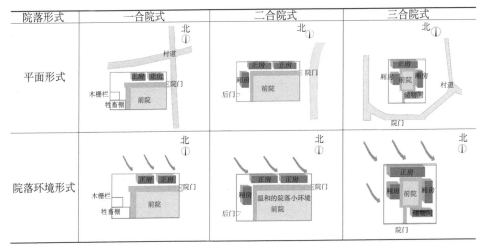

图6-7　院落组织模式[1]

北疆河谷传统木结构民居中各房屋排布互不相连，正房与偏房之间相互错开、间距开敞，占地面积大。这种布局设计源于该地区冬季太阳高度角较小，阳光资源相对匮乏，使得对采光纳阳的需求较高。因此，为了最大限度地利用阳光并吸收热量，住宅建筑单体间留出宽敞的间距，形成独特的院落布局。这样的设计旨在为院落及住宅内部空间争取更多的日照，以应对北方严寒的气候条件（图6-8）。

---

1 韦尼拉・沙依劳，塞尔江・哈力克.喀纳斯河谷传统聚落建筑的营造与环境适应性探究［J］.城市建筑，2021，18（16）：75-79.

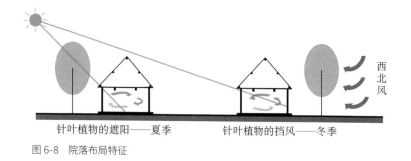

图 6-8 院落布局特征

北疆河谷聚落主要在西北面布置房屋，阻挡寒风：例如喀纳斯河谷位于北纬48°，海拔高度变化在 1 300～4 375 m，属于严寒地区。由于靠近北半球的西伯利亚地区，该地冬季严寒、降雪量大，受到西北寒风影响较大。因此，喀纳斯河谷传统木结构民居中院落的布局都是尽量在西北向布置房屋。房屋在西北向能够在一定程度上抵挡大风侵袭，形成相对温和的一个院落小环境[1]。

北疆河谷的传统木结构民居院落的布局和形态是在长期与自然环境对抗中逐渐形成的。它体现了居民对自然环境的适应和实用改造，也反映了深厚的文化内涵和历史价值。

对于日照充足的院落空间绿色化（表 6-2）布局设计出发：

表 6-2 院落布局遮阳通风分析（图源：论文[2]）

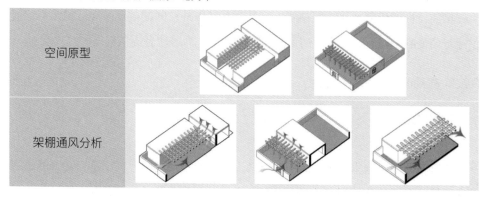

1 韦尼拉·沙依劳，塞尔江·哈力克.喀纳斯河谷传统聚落建筑的营造与环境适应性探究 [J]. 城市建筑，2021，18（16）：75-79.
2 付斐.哈密博斯坦传统村落民居空间适应性研究 [D]. 西安：西安建筑科技大学，2022.

北疆草原乡村聚落人居环境

（续表）

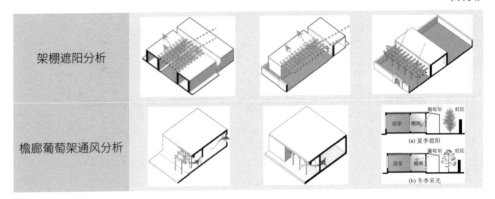

| 架棚遮阳分析 | | | |
| --- | --- | --- | --- |
| 檐廊葡萄架通风分析 | | | |

第一，传统民居院落布局根据生活动、静、污、净等生活的属性，合理而有序与院落组合，从而有效地防止了分功能分区之间的干扰；合理安排辅助用房，有效避免冬季主导风向进入院落；积极营造冬季阳光直射且避风的室外空间。

第二，架棚遮阳：庭院区的上空通常以架棚覆盖，部分采用葡萄架覆盖，起到了遮阳的效果；夏季通过葡萄架蒸腾作用降低温度；在庭院中设置葡萄架种植葡萄，这种葡萄架从屋檐覆盖几乎整个庭院，然后延伸至地面，春夏季节，葡萄藤蔓延覆盖整个庭院的上空，在炎热的夏日，葡萄叶的蒸腾作用会带走大量庭院内的热量，从而达到良好的降温效果。

第三，檐廊遮阳通风：屋前廊下区是联系室内外空间的过渡缓冲区域，不仅提供通行的便利，还形成了良好的遮阳和通风效果，为居住者提供舒适的过渡空间。

### 6.2.3 微观层面的绿色化应用

#### 1. 民居空间

#### （1）朝向与体形

建筑朝向是影响室内采光的主要因素，良好的建筑朝向有利于营造健康舒适的室内环境。合理的建筑朝向选择，可在冬季可以充分获取日照并避开主导风向，夏季则可以有效获取舒适自然通风并防止太阳直射。

鉴于北疆冬季寒冷且漫长，夏季短暂且炎热的气候特点，建筑物朝向的选取主要从下列方面进行考量：第一，确保建筑物内部各房间在冬季能够充分接收阳光照

264

射，以提升室内温暖度。第二，有效结合地形优势，减少占地面积。第三，确保该建筑物在夏季有一定遮阳效果，避免长时间阳光直射。第四，冬季减少寒流对室内的影响，以及夏季保证室内空气流通，有效散热。第五，建筑设计还需满足住宅建筑的组合需求，实现功能性与美观性的和谐统一。

民居建筑体形系数越小越利于保温，也可采用厚重的外围护墙体来抵御寒风。体形系数系 $S$ 指建筑物与室外大气接触的外表面积 $F$（不计算地面）与其所包围的建筑体积 $V$ 之比（$S-F/V$）。体形系数越大，说明单位建筑空间所分担的热散失面积越大能耗就越多。有研究资料表明，体形系数每增加 0.01，耗热量指标约增加 2.5%。

从优化冬季角度而言，应尽量增大南向的采光得热面积，这通常要求建筑具有较小的进深即建筑的长宽比须相应增大。最佳节能体形是以各面外围护结构传热特性的比例关系为准的，只有当建筑各面的有效传热系数相等时，正立方体才为最佳体形。但在具体建筑设计中，一般来说最佳体形并不完全由体形系数确定，应该是平均有效传热系数大的一面，其面积应相对较小，平均有效传热系数小的一面，其面积应相对较大 [1]。

综上所述，设计过程中应综合考虑民居的朝向、体形系数及热能获取与散失的关系，营造健康舒适的建筑环境。

（2）采光与遮阳

新疆玛纳斯县属中温带大陆性干旱半干旱气候，冬季漫长严寒，夏季短暂酷热，昼夜温差显著。年平均气温 7.2 ℃，无霜期 165～172 d，全年主导风向为西南风，光照时数 3 300 h，风光资源富集。为避免强烈太阳辐射引起温度变化剧烈，对居住环境的遮阳处理显得尤为重要，包括院落外环境和建筑构造等方面。夏季为避免阳光直射地面，致使室外环境温度过高，通常在院落中种植植物，可有效营造舒适的院落环境。

北疆应对日照的应对措施主要从民居总体布局和单体空间两方面来考虑。第一，民居总体布局：为了得到最佳的采光，民居一般背阴向阳，顺应地形，主要功能则朝向当地的最佳朝向。第二，单体空间：民居大都通过院落空间进行遮阳处

---

1　高建岭，李海英，王晓纯，等.生态建筑节能技术 [M].北京：中国电力出版社，2007.

理，同时结合棚架体系和植物种植，实现遮阳、降温和改善微气候的效果。此外，门窗设计也采用"喇叭口"形式，以应对强烈的阳光照射。

对北半球而言，由于夏至太阳高度角高、冬至高度角低，导致日照入射到室内墙与地面上的投影在不同季节存在显著差异。冬至时，在有效日照时间内，受照面较大；而夏至时，受照面积则相对较小，因此，通过遮阳措施，可以在夏季遮挡过多的阳光，同时不影响冬季的日照需求。

建筑遮阳的主要目的是阻隔阳光直射，这样做的好处有三方面：可以防止透过玻璃的直射阳光使室内过热；可以避免建筑围护结构过热，从而减少对室内环境的热辐射；可以防止直射阳光造成的强烈眩光。

（3）通风

草原乡村聚落民居在选址、街巷布局、民居单体及灰空间等层面上，均积累了丰富的生态经验，以适应风环境。为确保居民在最为舒适的环境中生活，通风与防风策略得以并存。

传统木屋通常建于森林茂密的山区，考虑夏季多雨、冬季寒冷及降雪量大等因素，其屋顶设计多为双坡形，有效应对雨雪天气。例如禾木地区的坡屋顶较陡，而琼库什台则采用木板钉成人字形的平缓屋顶，部分搭建于外部的附属建筑屋顶坡度接近平顶。这种平缓的屋顶设计不仅便于覆盖约 10 cm 的混合草籽土壤，还具有防风、保温隔热、固定土壤等多重功能。月亮地村作为新疆保存较为完整的传统村落，其中的拔廊房是一种典型的土木结构民居。村落所处的木垒地区三面环山，兼具北疆绿洲聚落的典型特征。雨季时，其房檐经过延长设计，兼具遮阳挡雨、通风耐用的功能，使房屋在冬季保持温暖，夏季保持凉爽。

建筑通风是由于建筑物的开口处（门、窗等）存在压力差而产生的空气流动。按照产生压力差的不同原因，自然通风可根据压力差的不同原因分为风压自然通风、热压自然通风、风压与热压相结合的自然通风及机械辅助式自然通风。

第一，当风吹向建筑物正面时，因受到建筑物表面的阻挡而在迎风面上产生正压区，气流再向上偏转，同时绕过建筑物各侧面及背面，在这些面上产生负压区。风压通风就是利用建筑物迎风面与背风面的压力差来实现，人们所说的"穿堂风"就是利用风压通风的例子。

第二，热压通风亦称"烟囱效应"。其原理为热空气上升，从建筑上部风口排出，形成室内负压，于是室外新鲜的冷空气（比重大）从建筑底部被吸入。室内外温差越大，进出风口高度差越大，则热压作用越强。对于室外环境风速不大的地区，"烟囱效应"产生的通风效果是改善热舒适的良好手段。[1]

### 2. 围护结构

（1）乡土绿色材料

乡土绿色材料系指那些取自于本地，易于取材，经济实惠，能耗低，低施工技术，可循环利用或部分循环利用的聚落营造材料。其充分体现了"就地取材，周而复始"的可持续发展生态智慧，并且能够与自然环境和谐共生，对于推动地方绿色建设与发展具有积极意义。

在营造过程中选用木材、生土和石材等乡土材料。木材，作为人类最早运用的建筑材料，以其卓越的抗压和抗拉伸性能，被广泛应用于房屋的木构架构建以及室内装饰。当地传统民居外墙由原木堆砌而成，采用井干式结构，充分发挥了木材的柔韧性和耐拉耐弯的特性。通过榫卯连接方式，保证了墙体的稳固和耐用，同时有利于抵抗地震。为了进一步增强墙体的保温性能，在其外表涂抹草泥，既实现了墙体的密封，又提升了其热工性能。这样的设计使得室内冬暖夏凉，为当地居民提供了舒适的居住环境。此外，草泥还能有效保护墙体，减小冻融循环对墙体的损害。

当地传统民居选用的生土来自周边山区的自然土壤，自身带有一定的黏性，常与草、木料混合使用。而选用的石材多为本地的毛石和鹅卵石，被用于建造房屋的基础、庭院小路等。这些石材具有出色的抗压性能、稳定的性能、经济实用以及可回收再利用等优点。

传统夯土、土坯墙建造技艺在北疆较为普及，民居的建造主要采用夯土墙围合而成，其功能形式与当地资源、气候、地理等条件以及村民生活生产习惯紧密相连。这种建筑方式具有就地取材、施工简易、造价低廉、冬暖夏凉、节能环保等优点。墙体一般较厚属于重质墙体，蓄热性能好，可以有效减缓室内温度波动。尽管生土墙体材质易粉化，需要定期维护，且通风采光条件相对较差，使得生土房屋在许多农户眼中显得较为落后，但是生土材料的就地取材，对环境破坏小，加之生土建造技艺被当地居民熟知和掌握。这种建筑方式是气候和资源条件的真实反映，时

---

1　高建岭，李海英，王晓纯，等. 生态建筑节能技术 [M]. 北京：中国电力出版社，2007.

至今日依然具有旺盛的生命力。

对于乡土材料资源的探索乃是目前实践最多、进展最快的领域。人们青睐于大量的、经济的、天然材料的开发应用主要涉及生土、农作物秸秆、竹、木等自然材料秉承着"在工业化的氛围中使用非工业的建造方式"的理念采用当代天然建造方法去探索新乡土建筑的营造策略与途径。

为此，对传统生土材料进行技术改良，采用"添加剂"的方法和采用机械和物理方法来增加土坯砖的抗压性能和规则度。

由于不规则不统一的土坯砌筑墙体在竖向和水平地震力作用下极易产生局部应力集中，从而导致墙体的抗震承载力下降最终房屋产生开裂甚至于倒塌，因此规格统一、密度均匀的土坯砖更有利于抗震。在此背景下，王军教授课题组于20世纪90年代成功研制出手动土坯杠杆式压制机（简称"手动生土砖机"，如图6-9所示），并荣获国家专利。这种手动设备生产的土坯显著提升了生土建筑的力学性能，同时保留了生土材料的生态优势，为农村自建房提供了新的发展思路[1]。

图6-9 手动生土砖机[1]

为此，可以引入现代生态建造技术和材料，改进和优化传统生土建造技艺，调整房屋结构形式等改善室内环境，使这种传统生土材料符合现代生活。香港吴恩融

1 孟福利.乡土材料在传统聚落营造中的生态智慧及启示 [D].西安：西安建筑科技大学，2011.

教授研究团队在陕北地区对生土建筑进行了有益探索，如在毛寺生态实验小学建筑设计（图 6-10）中，发掘和改进当地有价值的生土传统建造技术，其墙体所需的土坯砖是由挖掘基础所产生的黄土手工压制而成，而在砌筑过程中所产生的边角料块，碾碎掺拌在麦草泥中，再利用黏结剂进行墙体外观整体粉饰。通过对传统技术的优化提升，该项目探索出一条适合于当地发展现状的本土建造之路，这为青海黄土地貌乡村民居建设提供了经验和启示[1]。

　　秸秆复合建筑材料的应用前景：由于材料具有强度高、重量轻、成本低、耐腐蚀、不易燃、在高低温的环境下不变形等特点，应用于民居建筑时，施工不受气候

甘肃毛寺生态实验小学

甘肃马岔村民活动中心

西澳大利亚的城墙建筑

图 6-10　新型夯土建造技术下的国际生土建筑大奖作品（图源：https://www.archdaily.cn/cn）

1　崔文河. 青海多民族地区乡土民居更新适宜性设计模式研究 [D]. 西安：西安建筑科技大学，2015.

条件的影响，建设速度快，能够降低山区和偏远地区的施工难度。因而可以被广泛地应用于老、少、边、穷等地区的乡村建设中。此外近年来频繁的自然灾害使得灾后重建工作被高度关注，而秸秆复合建筑材料在震后重建方面的优势正被很多业内人士认真探索和实践，秸秆复合建筑材料应用（图 6-11）是日后绿色化民居的一个重要选择和发展方向。

图 6-11　黑龙江汤原县草砖建筑实例（图源：《农村地区新型节能住房探析——浅析草砖房设计原理》）

　　乡土材料通过与新技术的结合，赋予其新的物理性能和生态性能，是对乡土材料延续与发展的表现。乡土材料的因地制宜，力求在选材、设计、施工、运营、改造、拆除和循环再利用等环节都做到生态和节能环保。利用乡土材料营造当地居民最基本的居住需求出发，提倡"少费而多用"的设计原则，运用乡土材料，将生态新技术和地域传统营造技术相结合，创造出适合地域资源约束下的绿色适宜技术，切实改善和提高了当地居民的居住生活品质。

　　乡土材料在绿色生态建筑营造中应该遵循"自然化、简单化、低技术化、低成本化、平民化、营造本土化、因地制宜"的设计原则[1]。

　　（2）保温与隔热

　　北疆地区为温带大陆性气候，昼夜温差大，为严寒地区，其建筑设计要求为：

---

1　孟福利. 乡土材料在传统聚落营造中的生态智慧及启示 [D]. 西安：西安建筑科技大学，2011.

必须充分满足冬季保温要求，一般不考虑夏季防热。不同的平面布局对室内热环境与微气候有着重要影响，在草原乡村聚落民居中，辅助空间多位于北侧与西北侧，能有效地缓冲冬季室外的冷空气；基本生活单元中主厅与卧室大部分置于南侧，在坡地处民居沿山坡呈台阶状，有利于直接利用太阳能，起到保温的作用。

墙体作为建筑的围护结构，其材料的选择及构造做法直接影响着建筑性能的好坏。北疆草原乡村聚落民居应对气候炎热干燥环境，因地制宜，就地取材选用生土墙作为墙体砌筑材料。生土墙取材方便、造价低廉、易消解于自然、导热系数小等，能适应当地炎热干燥的气候环境。用生土墙砌筑成的墙体，使得建筑具有冬暖夏凉、保温隔热、恒温的效果，因此被广泛使用。

随着技术条件的改善，现代民居也使用土坯砖的形式，土坯砖一般为 7 cm × 15 cm × 30 cm，或 10 cm × 30 cm × 48 cm。天然绿色的土坯砖结合生土的砌筑方式，增强了建筑的稳定性及保温隔热效果。

北疆草原乡村聚落民居农村的广大劳动人民在长期的生活与实践中，创造并传承着古老但实用的诸多采暖技术，如火墙、火炕、火盆等，其中火墙的使用普遍。

火墙作为北方严寒地区农宅取暖的常用设施，主要由矩形砖墙构成，其特色在于墙内设有若干空洞使烟火在内串通，从而实现两面散热，同时也起到了室内隔断的作用。其中烟道一端接火炉，另一端接垂直烟囱，底部留有掏灰口，冬季可作烧饭取暖两用。火墙主要以热辐射的形式向室内散热。按其构造形式和烟气的流动方式可分为横洞火墙、吊洞火墙和花洞火墙三类。吊洞火墙因其构造简单，维护方便，使用最广泛，又分为 3 洞和 5 洞两种。按内部构造的火墙分类与吊洞火墙构造三维示意图如图 6-12 所示[1]。

火炕构造简单，价格低廉且易于搭砌；火炉除了提升室内温度外，还可加温热水，便利生活，故在寒冷地区被广泛使用。火炕利用烹饪时产生的热能，增加燃料使用次数和效果，一般在室内会有一根排烟管道通向室外（图 6-13），保证居民用火安全。

因为传统住宅的整体建筑面积有限，所以火炕能够满足人们基本起居、睡眠的供热需求，同时，使用火灶搭装的方式、改造也相对简单，且造价低廉，在草原

---

1 赵西平，张鹏，周铁钢.火墙对严寒地区村镇住宅热环境的影响研究 [J].建筑节能，2016，44（3）：1-5.

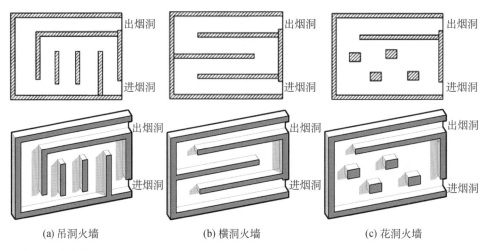

(a) 吊洞火墙　　　　　　　　(b) 横洞火墙　　　　　　　　(c) 花洞火墙

图 6-12　火墙的构造分类与构造立体示意图

(a) 火炉　　　　　　　　　　　　　　(b) 火炕

图 6-13　建筑火炉、火炕采暖分析

乡村聚落民中间比较普遍，这也是当地民居采用主动式策略实现保温采暖的智慧表现。

北疆河谷传统木结构民居的木结构墙体绿色化应用：在累叠过程中根据设计需求自然留出门、窗洞口，并且会在松木之间塞满蘸了盐水的苔藓或糊上泥巴，形成密不透风的围护结构，这样一来即使在寒冬，也不会有冷风吹进室内。

屋顶作为建筑的围护结构，在伊犁河谷地区的琼库什台村，当地夏季雨水多，冬季雪量较大，建筑的屋顶一般以板材架起双缓坡屋顶，坡度一般为 20°～25°，再在屋顶上覆盖约 10 cm 的土壤。这种土壤中掺有本地的草籽，当地湿润的气候利于其生长，使得民居具有了"屋顶长草"的特色。一方面，屋顶上的草能够起到固定土壤、防止土壤散落的作用；另一方面植物与土壤混合，像一层"保温毯"覆盖在建筑上，起到保温和防风的作用。从建筑形式上看，这种木屋草顶与周围的草原、山体相和谐，能很好地融入自然背景，具有很高的生态美学价值。木构建筑的屋顶与当地的自然条件具有高度的相适性，在不同气候下，木构建筑的屋顶有所差别（图 6-14）。

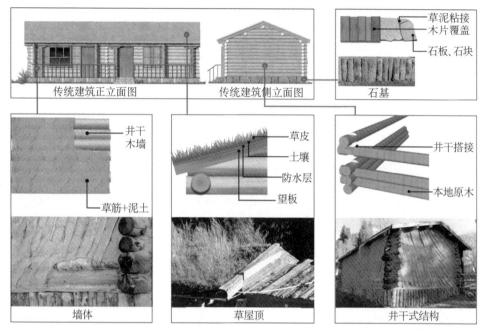

图 6-14　伊犁河谷传统木构建筑建构分析图[1]

　　在喀纳斯河谷地区，传统木结构民居建筑其实是平屋顶上架设坡屋顶。由于新疆喀纳斯河谷雨水较多，且冬季降雪量大，可达 1.5 m 左右，因此采用双坡式的构造，其坡度在 35°～50°之间，用木板钉成 A 字形雨棚，能有效预防雨水与大雪的堆积。坡屋顶上位于整个建筑的最上方，其坡度较大，十分引人注目，一般会有 2 m 左右的高度，它防风、防水、坚固，是在顶部比较突出的位置，上面没有装饰，屋脊的造型很简单实用。实用性在于其也具备储物功能，一些居民会在房屋旁架设一个爬梯用于攀登，以便将一些杂物放置在屋顶上，有些居民也会将屋顶二次利用作

---

1　朱紫悦，塞尔江·哈力克，张朔.传统草原聚落空间营造及建构的生态智慧探究——以新疆特克斯县琼库什台村为例[J].华中建筑，2022，40（11）：168-171.

为小居室使用[1]。这种屋顶既是对气候的回应，也是对空间的智慧利用。

(3) 门窗洞口

传统聚落民居的门窗构造做法也具有地域性特征，同时也是适应当地生态环境的生态营建方式。

当地民居窗户装饰优美，但为了适应夏季炎热干燥的环境，窗户开扇较小且窗户数量少，开窗方向基本朝向内院，减少空气对流及热交换，降低能耗。除此之外，当地民居也有采用"喇叭口窗"的形式，增大采光面积的同时，又能够保温隔热，减少热辐射的对流与交换。随着生活水平的提高，一些新建民居采用双层玻璃的形式，双层玻璃间的空气间层起到了很好的保温隔热效果，使得建筑室内热环境得到有效的改善与提升（表6-3）。

表6-3 传统民居门窗热工性能表

| 类型 | 规格（mm） | 门/窗框材质 | 空气间层（mm） | 开启窗扇个数 | 传热系数 W/m²·k | 传热量（kJ） |
|------|-----------|-----------|--------------|------------|---------------|------------|
| 单层门 | 2100×900 | 木质 | 0 | 1 | 3.5 | 6.62 |
| 单层窗 | 700×700 | 木质 | 0 | 2 | 4.7 | 4.7 |
| 双层窗 | 1000×1000 | 木质 | 100～140 | 2 | 2.3 | 2.3 |

北疆河谷地带周围山峦起伏，森林遍布，地处严寒地区，冬季寒冷多风，门窗的朝向多为朝南。传统木结构民居的窗构造做法采用木板制作，较为简朴、样式统一，主要采用点窗的形式，外观方面有正方形和长方形两种较为单一的形式。木窗户约为0.5 m长，约为1.3 m高。为减少窗户的冷风渗透，往往会在窗外面加一个可开合的木窗盖；木窗盖的做法都是整齐排列竖向木板，由中间的两根横木木板固定，门窗上带有民族特色的花纹。而室外大门全部使用木板拼造，建造较简陋且材料单一厚实，约1.8 m高，门宽则不会超过0.9 m，门面上几乎没有装饰，但有时设置两道门来增加整体的严密性。

寒冷及严寒地区建议考虑选用传热系数较小的双层中空高透射低辐射玻璃窗，如受经济条件限制，寒冷地区至少也应该采用双层中空普通透明玻璃窗。为提高

---

1 韦尼拉·沙依劳，塞尔江·哈力克.喀纳斯河谷传统聚落建筑的营造与环境适应性探究[J].城市建筑，2021，(6)：75-79.

玻璃的保温措施及隔热性能和控制玻璃的光学性能，夏季减少室外多余的阳光辐射热进入室内，冬季让更多的阳光透过玻璃窗射入室内，阻止室内长波辐射热传到室外，从而达到建筑节能的目的。

　　根据不同地区的气候采取科学合理的玻璃窗遮阳措施，同时合理控制窗墙比，对于建筑节能至关重要；为有效减少热量流失，应优选平开窗，减少推拉窗的使用，窗框首选断桥铝合金门窗，气密性较好，能大幅减少室内热量的散失。

# 6.3　草原乡村聚落新能源应用

## 6.3.1　太阳能在草原乡村聚落的应用

　　太阳能应用是节能建筑设计的主要手段。太阳能建筑是一种利用太阳能进行供暖、制冷和照明等能源活动的建筑。这种建筑通过设计，将太阳能转化为建筑的一部分，使其在功能上、形态上和情感上都能与建筑完美地融为一体。

　　新疆的日照时数和辐射量位居全国前列，年每平方米太阳能理论蕴藏量 1460～1750 kW·h，位于全国第二位。太阳能资源在新疆的分布呈现出明显的地域差异。新疆南部地区如喀什、和田等地日照充足，太阳能资源丰富；而北部地区如乌鲁木齐、伊犁等地则受到山脉阻挡和气候影响，太阳能资源稍显不足。总的来看，新疆的太阳能资源拥有巨大的挖掘空间。新疆的太阳能资源主要集中在五个区域，根据年太阳辐射量的不同，可以将其划分为四个资源带（表 6-4）。

　　利用太阳能减少建筑能耗和改善建筑物理环境是建筑技术发展的一个重要方向，在此之中已总结和分析了太阳能在建筑中应用的综合策略（图 6-15）。

表 6-4　新疆太阳能资源分布表

| 资源带名称 | 区域名称 | 年太阳辐射量 |
|---|---|---|
| 资源丰富带 | 东疆东部 | ≥ 6600 MJ/（m²·a） |
| 资源次丰富带 | 天山南麓 | 5800～6200 MJ/（m²·a） |
| 资源贫乏区 | 北疆中部、北疆北部 | 5000～5400 MJ/（m²·a） |
| 资源可利用区 | 天山北麓 | 5400～5800 MJ/（m²·a） |

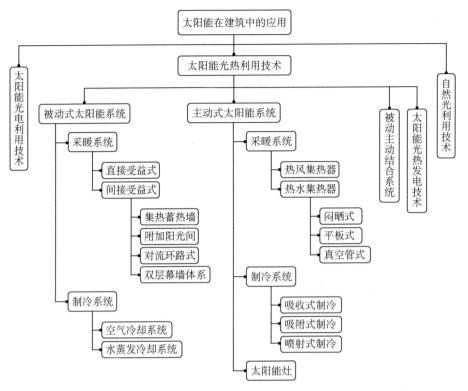

图 6-15　太阳能在建筑中应用的综合策略

### 1. 被动式太阳能的应用

2014 年，乌鲁木齐市就成为国家第三批节能减排重点城市，在国家财政政策的激励下，通过发展被动式建筑降低建筑能耗，节能减排能力大幅提升。2014 年 9 月建成的被动式建筑"幸福堡"，通过了德国"被动式建筑"的认证，成为我国严寒地区被动式建筑建造的优秀案例。经运营后测算，"幸福堡"采暖能耗远低于目前市区冬季平均采暖能耗，折合天然气 1.5 $m^3/m^2$。"幸福堡"是西北地区首栋被动式建筑[1]。

我国的被动式建筑技术规范提出，被动式太阳能建筑设计应遵循因地制宜的原则，结合所在地区的气候特征、资源条件、技术水平、经济条件和建筑的使用功能

---

1　张力芳，王万江.碳中和背景下严寒地区低碳住宅建筑设计策略研究——以新疆乌鲁木齐市为例［J］.城市建筑，2022，19（4）：10-12.

等要素，选择适宜的被动式建筑技术。被动式太阳能建筑是不借助机械装置，冬季直接利用太阳能进行采暖、夏季采用遮阳散热的房屋。在以采暖为主的地区。建筑南向可根据需要，选择直接受益窗、集热蓄热墙、附加阳光间、对流环路等集热装置[1]。

　　直接受益式是让阳光直接进到室内加热房间的取暖方式。具体措施如下：向阳面的南向墙体设置为集热墙和蓄热体，并设置大面积的玻璃窗，冬天阳光直接照射至室内的地板和侧墙，蓄热吸收大部分热量，直接使温度升高。白天，太阳光透过南向玻璃窗进入室内，地面和墙体吸收并蓄存热量；夜间，被吸收的热量释放出来，主要加热室内空气，维持室温，其余则传递到室外（图 6-16）。按照住房室内空间的主次关系，主要房间设在向阳一面，其他次要房间设置在其他方向；增加向阳面南向窗户的面积并保证窗扇具有较好的密封性能。

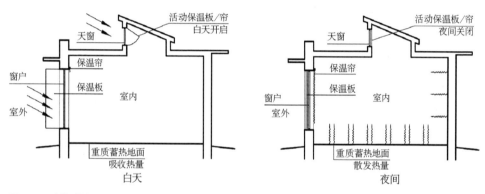

图 6-16　直接受益式太阳能采暖系统示意图（图源：被动式太阳能建筑设计）

　　集热蓄热墙是重质墙体通过吸收穿过玻璃等透明材料的太阳辐射热，然后通过传导、辐射及对流方式将热量送到室内。阳光透过透明盖板照射在重型集热墙上，墙的外表面温度升高，墙体吸收热量，加热夹层内的空气，从而使夹层内的空气与室内空气密度不同，通过上下通风口而形成自然对流，由上通风孔将热空气送进室内；多余热量通过集热蓄热墙体向室内辐射，同时加热墙内表面空气，通过对流使室内升温（图 6-17）[2]。

1　住房和城乡建设部. 被动式太阳能建筑技术规范：JGJ/T267—2012 [S]. 北京：中国建筑工业出版社，2012.
2　王崇杰，薛一冰. 太阳能建筑设计 [M]. 北京：中国建筑工业出版社，2007.

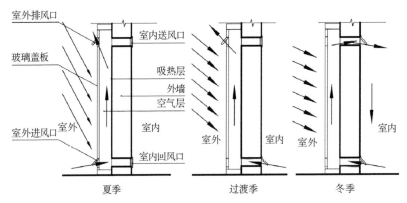

图 6-17　集热蓄热墙太阳能采暖系统示意图[1]

　　附加阳光间式可以理解为直接受益式与集热蓄热墙式相组合的产物，其基本构造就是将建筑南向墙体与玻璃围合成一个空间，直接获得太阳辐射而使空间内产生较大的温度波动，过热的空气通过中间墙体上的门窗洞口将室内空气与围合空间中的热空气进行热交换，或者通过中间墙体传至室内，剩余部分贮存于中间的墙体与此空间内的地面，在云层遮挡太阳时或夜间进行调节室温（图 6-18）。在一天的大部分时间里，附加阳光间内的空气温度都要比室外空气温度高，因而阳光间既可以供给室内热能，又形成一个温度阻尼空间，减少室内的热损失，使得与阳光间相邻

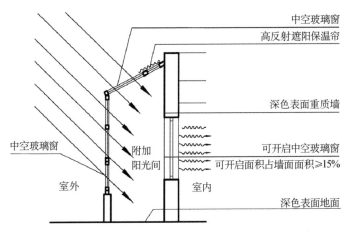

图 6-18　附加阳光间太阳能采暖系统示意图[1]

---

1　国家建筑标准设计图集 15J908-4. 被动式太阳能建筑设计 [S]. 北京：中国计划出版社，2015.

的室内空间获得一个温和的环境。在夏季，同实体式集热蓄热墙相类似，通过开启附加阳光间上端的排风口，利用热气流形成的负压将北向凉空气"诱入"室内，达到降温的目的。

选择被动式太阳能节能技术时，要充分考虑地域气候特征、技术水平以及经济水平、建筑功能等因素进行因地制宜。如集热蓄热墙式需要将集热墙表面涂黑，同时也需要权衡判断美学与实际需求等；附加阳光间式与地域生活习惯是否符合。

太阳能直接受益式技术简单，室内升温迅速，可高效节能地提高室内热舒适性，无须过高技术管理，更符合农村的技术水平相对落后的情况。以哈密地区为例，冬季利用附加阳光间与直接受益式相结合的被动式太阳能采暖方式进行采暖，夏季利用烟囱效应与阳光间内热气流循环形成负压的原理将北向冷空气带入室内，达到降温的效果，可在哈密农村地区新建建筑及既有建筑改造中具有推广价值。

以采暖为主的北疆地区，为了实现建筑的高效采暖和节能，我们可以充分利用建筑自身的围护结构蓄热性能。此外，借助集热构件、窗户集热以及采光温室等手段进行集热，也是一种有效的方法。在冬季白天，通过某种方式积蓄太阳辐射，然后在夜间释放热量进行采暖。

在空间应用方面，以采暖为主的建筑可以充分利用玻璃房、日光浴室以及日光中庭等设施，通过增强温室效应来提高室内温度。

为了进一步提高建筑的采暖效果，我们还需要合理划分室内采暖空间，加强密闭性能，并适当增加墙体保温层的厚度。具体来说，尽量减小北立面的开窗面积，同时加强门窗的保温性能，从而确保室内温度的稳定。

### 2. 主动式太阳能的应用

主动式太阳能是一种利用机械设备收集太阳能并将其转化为热能和电能的技术，这种系统通过机械设备驱动，将太阳能加热的土质（水或空气）送入蓄热器，然后通过管道与散热设备输送到室内，实现采暖。在太阳能充足的草原牧区，太阳能热水和光伏发电是两种常见的应用形式。随着科技的进步，越来越多的实惠且普及的太阳能设备已经走进了牧民的家庭。主动式太阳能主要包含以下三方面：

（1）太阳能灶

太阳能灶可分为透过聚焦式和反射聚焦式两种类型，它们各自具有不同的装置形式，如聚光式、箱式、真空管、平板反射型等（图 6-19）。其中，透过聚焦式太

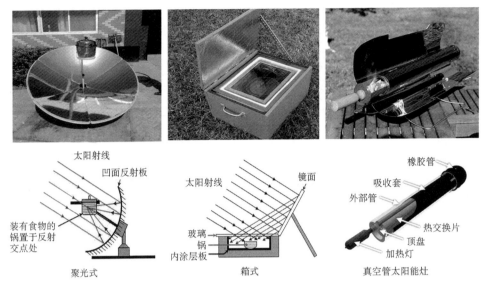

图 6-19 聚光式（左）、箱式（中）、真空管太阳能灶（右）实物与系统示意图（图源: http://www.anhukeji.com/baike/)

阳能灶适用范围广泛，可在庭院中使用，还适用于多高层住户的阳台。相比之下，反射聚焦式太阳能灶制作和取材相对简单，但需要更大的空间。太阳能灶的调节装置应具备随时跟踪太阳的功能，以确保高效利用太阳能，其效率相当于 1000～1200 W 的电炉。通过将太阳能设备与空间形态相融合，可以充分发挥太阳能灶在缓解燃料紧缺和减少污染方面的重要作用[1]。

（2）太阳能集热器

太阳能集热器可以作为建筑采暖的热源，常以空气或水为工质（载热体）如太阳能热水系统（图 6-20）、太阳能热风集热系统等。从主动系统供暖示意图（图 6-20）中可以看出，主动供暖系统包括集热器、管道、储热物质及散热器等。当工质为水时，常用水泵提供循环动力；当工质为空气时，则常用风机提供循环动力。

在太阳能热风集热器采暖系统中，被加热的空气通过储热层后由风机送入房间，也可配备其他辅助热源。热水集热器可以提供地板热辐射采暖的热水和生活用热水，太阳能供应不足时可以辅助电加热的办法来达到需要的水温。

---

1 高建岭，李海英，王晓纯，等.生态建筑节能技术 [M].北京: 中国电力出版社，2007.

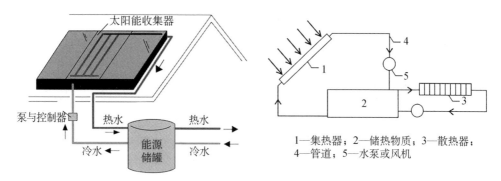

1—集热器；2—储热物质；3—散热器；
4—管道；5—水泵或风机

图 6-20　排水式太阳能热水系统（左）主动系统供暖示意图（右）（图源：生态建筑节能技术）

　　太阳能热水集热器的发展历程经过了闷晒式、平板式全玻璃真空管式及真空管热管式（图 6-21），目前太阳能热水器已经实现了大规模的商业化应用。但现阶段大多家庭的太阳能热水器是建筑工程完成后，在进行二次装修时才由业主安装在屋顶上，这种安装方式没有统一的规划，不仅破坏了建筑的整体美，而且常会破坏屋面防水层，较低层住户也常因管程长、放凉水多而较少使用，这些问题严重制约了太阳能热水器的应用。

图 6-21　闷晒式（左）、平板式全玻璃真空管式（中）及真空管热管式（右）（图源：http://www.anhukeji.com/baike/）

　　太阳能集热器应作为房屋围护结构的一部分和屋顶、外墙、阳台等建筑、结构构件结合，在设计房屋时就应将水路和电路、气管等线路一起考虑。这种将外观造型和建筑进行一体化的设计将解决外观凌乱、管程长和漏水等一系列问题，因此和建筑围护构件一体化是太阳能集热器发展的方向。

　　太阳能集热器设置要求如下：

　　第一，太阳能集热器设置在平屋面上，应符合下列要求：对朝向为正南、南偏东或南偏西不大于30°的建筑，集热器可朝南设置或与建筑同向设置；对朝向南偏东或南偏西大于30°的建筑，集热器宜朝南设置或南偏东、南偏西小于30°设置；对受条件限制，集热器不能朝南设置的建筑，集热器可朝南偏东、南偏西或朝东、朝西设置；水平放置的集热器可不受朝向的限制。

第二，太阳能集热器设置在坡屋面上，应符合下列要求：集热器可设置在南向、南偏东、南偏西或朝东、朝西建筑坡屋面上；坡屋面上的集热器应采用顺坡嵌入设置或顺坡架空设置；作为屋面板的集热器应安装在建筑承重结构上；作为屋面板的集热器所构成的建筑坡屋面在刚度、强度、热工、锚固和防护功能上应按建筑围护结构设计[1]。

(3) 太阳能光电技术

太阳能光电技术就是利用太阳能组件将太阳能转变为电能。目前我国已经开展了晶离效电池、非晶硅和多晶硅薄电池等光电池以及光伏发电系统的研制，并建成了千瓦级独立和并网的光伏示范电站。

目前，光电池和建筑围护结构一体化设计（Building Integrated Photovoltaic，BIPV），是光电利用技术的发展方向。它能使建筑8%单纯的耗能转变为旧能源：产生的电能可以独立存储，也可以并网应用，当产生的大于用户需求时，多的可能类似电网制，反之可以提供给用户，这种系统特别适合于已有电网供电的用户，不仅省去了蓄电池的设置，减少出投资和运行维护费用，而且有利于消减因采用空调设备而造成的夏季白天用电高峰问题。

光电电池的主要优点是可以与外装饰材料结合使用，特别是能够替代传统的玻璃等幕墙面板材料，集发电、隔声、隔热、遮阳、安全和装饰功能于一身，而且运行时没有噪声和废气。光电池板的重量很轻，它们可以随阳光照射的角度转动。电动百叶和光伏电池结合的设备，能够在每天的不同时刻、不同季节随太阳光线变化转动，建造出外部结构可以灵活移动的建筑。太阳能光电板优美的外观。具有特殊的装饰效果，更赋予建筑物鲜明的现代科技色彩。光电技术产品还有太阳能室外照明灯、信息屏显示屏、信号灯[1]。

光伏-建筑一体化（BIPV）发电技术是一种极具发展潜力的光伏发电系统，它

1 高建岭，李海英，王晓纯，等.生态建筑节能技术 [M].北京：中国电力出版社，2007.

通过安装在建筑物上或者与建筑物集成在一起的太阳能电池，将太阳能直接转化为电能，并通过与之配套的逆变控制器进行转换，以满足建筑物的电力需求。尽管太阳能与建筑一体化具有良好的经济、社会、环保效益，但初级改建与建设费用仍是其发展遇到的瓶颈。如果 BIPV 能够以极低的运行成本运行，太阳能与光伏建筑一体化发电将成为 21 世纪新能源发展的新趋势。

## 6.3.2　风能的应用

新疆地域辽阔，风能资源储量丰富，拥有 8.9 亿 kW 的风能资源总储量，占全国的五分之一，是我国风力发电的重要组成部分。风能资源区主要集中在吐鲁番西部、哈密南戈壁风区、额尔齐斯河谷、塔城老风口、阿拉山口、罗布泊、达坂城、哈密北戈壁、百里地区。以上风区技术上可开发量丰富，飓风破坏概率小，风力频率分布较合理，品质优良，建设大型风电场风能资源条件良好。

近年来，新疆在坚持绿色发展理念的基础上，按照"清洁、低碳、安全、高效"的发展方针开发利用，开发形式以"集中式、分散式"开发模式并存，其中以"集中式"开发模式为主导地位。为实现可再生能源规模化、集约化开发与利用风能，截至 2019 年，新疆已经集中建成了哈密千万千瓦级和阿勒泰、达坂城、塔城、准东、伊犁 5 个百万千瓦级可再生能源发电基地。

目前，新疆从事风电行业的企业有 278 家。2020 年，新疆风力发电装机规模 1975.1 万千瓦，风力发电总量为 435.6 亿千瓦时，位居全国第二。乌鲁木齐地处天山山脉北麓，拥有丰富的风能资源。春季天气过程频繁，多寒潮风；夏季的天气是多对流性天气；秋季的阵性天气明显减少，晴日增多，秋高气爽；而冬季寒冷，多阴雾，大气稳定。新疆塔城地区不只处在天然优势的风口，又处在发展的"风口"，发展潜力巨大，塔城地区是我国西北第一个对外开放试验区，对塔城经济、社会的发展具有重要意义，同时也具有良好的区位优势。新疆塔城风电厂具有大型和超大型风机生产能力，是中国实现"走出去"战略的重要基地，前景广阔。

在传统的游牧民居中，冬季供暖时，牧民是以未经加工的原始生物质燃料和化石燃料为主供暖能源，太阳能风力资源尚未得到充分利用，只有少数农牧民在春季、夏季、秋季、通过利用太阳能转化热能获取生活热水，从而导致资源的浪费。

与传统的采暖方式相比，太阳能、风、化石能联合供暖具有明显的优势，其是利用太阳能、风能等可再生能源同燃煤等矿石能源联合供暖的一种新方式。目前，我国在耦合采暖供热领域的研究已取得一些成果，在国家"绿色发展"的有关政策扶持下，太阳能风能化石能耦合供暖技术在我国有着广阔的应用空间，能有效改善更多的农牧民的居住环境。

### 6.3.3 生物能的应用

新疆具有发展生物质能产业的丰富物质资源，可用作生物质能资源的原材料有：农作物秸秆、人畜粪便、木材废弃物、林木资源、城镇生活垃圾等，以上的原材料的可开发量相当于15000万吨标准煤。目前，新疆生物质能产业还处于起步阶段，效率相对较低，规模偏小，但随着油气、电、热、化等产业体系的完善与充分发展，新疆生物质能产业的发展将得到有力的推动。

1. 沼气生物能

沼气作为生物质能源的重要组成部分，其高效开发和高效开发具有重大的经济、社会、能源和生态效应，对于优化能源结构，推进循环发展，促进农民收入增长，改善农村环境具有十分重要的意义。

北疆大多数地区全年均可产沼气。沼气建设与推广要因地制宜，沼气生物能在新农村应用最常见的是院落沼气模式，它是以一个农户为单元，在院落内建饲养牛羊暖圈，在暖圈地底下建沼气池，上面建个生态厕所，这样就实现了沼渣、沼液的综合利用和农业施肥的有机结合，从而带动了厨房、厕所、暖圈、庭院的使用改善，形成整个家庭小型生态系统。如在昌吉奇台县的半截沟镇腰寨子村，在全村范围内建立了100个高标准院落，采用院落沼气模式将村民们的日常生活用能转变成了柴草为洁净的可再生能源，从而让村民们的生活品质得到提升，村容文明整洁，加快了社会主义新农村的发展。

"整村推进"是指以村为单元，将农村沼气工程同村容村貌人居环境综合治理工程、牧民安置工程、抗震安居工程、社会主义新农村建设等相融合，按照合理的规划、资金的投资、项目的整合与功能的综合配套，集中连片在昌吉州呼图壁县红柳塘村、兰州湾镇夹河子村地区推进实施，利用清洁能源改善人居环境，起到沼气建设的示范作用。

新疆部分经济快速发展的区域，多数农户都是以务农或打工为生，家中也没有猪、牛等大型牲畜，因此，农户的沼气池难以得到高效的普及推广。从绿色化角度来说，新疆农村沼气建设以务实为本，在中央有关部门和国内对口支援省份的大力扶持下，积极建立了"畜牧–沼气–果园"的生态农业生产体系，并收到了良好的综合效益。若能科学、合理地开发，不仅可以增加新疆农村居民的生活燃料，还可以缓解我国的能源紧张状况，增强我国的能源保障能力。

### 2. 牛羊粪生物能

草原牧区在过去的游牧时期牧民主要生活燃料就是晒干的牛羊粪。而依靠烧牛羊粪取暖、煮食是牧区传统生活方式之一。从游牧到半定居牧民将晒干的牛羊粪（主要是牛粪）作为燃料，因其具有燃烧力强、耐烧、热值较高、耐火的特点，深受牧民喜爱。过去，当地居民以牛羊粪之类生物能用作取暖的燃料，可以减少化石燃料如煤炭、石油等的使用，减少大气污染和温室效应变暖，还可作为建筑墙体材料搭建临时建筑物抵御寒冷，有利于环境保护。

民居较常用的火炉采暖系统以火炉为热源，这种采暖模式组成是炉子四周有一个水箱，水在水箱内被加热后，经由管道流到各个散热器中；散热后再通过管道流入水箱。整个循环的动力由回水管上的静压水箱提供（图 6-22）。这种供暖模式供

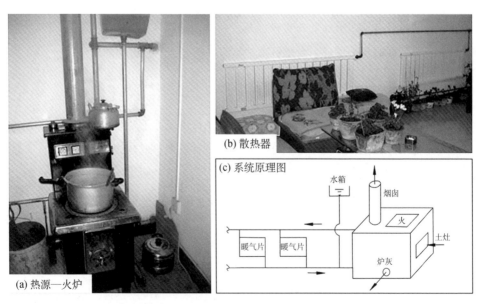

图 6-22　火炉采暖系统示意图（图源：青海海北牧区牧民定居建筑地域适应性设计研究）

暖面积覆盖面积广，能满足多个房间取暖需求，但需要消耗大量燃料。由于燃料需要人工添加，因此在夜间此采暖方式一般不采用。

随着牧民进入全定居模式，尤其是定居后的生产、生活方式发生了变化，定居点居住建筑的室内环境得到了改善，燃煤炉灶、燃气炉灶和电磁炉灶开始被广泛使用和推广，但是牛粪的利用并没有完全被抛弃。尤其是在寒冷的冬天，取暖所需燃料更多，定居点内的居民住宅无法完全覆盖集中供暖，许多牧民仍以燃煤为主，日常消费中还需购买燃煤，部分牧民则会重新使用廉价、无污染、高热量的传统燃料——牛羊粪。

因此，在牧民居住区住宅建筑供暖过程中，应该考虑到牧区的实际情况，将牛粪作为一种绿色生物能源进行综合利用，由政府牵头，引入先进技术，将牛羊粪与其他燃料混合加工，形成一种新型的复合燃料，既能为牧民提供价格低廉、可持续燃烧、燃烧能力更强的低排放能源，又能形成带动牧区经济发展的相关产业。

从绿色化与生态智慧来说，以牛羊粪为生活燃料，草地资源得到了充分利用。牧草资源的一次能量转化主要表现为牛羊以牧草为食，促进生长发育；牧草资源的二次能量转化，是以牧草为饲料的牲畜产生的粪便作为生活燃料；牧草资源的三次能量转化，即牲畜粪便被燃烧后的灰烬又会返回到草地上，重新成为土壤的一部分，然后又被牧草所吸收，牧草资源循环经过三次能源转化，能量得到了充分的利用，实现了物料利用大循环，对维持草地生态平衡起到了积极的推动作用。

## 6.3.4 地热能的应用

地热能资源是指能够经济地被人类利用的地球内部的地热能、地热流体等，它可划分为浅层地热能、中深层地热能和干热岩三种类型。地热能具有储量大、分布广泛、环保生态、稳定性高、能源利用率高等特点，是一种绿色低碳、可循环再生和具有竞争优势的能源。

利用地热能的地源热泵技术是一种利用地下恒定的温度来提供稳定供暖和制冷的环保节能技术。它通过特殊的设备，从地下吸取热能，然后将其提升到一定的温度，用于供暖或制冷。

近年来，新疆地热能资源在采暖、旅游、医疗等领域发展迅速，取得了显著进展，但目前新疆地热资源的整体开发利用状况与国内相比，还存在着较大的差距。

新疆地区内地热资源分布广泛、类型丰富，地热能资源主要分布于西昆仑山地区、天山西部及阿尔泰山南坡，遍及全疆 11 个地州市 27 个县，集中分布于福海县、阿克陶县、富蕴县、塔什库尔干县等地区。迄今发现的地热点有 67 处，其中热水点 53 个，热气泉点 14 个，但地热水出露的温度普遍不高，只有塔县曲曼地热井达到 146 ℃，其他地热温度均在 80 ℃ 以下 [1]（图 6-23）；其中开发度高的地热点，多数位于温泉水流量较大及水温较高的、交通便利的地区，比如乌苏市南山温泉、沙湾县金沟河温泉、乌市水磨沟温泉等。

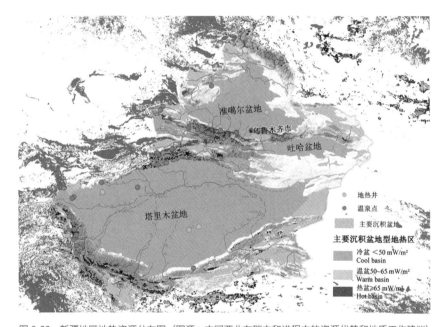

图 6-23　新疆地区地热资源分布图（图源：中国西北在碳中和进程中的资源优势和地质工作建议）

　　从民居层面来说，在国内外大面积推广使用的是埋管式地源热泵技术，是充分利用浅层地热的最佳技术途径，已被充分证明是成熟可行的技术，在我国，住建部和一些省市的建筑节能政策中明确提出要推广使用地源热泵。埋管式地源热泵属于闭式回路地源热泵系统，埋管形式有三种，有蛇形埋管、水平式埋管和垂直式埋管三种。充分利用浅层地热，又不需要抽取地下水作为传热的介质，但是占地面积

1　张宇轩，唐金荣，牛亚卓等.中国西北在碳中和进程中的资源优势和地质工作建议［J］.中国地质，2022，49（5）：1458-1480.

大，设备初投资也较大。由于电能在这个过程中只用来抽取热量，所以能够大幅度地降低空调系统的能耗。埋管式地源热泵技术应用于建筑时，须对建筑选址与场地规划、机房位置与大小，末端装置等进行综合判断[1]。

在城市建设地热能的应用上，昌吉市正在建设新疆首座中深层地热供暖系统，预计 2021 年 9 月建成 3 500 m 中深层（无干扰）地热井，可满足 200 万 $m^2$ 建筑供热需求，并配套供暖辅助设备和调峰热源。项目建成后，可替代标准煤 6.6 万吨，减少 $CO_2$ 排放量约 19.94 万吨，减少二氧化硫排放量 6000 吨，减少粉尘排放量 5.41 万吨，是疆内第一个规模化应用的中深层地热供暖项目，也是一种全过程封闭循环，无须抽取地下水、破坏水资源，直接获取热量，为居民创造温暖的居住空间，更是一种低能耗、绿色、低碳的新型绿色清洁新能源。

本项目的实施，不仅可为区域地热资源评价提供基础数据，也可推动疆内中深层地源热资源的综合开发与利用，对能源的生产与消费产生影响。

## 6.3.5 农居的装配式建筑的发展

2023 年，新疆《自治区住房和城乡建设事业高质量发展"十四五"规划》要求：加大装配式建筑产业基地和示范项目建设力度，完善装配式建筑政策支持体系和技术标准体系，因地制宜发展装配式建筑，推动乌鲁木齐、克拉玛依、巴州、吐鲁番等区域加快发展步伐。分类推进装配式建筑构件，提升装配式建筑设计水平，进一步提高政府投资工程、公共建筑及房地产项目中装配式建筑建设比例。推进装配式建筑设计与智能建造、绿色建筑深度融合，提升建筑品质。

装配式建筑是外围护系统、结构系统、内装系统、设备与管线系统的主要部分采用预制部品部件集成的建筑，包括砌块建筑、骨架板材建筑、盒式建筑等。按照结构材料的不同，可分为混凝土结构、钢结构和木结构装配式建筑。新疆地区在推广装配式建筑的过程中要根据不同地区的经济社会发展状况和产业技术条件，划分积极推进地区和鼓励推进地区，因地制宜、循序渐进、以点带面、试点先行，及时总结经验，形成局部带动整体的工作格局。

新疆地区在推广装配式建筑的过程中，要尽量应用环保材料，因地制宜，就地

---

1 庄迎春，谢康和. 绿色建筑与地源热泵系统 [J]. 工业建筑，2004（6）：21-23.

取材，结合当地气候特点和资源禀赋，开发应用品质优良、节能环保、功能良好的新型建筑材料，并加快推进通用建筑材料、节能节地节水节材与建筑室内外环境保护等方面材料和产品的绿色评价工作，使得装配式建筑材料满足环境保护的需求，维护新疆当地的生态环境。新疆地区不仅纬度较高，气象变化较大，还处于地质板块的交界处，处于地震活动较多的地带，气象、环境与其他自然灾害的影响导致装配式建筑推广的难度增大，进而增加了装配式建筑的成本[1]。

　　北疆地区日照时间长、辐射量大，太阳能资源丰富。但该地区地广人稀，电网难以覆盖，牧民放牧、野外工作、边防哨所等用电困难，采用分布式离网光伏系统能够有效解决以上问题。提出了"功能模块化装配式光伏建筑单元"（图 6-24）的系统化解决方案。建筑单元在功能层面，可以满足边远山区牧民生活、研究人员勘测、游客露营旅行及野外救援的功能需要；在能源供给层面，采用光伏建筑一体化的设计思路，充分利用北疆地区丰富的太阳能资源，实现建筑单元能量供给的自给自足；在装配式建造层面，充分考虑边远山区等不利因素，满足运输方便、快速装配、灵活使用、回收利用等多样性需求，在建筑节能层面，兼顾冬季的保温防寒与夏季的通风散热；在设计集成层面，综合考虑装配式围护、光伏发电、空气循环系统于一体综合解决建筑的采光、通风、遮阳、保温、节能等问题，使建筑兼具实

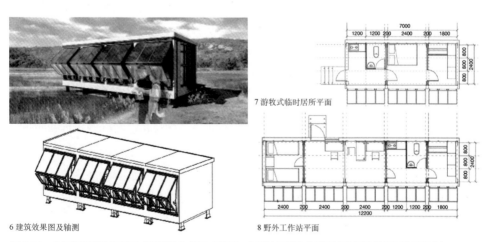

图 6-24　北疆地区模块化装配式光伏建筑单元（图源：北疆地区模块化装配式光伏建筑单元设计研究）

1　柏鸽，张广泰.新疆装配式建筑成本控制影响因素及对策研究 [J].建筑，2021 (1)：74-75.

用、经济与生态性[1]。

单元模块是可组合的、可拆卸的、可更换的，各个模块之间相互独立，互不影响，在此基础上，各个模块之间的协同工作和分阶段启动，可节省资源，提高了运行效率。当设备满载时，再启动下一个模块，以保证系统输出总是符合实际需要。北疆地区模块化装配式光伏建筑单元设计研究论文中以新疆北部偏远地区建筑离网自主运行为切入点，从建筑单元模块化设计、模块组合逻辑及适用性设计、模块化装配建造与细部设计、建筑单元绿色节能设计四个方面展开研究，在建筑师和用户的共同需求下，构建布局合理、多变的模块化建筑，满足多样化需求。同时，还可以根据需要生长的需要进行平面设计，可以作为游牧民的临时住所，野外工作站，旅游住所等用途。

模块化装配式光伏建筑单元的设计不仅满足绿色设计的可持续性，还满足实际功能需求和低碳建筑发展，对我国社会可持续发展和生态环境保护具有重要意义。

### 6.3.6　节能策略的运用

绿色建筑策略不仅是节能设计，更是节约能源，节约土地，节约材料，保护环境，应充分利用清洁能源，提高建筑的绿色性和健康性。太阳能作为一种清洁能源，可利用技术相对成熟，可按实际需求安装太阳能集热器，太阳能发电板等。在节约材料设计上，应因地制宜，就地取材，经济方便，应加强对当地特有材料的研究，并与现代处理技术相结合。在节约水能源设计方面，应充分重视水循环利用，中水利用和雨水回收技术，提高水资源利用率。

在建筑节能具体设计上，建筑朝向选择是建筑节能的重要途径，建筑物朝向的选择，不仅取决于建筑所在区域，还取决于建筑本身的体形。良好的建筑朝向可以最大限度地从太阳辐射中获取热量，从而降低供暖设备的能耗，严格控制建筑体型系数，减少建筑能耗。在我国北方严寒地区，建筑朝向设计大多为坐北朝南，建筑朝向设计应根据气候环境、周边建筑环境及软件仿真分析，对其进行调整，并在此基础上选取适宜的组团布置形式。

经过研究表明，建筑围护结构的传热损失占总耗热量的 70% 以上，而体形系数

1　景琬淇，汝军红，韩晨阳.北疆地区模块化装配式光伏建筑单元设计研究 [J].建筑学报，2019，(S2)：126-132.

是衡量建筑热工性能的一个重要指标，经资料分析及设计改进，找出适宜之体形系数。外墙和屋顶的节能设计十分重要，根据保温层位置划分，外墙保温构造可以分为单一保温、夹芯保温、内保温、外保温等。相比较而言，外墙外保温是一种高效科学的保温节能技术，能取得良好的节能效果。同时，要做好屋顶的保温隔热设计和产生热桥构造部分针对性的保温处理。

窗户是建筑围护结构隔热性能最差的构件，其与外界的换热十分活跃，其中窗墙比对窗户节能影响最大。为了提高建筑门窗节能效果，应要控制窗墙面积比，遵守不同地区的各朝向窗墙比和采光设计标准、开窗面积与采光需求等要求；应要加强窗户的气密性，减少空气渗透。可采用特殊密封处理，如加装密封条等措施；选择适当的低碳材料，降低热传递能耗，玻璃应选择导热系数小的材料，采用低辐射镀膜玻璃（Low-E 玻璃）、真空玻璃、多层中空玻璃、热反射玻璃，都可降低窗户传热系数，或者在窗外采用隔热保温窗帘，也可获得良好的节能效应。

在建筑节能减排的大背景下，可以通过采用新材料、低碳材料、新智能技术、积极发展绿色新能源、加大对碳减排的宣传等方式，利用建筑节能技术和绿色设计策略，营造一个健康、舒适、高效的居住环境。

在规划设计过程中，要加强现场勘查和调查研究，将区域气候、地形、植被、水文等多方面的因素结合起来，使之符合绿色建筑的设计要求，确保设计方案科学、合理、可行。

# 6.4　本章小结

草原乡村聚落建筑选址与布局及其建筑的营建蕴含着深刻的生态智慧，为了推进当代乡村聚落的生态建设与发展，需要从这种传统的生态智慧中汲取营养。学习传统聚落与建筑中的生态智慧不代表着要延续以前的模式，比较传统的模式中仍然保留一些与当代社会不适宜的空间模式，但其可持续机制是值得学习与借鉴的。应当发扬其生态智慧，选择性地结合新技术和功能需求推动聚落持续发展。

# 第 7 章　总结与展望

## 7.1　总结

本书基于"一带一路""生态文明建设""双碳""乡村振兴""脱贫攻坚"的时代战略背景，面向提升人居环境与草原乡村聚落（振兴牧民定居点）、优化各类产业相融合、完善旅游产业相融合和精准脱贫战略的迫切需要，依据国家自然科学基金项目"基于乡村振兴背景下牧民定居点的人居环境研究——以新疆哈纳斯河谷为例"（课题号：51968066），历时四年的研究成果撰写而成。

本书通过分析对新疆北部草原乡村建筑的历史沿革、气候特征、文化习俗、自然环境、聚落空间分布、聚落营造特点、民居建构特征与绿色化启示，从宏观、中观、微观三个层次，对草原乡村聚落进行解剖，深入探究地域资源环境（土地资源、水资源、气候及水文资源、建材资源、文化资源等）导向下、人文特色与社会环境等综合作用下的聚落营建，系统地总结了在多种因素共同作用下的草原乡村聚落空间特征与建设发展模式、院落空间布局及民居的建构模式、营建策略与绿色化启示等内容。

## 7.2　宏观：资源导向下的草原乡村聚落

草原是地球生态系统的一种，分为热带草原、温带草原等多种类型，是地球上分布最广的植被类型。草原是一种植被类型，通常分布在年降水量 200～300 mm 的栗钙土、黑钙土地区，由旱生或中旱生草本植物组成的草本植物群落，其优势植物是多年生丛生或根茎型禾草和一些或多或少具有耐旱能力的各种杂草。新疆草原的特点是景观多元性与丰富，除了广阔的草甸，还有连绵起伏的山峦、晶莹嶙峋的雪山、清澈的溪河、美丽的湖泊和壮观的瀑布。独特的地理环境。新疆的草原多分布在山区，因此具有高海拔的特点，这使得草原上的牧草种类丰富，营养充足。研究区的草原聚落包括高海拔区域的聚落、山间河流区域与河流下游三角洲平原的聚落和靠近沙漠区域自然草场。因此"山区—山前区—平原区—过渡带—荒漠区"依次排布，而在水、土等资源的影响下，土地利用类型比例悬殊，聚落沿高山逐步延伸到绿洲形态呈带状分布（图 7-1）。

图 7-1　"山区—山前区—平原区—过渡带—荒漠区"分布示意图

　　高山围绕盆地，荒漠围绕绿洲，河流自高山发育而来，山地到荒漠带土壤、植被垂直分布明显。高山阻隔下北疆地区水蒸气很难自动从太平洋降落，较大的河流依赖于高山冰雪融水以及自大西洋而来的水蒸气。在地形、降水、气候等多方面的影响下，草原乡村的农业与牧业需面临"适宜"与"不适宜"的选择，整体成为荒漠—绿洲草地农业系统，形成农牧交错的现状（图 7-2）。山区降水丰富，植被丰富，适宜作为传统游牧草场；山前区多形成洪积扇，中下部是农牧业适宜地；平原区则易形成集中的农业区；过渡带是生态敏感带，最后则是沙漠区。北疆地广人稀，农业生产依赖于水资源的分布因而也呈现出分散分布的特征，传统的牧业生产也多分布于山间，追逐草场分布，聚落也随水土资源分散分布：①散点式的分布，山前区地势不开阔之处，河流自高山流下，河谷地带在水土资源的支持下多形成散点式的草原乡村聚落；②带状分布，河流在平原区汇集，形成连片、大面积、地势平坦的城市。也基于此，本书的研究切入点就是各个流域。

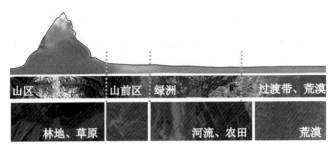

图 7-2　农牧交错图

# 7.3　中观：草原乡村聚落空间形态特征与发展模式

　　草原乡村聚落，特别是传统的乡村聚落，其布局形态往往受到多因素共同影响逐步形成，包括人文与历史、地域与资源、气候与环境等。在漫长的发展过程中，草原乡村聚落选址受到生活微水性的巨大影响，聚落的生长与发育过程则受到乡村人文思想、产业布局的影响，到现代，聚落人居环境改造进一步引出乡村风貌新旧融合、同质化的发展短板。而丰富的乡村建设发展模式则是解决这一短板的有力抓手。

## 7.3.1　草原乡村聚落的形成与生长

　　传统的草原聚落，在"资源-要素"的影响下，逐水草而居，聚落依水而建、居民依水兴业。而水源往往源自高山发育的大小河流，乡村聚落在林地、草地丰富之处或耕地条件较好之处选址，聚落（大部分）往往就会沿河流形成，早期沿河流一侧建设，后期跨越河流发展，总体呈现出"沿河鱼骨式生长"的特征。随着后期道路走向和地形环境进行双重影响，村庄的空间肌理在继承原有的村落结构基础上呈自然生长状态，地块局部存在建筑肌理的更新现象，形成具有混合型空间特征的聚落。20世纪90年代以来完全新建的聚落在政府统一规划选址下，市政工程跟进、地势开阔平坦，并不拘泥于需要在河流岸边建设聚落，道路也多呈方格网状的结构。

　　从事牧业生产草原聚落就会涉及生活区与生产区的"二元"关系与人畜分离的问题，而"人畜分离"的处理也会在聚落的空间形态上显示出不同的形态。传统的草原聚落落实"简单开阔，人畜分离"，院落广阔，村庄其他道路设施等并无其他特别之处，但人畜分离仍不彻底。随后出现两种模式的"改良版"，一种是在院落实施人畜分离，分别设置两个门，村庄规划层面多设置专门的"牧道"；另一种是在村庄下风向设置集中牲畜养殖区，进行更严格的分离。

### 7.3.2　草原乡村聚落的建设发展模式

通过调查研究，草原乡村聚落在"资源-要素"的约束下，乡村建设发展依赖的三类资源以及七类建设发展模式（图7-3）。北疆乡村的建设发展阶段不高，正是乡村振兴的努力探索时期。

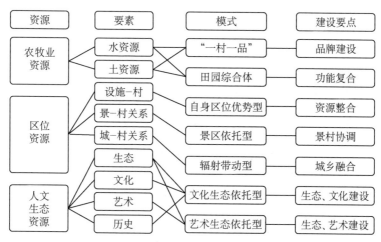

图 7-3　资源导向下乡村建设发展模式

乡村的资源一定程度上决定了乡村的建设发展禀赋，也是对于乡村建设不平衡问题的根本回答，北疆的草原乡村不同于我国其他等地，乡村资源以天然禀赋为主，乡村发展难度高。基于乡村的基础农牧业资源禀赋，结合"景-村""城-村"等各要素的空间关系，融合文化、历史等人文要素，综合探索乡村的建设发展路径，振兴乡村，是北疆草原乡村聚落建设发展的有效抓手。

# 7.4　微观：民居建筑空间布局与建构特征

院落与民居建筑空间是居民进行生活生产、交流的主要空间，空间结构一方面受居民生活、产业需求的指导；另一方面在技术的进步下，进行空间的演变（表7-1）。

表 7-1  民居建筑空间与建构特征

| 项目 | | | 特征 |
|---|---|---|---|
| 院落布局 | 兼顾生活、养殖生产的院落 | "简单开阔，人畜分离"式 | 院落空间开阔，由房屋、院门、栅栏、牲畜棚和厕所四要素组成。院门体量较大，上部搭有横木，左右开大小门，大门过牲畜，小门走人；栅栏形式不一 |
| | | 人畜分离，设置牧道 | 生活院落与农耕型院落接近，生活区一般靠近主路设置，生活院落和生产院落会呈现平行和前后关系，建筑置于偏北方向 |
| | 生活性院落 | 聚落设有统一养殖区 | 生活院落与农耕型院落更为接近，建筑置于偏北方向 |
| | | 农业生产聚落 | 建筑置于北方，庭院不再承担养殖功能，作为村名的生活空间种植花卉、蔬菜 |
| 建筑平面布局 | 传统草原民居 | "一明两暗"布局：中心间承担家庭主要起居，两边房间主要用作卧室 | 一字形演变形态：庭结构的变化或院落空间的限而导致建筑间数的变化，交通功能的建筑外廊出现 |
| | | | L字形演变形态：一侧加偏房，其侧边民居独立开门 |
| | | | T字形演变形态：在一字形的中间开间凸出一部分，有前凸和后凸两种布局 |
| | 统一新建的草原民居 | | 新建民居平面形式更加贴近于现代住宅风格，趋向复杂化，平面布局以方形、矩形为主 |

# 7.5  结语

　　本书将视野聚焦于新疆北部草原乡村聚落的人居环境研究，对聚落空间分布、聚落的选址特征、聚落布局模式、院落及民居建筑空间建构技术进行归纳与分析。本书的研究，旨在挖掘新建草原乡村聚落的人居环境与可持续发展之路，探究聚落空间的生产适应性与发展建设可能、优化居住模式、归纳营造智慧，为将来草原新型城镇规划建设提供理论指导与借鉴。在"一带一路"、乡村振兴的时代机遇下，草原聚落的振兴迫在眉睫，用好乡村资源，研究乡村聚落自然环境保护、历史与文化保护，优化聚落的空间、提升民居建筑的环境适应性，提出经济增长点、改善民生和精准脱贫的有效途径和可行之路，都是本书的研究目的与意义。

# 参考文献

**专著**

[ 1 ] 白吕纳. 人地学原理 [M]. 任美愕，李旭旦，译. 南京：钟山书局，1935.

[ 2 ] 张明华编. 我国的草原 [M]. 北京：商务印书馆，1982.

[ 3 ] 王旭东，周亚成. 哈萨克族：新疆吉木乃县巴扎尔湖勒村调查 [M]. 昆明：云南大学出版社，2004.

[ 4 ] 周亚成，阿依登. 哈萨克族定居聚落——胡阿根村社会调查周志 [M]. 乌鲁木齐：新疆人民出版社，2009.

[ 5 ] 汪俊. 从游牧到农耕：哈萨克族生计方式选择和文化适应 [D]. 南宁：广西民族大学，2009.

[ 6 ] 范霄鹏. 新疆古建筑 [M]. 北京：中国建筑工业出版社，2015.

[ 7 ] Franz Volhard. Light Earth Building [M]. Basel: Birkhuser, 2016.

[ 8 ] 陈震东. 新疆民居 [M]. 北京：中国建筑工业出版社，2009.

[ 9 ] 张立，林楚阳，荣丽华. 牧区乡村人居环境 [M]. 上海：同济大学出版社，2020.

[10] 高建岭，李海英，王晓纯，等. 生态建筑节能技术 [M]. 北京：中国电力出版社，2007.

[11] 住房和城乡建设部. 被动式太阳能建筑技术规范：JGJ/T267—2012 [S]. 北京：中国建筑工业出版社，2012.

[12] 王崇杰，薛一冰. 太阳能建筑设计 [M]. 北京：中国建筑工业出版社.

[13] 李君，李小建. 国内外乡村居民点区位研究评述 [M]. 人文地理，2008.

**期刊 & 论文 & 报告**

[ 1 ] Kim JB, Ho LY. Research on the Layout of the Rural Traditional Neighborhood and Site Plan of Korean Communities in China [J]. International Journl of Ondol, 2012.1–11.

[ 2 ] Saleh. M. A. The decline vs the rise of architectural and urban forms in the vernacular villages of southwest Saudi Arabia [J]. Building and Environment, 2001(36): 89–107.

[ 3 ] Hill M. Rural settlement and the urban impact on the countryside [M]. London:

Hodder & Stoughton, 2003: 5-26.

［4］Lazzari M, Danese M, Masini N. A new GIS-based integrated approach to analyse the anthropic-geomorphological risk and recover the vernacular architecture [J]. Journal of Cultural Heritage, 2009, 10(Supplement 1): 104-111.

［5］业祖润. 传统聚落环境空间结构探析 [J]. 建筑学报，2001，（12）：21-24.

［6］谢威. 内蒙古中部草原住区构成模式研究 [D]. 呼和浩特：内蒙古工业大学，2006.

［7］马宗保，马晓琴. 人居空间与自然环境的和谐共生——西北少数民族聚落生态文化浅析 [J]. 黑龙江民族丛刊，2007（4）：127-131.

［8］祝文明. 安顺屯堡聚落空间形态与保护策略研究 [D]. 武汉：华中科技大学，2010.

［9］曾早早，方修琦，叶瑜. 基于聚落地名记录的过去 300 年吉林省土地开垦过程 [J]. 地理学报，2011，66（7）：985-993.

［10］何峰. 湘南汉族传统村落空间形态演变机制与适应性研究 [D]. 长沙：湖南大学，2012.

［11］陈阿江，王婧. 游牧的"小农化"及其环境后果 [J]. 学海，2013（1）：55-63.

［12］李小建，许家伟，海贝贝. 县域聚落分布格局演变分析——基于 1929—2013 年河南巩义的实证研究 [J]. 地理学报，2015，70（12）：1870-1883.

［13］张烨. 基于生态适应性的传统聚落空间演进机制研究 [D]. 济南：山东建筑大学，2015.

［14］康美. 呼伦贝尔草原聚落空间特征研究——以新巴尔虎左旗为例 [D]. 呼和浩特：内蒙古工业大学，2016.

［15］常青. 传统聚落古今观——纪念中国营造学社成立九十周年 [J]. 建筑学报，2019，（12）：14-19.

［16］汪芳，方勤，袁广阔等. 流域文明与宜居城乡高质量发展 [J]. 地理研究，2023，42（4）：895-916.

［17］吐尔逊娜依·热依木. 牧民定居现状分析与发展对策研究 [D]. 乌鲁木齐：新疆农业大学，2004.

［18］周亚成. 哈萨克族经济生产方式转型与经济发展——胡阿根村社会调查 [J]. 新疆大学学报（哲学社会科学版），2005，（3）：94-98.

［19］张磊. 西部山地草原牧区牧民定居点居住建筑模式研究 [D]. 西安：西安建筑科技大学，2018.

［20］罗意，古力扎提. 21 世纪以来牧民与草原生态环境关系的重塑：以新疆北部牧区为例 [J]. 北方民族大学学报，2023（3）：22-30.

［21］张立，林楚阳，荣丽华. 牧区乡村人居环境 [D]. 上海：同济大学，2020.

[22] 汪存华.新疆产业分工与南北疆区域协调发展研究[D].石河子：石河子大学，2013.

[23] 冯玥.七角井遗址与史前丝绸之路上的细石器[J].西域研究，2023（3），82-87+175.

[24] 杜晓勤."草原丝绸之路"兴盛的历史过程考述[J].西南民族大学学报（人文社科版），2017（38）：1-7.

[25] 赵杨.草原丝路与回纥汗国[D].呼和浩特：内蒙古师范大学，2019.

[26] 刘进宝."丝绸之路"概念的形成及其在中国的传播[J].中国社科，2018（11）：181-202.

[27] 田澍，孙文婷.概念史视野下的"丝绸之路"[J].社会科学战线，2018（2）：143-151.

[28] 邵会秋，杨建华.前丝绸之路亚洲草原的文化交往——以金属器为视角的考古学研究[J].故宫博物院院刊，2022（6），4-19+147.

[29] 米彦青.元代草原丝绸之路上的上都书写[J].西北民族研究，2021（1）：135-144.

[30] 刘方平."一带一路"：引领新时代中国对外开放新格局[J].甘肃社会科学，2018（2）：64-70.

[31] 刘琳秀."一带一路"背景下新疆面临的机遇和挑战[J].经济论坛.2015（4）41-43.

[32] 旦志红，何伦志.贸易畅通视角下的"一带一盟"对接[J].中国流通经济，2017，31（6）：17-26.

[33] 内蒙古社会科学院草原文化研究课题组，王其格.草原文化在"丝绸之路经济带"建设中的意义和作用——二论草原文化与草原丝路沿线文化[J].实践（思想理论版），2017（10）：50-51.

[34] 张耀春，塞尔江·哈力克.草原旅游：新疆牧区推进乡村振兴战略的路径选择[J].新疆社科论坛，2022，（3）：35-40.

[35] 赵承华.乡村旅游推动乡村振兴战略实施的机制与对策探析[J].农业经济，2020（1），53.

[36] 王亚男.内蒙古草原旅游区划研究[D].呼和浩特：内蒙古师范大学，2010.

[37] 韩福荣.实施乡村振兴战略应补齐农村牧区公共文化建设短板[J].北方经济，2018，（6）：38-40.

[38] 范峻玮，塞尔江·哈力克.逐舒适空间而居——新疆南部绿洲民居的周期性转移住居模式研究[J].南方建筑，2020（5）：57-63.

[39] 左其亭，李佳伟，马军霞，等.新疆水资源时空变化特征及适应性利用战略研究[J].水资源护，2021，37（2）：21-27.

[40] 张振龙.新疆城镇化与水资源耦合协调发展研究[D].乌鲁木齐：新疆大学，2018.

[41] 曹翠，徐丽萍，张茹倩，等.阿勒泰地区乡村聚落空间分布格局演变探析[J].石河子大学学报，2023，03-0311-11.

[42] 王宁.新疆额尔齐斯河流域生态承载力研究[D].乌鲁木齐：新疆农业大学，2005：23-25.

[43] 杨磊.阿勒泰地区草地生态退化驱动机制及修复策略[D].乌鲁木齐：新疆大学，2020.

[44] 王雯婧.新疆阿勒泰地区矿产资源保障程度研究[D].北京：中国地质大学，2012.

[45] 周鹿.新疆及其邻近地区两栖爬行动物地理区划和分布型研究[D].乌鲁木齐：新疆农业大学，2015.

[46] 黄人鑫，姜婷，刘建平，等.阿尔泰山两河源头保护区的昆虫区系[J].新疆大学学报：自然科学版，2004，21（4）.399-406.

[47] 罗磊，高亚琪.伊犁河流域水土资源可持续开发利用的相关政策、法规现状及发展对策[J].南方农业学报，2011，42（12）：1579-1582.

[48] 梁敬华.伊犁野生动物保护现状及对策[J].中国林业，2011（24）：41.

[49] 张德伟.伊犁河谷地区伊犁河流域文化研究[D].郑州：郑州大学，2015.

[50] 赖洪波.清代与民国时期伊犁塔兰奇社会历史文化变迁研究[J].伊犁师范学院学报（社会科学版），2015，34（1）：34-42.

[51] 阿依夏，辛俊.额敏河流域水文特性[J].水文，2002（2）：51-53.

[52] 吐尔逊娜依·热依木.牧民定居现状分析与发展对策研究[D].乌鲁木齐：新疆农业大学，2004.

[53] 周毛卡.青藏高原"牧民定居"的中西方比较研究与写文化[J].民族学刊，2020，11（5）：74-83+148-149.

[54] 张耀春.乡村振兴背景下伊犁河谷牧民定居点规划策略研究——以新源县哈萨克第一村为例[D].乌鲁木齐：新疆大学，2023.

[55] 包朵，塞尔江·哈力克.基于资源约束的新疆天山北坡乡村建设发展模式探究[J].城市建筑，2024，（a）：5-8.

[56] 张宝庆，陈莉，颜阿茵.基于人地关系理论的额尔齐斯河乡村聚落水资源约束机理研究——以禾木村为例[J].华中建筑，2023.12-0084-05.

[57] 胡小凡，赛尔江·哈力克.基于乡村振兴背景下景区带动型乡村发展路径和提升策略研究——以新疆腰站子村为例[J].华中建筑，2023，41（11）：86-90.

[58] 王莎莎，塞尔江·哈力克.乡村振兴背景下传统村落保护和发展策略研究——以新疆木垒县月亮地村为例[J].华中建筑，2023，41（9）：119-123.

[59] 范峻玮，塞尔江·哈力克.逐舒适空间而居——新疆南部绿洲民居的周期性转移住居模式研究[J].南方建筑，2020（5）：57-63.

[60] 刘时栋，刘琳，张建军，等.基于生态系统服务能力提升的干旱区生态保护与修复研究——以额尔齐斯河流域生态保护与修复试点工程区为例[J].生态学报，2019，39（23）：8998-9007.

[61] 王振升，程同福，刘开华，等.乌伦古河流域水资源及其特征[J].干旱区地理，2000（2）：123-128.

[62] 汤文霞，袁小玉，季国良.图瓦文化在旅游背景下的发展路径——以禾木村图瓦人为例[J].石河子大学学报，2018，32（1）：27-32.

[63] 张旭亮，张海霞.喀纳斯湖国家自然保护区生态旅游开发探讨[J].干旱区资源与环境，2006（2）：71-76.

[64] 徐艳文.中国西北第一村：白哈巴村[J].资源与人居环境，2017（1）：62-63.

[65] 迪娜·努尔兰.基于历史文化传承的传统村落保护与更新策略[D].乌鲁木齐：新疆大学，2018.

[66] 迪娜·努尔兰，塞尔江·哈力克.古村落传统建筑特征与风貌保护探究——以琼库什台村为例[J].华中建筑，2017，35（12）：102-105.

[67] 阿依夏，辛俊.额敏河流域水文特性[J].水文，2002，（2）：51-53.

[68] 李军，姚秀华.新疆木垒河流域水文特性分析[J].地下水，2009，31（5）：56-58+97.

[69] 杨会巾，李小玉，刘丽娟，等.基于耦合模型的干旱区植被净初级生产力估算[J].应用生态学报，2016，27（6）：1750-1758.

[70] 王珂，塞尔江·哈力克，周一欢.阿勒泰图瓦人草原聚落景观基因识别、解译及变异诊断研究[J].古建园林技术，2023，（2）：28-34.

[71] 陈颖，田凯.基于传承与交融——四川藏区乡土建筑与营造特征[J].建筑遗产.2022（1）：30-41.

[72] 王珂，塞尔江·哈力克.新疆草原游牧聚落的人居环境与聚落风貌整治设计研究——以牧民定居聚落典型民居为例[J].华中建筑，2023，41（3）：92-97.

[73] 张耀春，塞尔江·哈力克，王珂，等.北疆草原聚落生态系统的特征分析与建构研究[J].华中建筑，2023，41（7）：73-77.

[74] 韦尼拉·沙依劳，塞尔江·哈力克.喀纳斯河谷传统聚落建筑的营造与环境适应性探究[J].城市建筑，2021，18（16）：75-79.

[75] 朱紫悦，塞尔江·哈力克，张朔.传统草原聚落空间营造及建构的生态智慧探究——以

新疆特克斯县琼库什台村为例[J]. 华中建筑，2022，40（11）：168-171.

[76] 孟福利. 乡土材料在传统聚落营造中的生态智慧及启示[D]. 西安：西安建筑科技大学，2011.

[77] 崔文河. 青海多民族地区乡土民居更新适宜性设计模式研究[D]. 西安：西安建筑科技大学，2015.

[78] 赵西平，张鹏，周铁钢. 火墙对严寒地区村镇住宅热环境的影响研究[J]. 建筑节能，2016，44（3）：1-5.

[79] 张力芳，王万江. 碳中和背景下严寒地区低碳住宅建筑设计策略研究——以新疆乌鲁木齐市为例[J]. 城市建筑，2022，19（4）：10-12.

[80] 张宇轩，唐金荣，牛亚卓，等. 中国西北在碳中和进程中的资源优势和地质工作建议[J]. 中国地质，2022，49（5）：1458-1480.

[81] 柏鸽，张广泰. 新疆装配式建筑成本控制影响因素及对策研究[J]. 建筑，2021，（1）：74-75.

[82] 景琬淇，汝军红，韩晨阳. 北疆地区模块化装配式光伏建筑单元设计研究[J]. 建筑学报，2019，（S2）：126-132.

[83] 李晓霞. 从游牧到定居——北疆牧区社会生产生活方式的变革[J]. 新疆社会科学，2002，（2）：64-69.

[84] 庄迎春，谢康和. 绿色建筑与地源热泵系统[J]. 工业建筑，2004（6）：21-23.

[85] 国家发展和改革委员会. 全国游牧定居工程建设"十二五"规划[R/OL]. [2012-05-30]. https://www.ndrc.gov.cn/xxgk/zcfb/ghwb/201402/P020190905497695502021.pdf.